高等学校教学用书

# 大学化学学习指导

李光禄　桑晓光　主编

北　京
冶　金　工　业　出　版　社
2013

## 内 容 提 要

本书是无机化学和普通化学课程的学习指导书。

全书内容包括知识要点、例题分析、习题、习题答案；东北大学近年考试试题及答案（包括近年无机化学和普通化学考试真题，考研试题选编）；附录（化学常用的数据表）。全书内容丰富，概念清晰，便于自学。

本书适用于高等学校化学、生物、材料、环境、冶金等工科专业的教师和学生参考及使用，以及用于考研辅导。

**图书在版编目(CIP)数据**

大学化学学习指导/李光禄，桑晓光主编．—北京：冶金工业出版社，2011.8（2013.7 重印）

高等学校教学用书

ISBN 978-7-5024-5689-4

Ⅰ.①大…　Ⅱ.①李…　②桑…　Ⅲ.①化学—高等学校—教学参考资料　Ⅳ.①O6

中国版本图书馆 CIP 数据核字(2011)第 154654 号

出 版 人　谭学余
地　　址　北京北河沿大街嵩祝院北巷 39 号，邮编 100009
电　　话　(010)64027926　电子信箱　yjcbs@cnmip.com.cn
责任编辑　谢冠伦　王之光　美术编辑　李　新　版式设计　孙跃红
责任校对　石　静　责任印制　牛晓波
ISBN 978-7-5024-5689-4
冶金工业出版社出版发行；各地新华书店经销；北京印刷一厂印刷
2011 年 8 月第 1 版，2013 年 7 月第 2 次印刷
787mm×1092mm　1/16；11.25 印张；269 千字；173 页
**19.00** 元

**冶金工业出版社投稿电话：(010) 64027932　投稿信箱：tougao@cnmip.com.cn**
**冶金工业出版社发行部　电话：(010)64044283　传真：(010)64027893**
**冶金书店　地址：北京东四西大街 46 号(100010)　电话：(010)65289081(兼传真)**

（本书如有印装质量问题，本社发行部负责退换）

# 编写说明

无机化学和普通化学是高等学校理工科基础教育的重要组成部分，是素质教育、创新人才培养中必不可少的一门基础课程。在2005年，东北大学化学系无机化学教研组按照新的教学大纲编写了《大学化学》教材，用于无机化学和普通化学课程教学，并于2010年修订第2版。教学实践中发现，由于教材中理论内容的精简和课堂教学学时压缩，学生在理解原理、掌握知识和解答习题等方面遇到诸多困难。为了便于学生学习和掌握基本理论和基本知识，提高解决问题的能力，我们编写了与《大学化学》教材配套的《大学化学学习指导》，作为无机化学和普通化学课程辅助教学参考书。

本书编写特点：(1) 对各章重点理论和知识作了详尽的归纳和总结，便于学生对各章的内容、深度有全面的了解；(2) 通过不同典型例题的剖析和解答，使学生能够做到举一反三，提高分析和解决问题的能力；(3) 学生在学习了各章基本原理、基本知识后，通过习题进行自我检查。各章习题覆盖面广、题量大，使所学知识更加系统化。

参加本书编写的有：李光禄（第4章）、桑晓光（第2章）、王林山（第5章）、王毅（第3章）、徐君莉（第1章）、王锦霞（第6、7章）。全书由李光禄和桑晓光统稿。

本书是教研组全体教师多年教学经验的结晶，编写中得到孙挺、牛盾、张霞等同事的大力支持。在此一并表示诚挚的谢意！

书中难免存在不妥与疏漏之处，恳请读者批评指正。

编　者

2011年6月于沈阳南湖

# 目　录

# 第1章　化学反应的基本规律

## 知 识 要 点

### 一、基本知识

1. 系统、环境和相

系统：被研究的对象。

环境：系统以外与系统相联系的部分。

按系统与环境之间物质和能量的交换情况，可将系统分为：

（1）孤立系统：系统与环境之间既无能量交换，又无物质交换。

（2）封闭系统：系统与环境之间有能量交换，无物质交换。

（3）敞开系统：系统与环境之间既有能量交换，又有物质交换。

相：系统中物理和化学性质均匀一致的部分。相与相之间有明显的界面。

2. 状态和状态函数

状态：系统的状态是由系统的物理性质与化学性质所确定的系统的存在形式。

状态函数：用来描述系统状态的性质（指系统的宏观性质）。

状态函数具有单值性，系统状态一定，状态函数一定。且状态函数的改变量只与系统始态和终态有关，而与变化的具体途径无关。

3. 内能、热和功

内能：系统内部所包含的一切形式能量的总和称为内能，符号为 $U$。内能是状态函数，且只与温度有关，在一定温度时，内能是一定值。

热：由于温差引起的能量传递形式，符号为 $Q$。

功：除热以外其他形式交换的能量统称为功，符号为 $W$。

热力学规定：

系统从环境吸热，$Q$ 为正值；系统对环境放热，$Q$ 为负值。

系统对环境做功，$W$ 为负值；环境对系统做功，$W$ 为正值。

热和功不是状态函数。

4. 焓、焓变和化学反应热效应

焓（$H$）：热力学规定 $H \equiv U + pV$，焓是状态函数，只与温度有关。

焓变（$\Delta H$）：$\Delta H = H_2 - H_1 = \Delta U - \Delta(pV)$，指系统变化前后焓的差值。

恒压反应热（$Q_p$）：反应在恒压条件下进行且只做体积功时，所产生的热效应。恒压反应热在数值上等于焓变（$\Delta H$），$Q_p = \Delta H$。

标准摩尔生成焓（$\Delta H_f^\ominus$）：在标准态下，由元素的最稳定单质生成1mol 纯物质时，反应的焓变称为该物质的标准摩尔生成焓。单位：$kJ \cdot mol^{-1}$。

规定：标准态下，稳定单质的标准摩尔生成焓为0。

化学反应标准摩尔焓变（$\Delta H^\ominus$）的计算：对于任意的化学反应

$$\Delta H^\ominus = \sum \nu_{生成物} \Delta H_f^\ominus(生成物) - \sum \nu_{反应物} \Delta H_f^\ominus(反应物) \tag{1-1}$$

5. 书写热化学反应方程式的注意事项

（1）注明物质的聚集状态。

（2）注明反应条件（如不注明，则认为是100kPa，298.15K）。

（3）要配平方程式。同一反应，配平式不同，热效应不同。可以用代数式进行运算。

6. 熵、熵变

熵：是衡量系统内微观粒子混乱度或无序度的物理量。符号：$S$。系统的混乱度愈大，其熵值愈大；反之，熵值愈小。熵是状态函数。

热力学第三定律规定：0K 时，任何纯净的完美晶体的熵值为零。

标准摩尔熵：在标准状态下，1mol 某物质的熵值称为该物质的标准摩尔熵（$S^\ominus$），单位为：$J \cdot mol^{-1} \cdot K^{-1}$。

化学反应标准熵变（$\Delta S^\ominus$）的计算式为

$$\Delta S^\ominus = \sum \nu_{生成物} S^\ominus(生成物) - \sum \nu_{反应物} S^\ominus(反应物) \tag{1-2}$$

7. 吉布斯函数、吉布斯函数变和标准生成吉布斯函数

吉布斯函数（$G$）：定义 $G \equiv H - TS$

吉布斯函数变（$\Delta G$）：

在恒温恒压条件下 $$\Delta G = \Delta H - T\Delta S \tag{1-3}$$

在标准状态时 $$\Delta G^\ominus = \Delta H^\ominus - T\Delta S^\ominus \tag{1-4}$$

标准生成吉布斯函数（$\Delta G_f^\ominus$）：在标准状态下，由稳定单质生成1mol 纯物质时的标准吉布斯函数变称为该物质的标准摩尔生成吉布斯函数，简称标准生成吉布斯函数。

规定：在标准状态下，稳定单质的标准生成吉布斯函数为0。

化学反应标准吉布斯函数（$\Delta G^\ominus$）的计算式为

$$\Delta G^\ominus = \sum \nu_{生成物} \Delta G_f^\ominus(生成物) - \sum \nu_{反应物} \Delta G_f^\ominus(反应物) \tag{1-5}$$

8. 化学反应速率

单位时间内反应物或生成物浓度的变化值称为化学反应速率。

符号：$v$，一般情况下，单位为：$mol \cdot dm^{-3} \cdot s^{-1}$

化学反应速率包括平均速率、瞬时速率、比速率。

化学反应速率的数学表达式：

$$v = \frac{1}{\gamma} \times \frac{\Delta c}{\Delta t} \tag{1-6}$$

基元反应：反应物分子一步直接转化为产物分子的反应，也称简单反应。

反应速率常数（$k$）：反应物的浓度为单位浓度时的反应速率。其单位随反应级数的不

同而不同。

## 二、基本理论

1. 热力学第一定律（能量守恒定律）

能量有不同的表现形式，可以从一种形式转化为另一种形式，可以从一个物体传递给另一个物体，在转化和传递过程中能量的总和不变。

系统内能的变化值等于系统从环境吸收的热量加上环境对系统做的功。

数学表达式
$$\Delta U = Q + W \tag{1-7}$$

2. 盖斯定律

化学反应的热效应，只与反应的始态、终态有关，而与反应过程无关。或者说，一个化学反应，不论是一步完成还是分几步完成的，其反应热效应总是相同的。

3. 化学反应自发性的判据

对于可逆化学反应，

$$\begin{cases} \Delta G < 0 & \text{反应自发进行} \\ \Delta G = 0 & \text{反应系统处于平衡状态} \\ \Delta G > 0 & \text{反应非自发进行,逆向反应可自发进行} \end{cases} \tag{1-8}$$

4. 化学反应等温方程式

在恒温恒压条件下，反应的吉布斯函数变化为

$$\Delta G = \Delta G^{\ominus} + RT\ln J \quad (J\text{ 为反应商}) \tag{1-9}$$

5. 化学平衡、标准平衡常数及其计算

化学平衡：可逆反应在一定条件下，正向反应与逆向反应的反应速率相等，系统所处的状态称为化学平衡状态，简称化学平衡。

化学平衡特点：(1) 正向反应与逆向反应的反应速率相等；(2) 系统中各种物质的量不再随时间而改变；(3) 有相应的平衡常数；(4) 是暂时的、动态平衡。

化学标准平衡常数：对于可逆反应

$$a\mathrm{A} + b\mathrm{B} \rightleftharpoons c\mathrm{C} + d\mathrm{D}$$

其标准平衡常数 $K^{\ominus} = \dfrac{\text{各生成物的相对浓度或相对分压的乘积}}{\text{各反应物的相对浓度或相对分压的乘积}}$

式中，各物种以相应的计量系数为指数。

例如对于溶液反应
$$K^{\ominus} = \frac{\left(\frac{c(\mathrm{C})}{c^{\ominus}}\right)^{c} \cdot \left(\frac{c(\mathrm{D})}{c^{\ominus}}\right)^{d}}{\left(\frac{c(\mathrm{A})}{c^{\ominus}}\right)^{a} \cdot \left(\frac{c(\mathrm{B})}{c^{\ominus}}\right)^{b}}$$

有关标准平衡常数的几点说明：(1) 标准平衡常数可以衡量反应进行的程度；(2) 标准平衡常数表示式中各物种的浓度或压力指平衡时的相对浓度或相对压力；(3) 标准平衡常数与反应物的浓度和分压无关，只是温度的函数；(4) 标准平衡常数的数值与计量方程的书写形式有关；(5) 平衡常数表示式中不写出液体及固体纯物种的浓度或压力；(6) 标

准平衡常数没有单位。

根据热力学等温方程（式 1-9），当反应达平衡时，$\Delta G = 0$，$J = K^{\ominus}$，则有

$$\lg K^{\ominus} = -\frac{\Delta G^{\ominus}}{2.303RT} \tag{1-10}$$

将式（1-4）代入式（1-10），得

$$\lg K^{\ominus} = -\frac{\Delta H^{\ominus}}{2.303RT} + \frac{\Delta S^{\ominus}}{2.303R} \tag{1-11}$$

不同温度时，标准平衡常数与反应焓变和温度的关系为

$$\ln \frac{K_2^{\ominus}}{K_1^{\ominus}} = \frac{\Delta H^{\ominus}}{R}\left(\frac{T_2 - T_1}{T_1 T_2}\right) \tag{1-12}$$

气体分压定律：

$$p_{总} = p_1 + p_2 + p_3 + \cdots + p_i + \cdots + p_{n-1} + p_n = \sum_{i=1}^{n} p_i \tag{1-13}$$

$$p_i = x_i p_{总} \tag{1-14}$$

式中，$x_i$ 为气体 $i$ 的物质的量分数。

化学平衡移动原理：改变化学平衡的条件，平衡就向减弱此改变的方向移动。外界条件的变化对化学反应速率及化学平衡的影响规律见下表。

**反应速率及化学平衡的影响因素**

| 条件改变 | 反应速率 | 速率常数 | 化学平衡 | 平衡常数 |
|---|---|---|---|---|
| 恒温、恒压下，增加反应物浓度 | 加快 | 不变 | 向生成产物的方向移动 | 不变 |
| 恒温下，增加气体反应的压力 | 加快 | 不变 | 向气体分子数目减小的方向移动 | 不变 |
| 恒压，浓度一定时，升高温度 | 加快 | 增加 | 向吸热方向移动 | 改变 |
| 恒温、恒压，浓度一定，加入催化剂 | 加快 | 改变 | 不移动 | 不变 |

6. 化学反应速率方程及理论

（1）反应速率方程式

对于反应 $aA + bB = dD + eE$，其反应速率与反应物的关系为

$$v = k \cdot c^x(A) \cdot c^y(B) \tag{1-15}$$

式中，$x$、$y$ 分别为 A、B 物质的反应级数；$(x+y)$ 为反应的总级数；$k$ 为反应速率常数。

对于简单反应，$x = a$，$y = b$；否则，$x$、$y$ 的值必须由实验来确定。

式（1-15）也是浓度对反应速率的影响关系式。

（2）温度对反应速率的影响

1）Van't Hoff 规则：当温度每升高 10K 时，一般化学反应速率大约增加 2 ~4 倍。

2）Arrhenius 公式：

$$k = A e^{-\frac{E_a}{RT}} \tag{1-16}$$

式中，$A$ 为指前因子；$E_a$ 为反应的活化能。

3）温度变化时，反应速率常数的变化由式（1-17）确定

$$\ln\frac{k_2}{k_1}=\frac{E_a}{R}\left(\frac{T_2-T_1}{T_1T_2}\right) \tag{1-17}$$

（3）催化剂对反应速率的影响。催化剂改变反应的历程，因而能改变反应的活化能。正催化剂能加快反应速率，缩短反应时间，但对化学平衡无影响。

## 例 题 分 析

**例 1-1** 当温度从 25℃升高到 35℃时，某反应的速率提高了 1.2 倍。其他条件不变，当温度从 300℃升高到 310℃时，该反应速率提高多少倍?

**[解题思路]** 其他条件相同时，反应速率的比值等于速率常数的比值。第一步，根据式（1-17），利用 35℃和 25℃时速率常数的比值，计算出反应的活化能。第二步，同样根据式（1-17），计算出 310℃和 300℃时速率常数的比值。

**解** （1）25℃升高到 35℃时，$k_2/k_1=2.2$

依式(1-17) $$\ln 2.2=\frac{E_a}{R}\times\frac{T_2-T_1}{T_1T_2}=\frac{E_a}{8.314}\times\frac{308-298}{298\times308}$$

$$E_a=60.2\text{kJ}\cdot\text{mol}^{-1}$$

（2）300℃升高到 310℃时，

$$\ln\frac{k_2}{k_1}=\frac{60.2\times10^3}{8.314}\times\frac{583-573}{573\times583}=0.22$$

$$\frac{k_2}{k_1}=1.25$$

反应速率提高了 0.25 倍。

**例 1-2** 写出下列反应的平衡常数 $K^\ominus$ 的表达式，并比较它们的关系。

（1）$C(s)+O_2(g)\rightleftharpoons CO_2(g)$ $K_1^\ominus$

（2）$C(s)+1/2O_2(g)\rightleftharpoons CO(g)$ $K_2^\ominus$

（3）$2C(s)+2O_2(g)\rightleftharpoons 2CO_2(g)$ $K_3^\ominus$

**[解题思路]** 由化学反应方程式可直接写出 $K^\ominus$ 的表达式，从而比较各自形式可找出关系。另外，（1）、（3）反应体系一样，所不同的是二者计量系数不同，从而其 $K^\ominus$ 值应不同。

**解** （1）式的 $K_1^\ominus$ 表达式为 $K_1^\ominus=\dfrac{\left(\dfrac{p_{CO_2}}{p^\ominus}\right)}{\left(\dfrac{p_{O_2}}{p^\ominus}\right)}=\dfrac{p_{CO_2}}{p_{O_2}}$

（2）式的 $K_2^\ominus$ 表达式为 $K_2^\ominus=\dfrac{\left(\dfrac{p_{CO}}{p^\ominus}\right)}{\left(\dfrac{p_{O_2}}{p^\ominus}\right)^{1/2}}=\dfrac{p_{CO}}{(p_{O_2})^{1/2}(p^\ominus)^{1/2}}$

(3) 式的 $K_3^\ominus$ 表达式为 $K_3^\ominus = \dfrac{\left(\dfrac{p_{CO_2}}{p^\ominus}\right)^2}{\left(\dfrac{p_{O_2}}{p^\ominus}\right)^2} = \left(\dfrac{p_{CO_2}}{p_{O_2}}\right)^2$

由 (1)、(3) 可得：$K_3^\ominus = (K_1^\ominus)^2$；$K_2^\ominus$ 与 $K_1^\ominus$、$K_3^\ominus$ 没有关系。

**例 1-3** 在容积为 5.00dm$^3$ 的容器中装有 $PCl_3(g)$和 $Cl_2(g)$，已知 $PCl_3(g)$和 $Cl_2(g)$的物质的量比为 1∶1，在 250℃，反应：$PCl_3(g) + Cl_2(g) \rightleftharpoons PCl_5(g)$达到平衡时，$PCl_5(g)$的分压为 100kPa，该反应的 $K^\ominus$ 为 0.57。试求起始装入容器中的 $PCl_3(g)$和 $Cl_2(g)$的物质的量。

[**解题思路**] 从题中可知 $PCl_3(g)$和 $Cl_2(g)$起始时物质的量相等，由反应式可看出反应中消耗的物质的量相同，所以，达到平衡时剩余的物质的量也应相同。在恒温、恒容条件下，其分压必然相同。

由于平衡时 $PCl_5(g)$的分压和 $K^\ominus$已知，即可求得平衡时 $PCl_3(g)$和 $Cl_2(g)$的分压，然后，根据分压定义式 $p_i = \dfrac{n_i RT}{V}$ 可求平衡时 $PCl_3(g)$、$Cl_2(g)$和 $PCl_5(g)$物质的量，进而求得起始时 $PCl_3(g)$和 $Cl_2(g)$的物质的量。

另外，也可设 $PCl_3(g)$和 $Cl_2(g)$的起始分压为 $p'$，平衡时 $PCl_5(g)$的分压已知，在恒温、恒容条件下，依据化学反应方程式得出，平衡时 $PCl_3(g)$和 $Cl_2(g)$的分压为 $p' - p_{PCl_5}$。由此，根据 $K^\ominus$值求出 $p'$，进一步求得 $PCl_3(g)$和 $Cl_2(g)$的起始时物质的量。

| **解法 1** | $PCl_3(g)$ | + | $Cl_2(g)$ | $\rightleftharpoons$ | $PCl_5(g)$ |
|---|---|---|---|---|---|
| 平衡时分压/kPa | $p$ | | $p$ | | 100 |
| $p_i/p^\ominus$ | $\dfrac{p}{100}$ | | $\dfrac{p}{100}$ | | 1 |

$$K^\ominus = \frac{1}{\left(\dfrac{p}{100}\right)^2} = 0.57$$

$$p = 132\text{kPa}$$

起始分压为 232kPa。

$$n_{Cl_2,起始} = n_{PCl_3,起始} = \frac{p'V}{RT} = \frac{232 \times 10^3 \times 5.00 \times 10^{-3}}{8.314 \times 523} = 0.267\text{mol}$$

| **解法 2** | $PCl_3(g)$ | + | $Cl_2(g)$ | $\rightleftharpoons$ | $PCl_5(g)$ |
|---|---|---|---|---|---|
| $t=0$，分压/kPa | $p'$ | | $p'$ | | 0 |
| $\Delta p$/kPa | $-100$ | | $-100$ | | 100 |
| $t=\infty$，分压/kPa | $p'-100$ | | $p'-100$ | | 100 |
| $p_i/p^\ominus$ | $\dfrac{p'}{100}-1$ | | $\dfrac{p'}{100}-1$ | | 1 |

则
$$K^\ominus = \frac{1}{\left(\dfrac{p'}{100}-1\right)^2} = 0.57$$

$$p' = 232\text{kPa}$$

$$n_{\text{Cl}_2,\text{起始}} = n_{\text{PCl}_3,\text{起始}} = \frac{p'V}{RT} = \frac{232 \times 10^3 \times 5.00 \times 10^{-3}}{8.314 \times 523} = 0.267\text{mol}$$

**例 1-4** 已知一定温度下，$A_2 + 2B \rightarrow 2AB$ 分如下两步完成反应：

(1) $A_2 \longrightarrow 2A$ （快）

(2) $2A + 2B \longrightarrow 2AB$ （慢）

问：(1) 总反应的反应速率方程式如何？(2) 为几级反应？(3) $k$ 的单位是什么？(4) 若 $c(\text{A}) = 0.01\text{mol/dm}^3$，$c(\text{B}) = 0.005\text{mol/dm}^3$，反应速率为多少？

**[解题思路]** 例题给的两步基元反应中，慢的一步为总反应的速率控制步骤，其速率方程式就是总反应的速率方程式，所以根据质量作用定律即可写出总反应的速率方程式，其余问题迎刃而解。

**解** (1) 总反应速率方程式为 $v = k \cdot c^2(\text{A}) \cdot c^2(\text{B})$

(2) 总反应级数：$2 + 2 = 4$

(3) 速率常数 $k$ 的单位为：$\text{mol}^{-3} \cdot \text{dm}^9 \cdot \text{s}^{-1}$

(4) $v = k \times 0.01^2 \times 0.005^2 = 2.0 \times 10^9 k(\text{mol}^4 \cdot \text{dm}^{-12})$

**例 1-5** 已知：

| 物　质 | $\Delta H^{\ominus}_{f,298}/\text{kJ} \cdot \text{mol}^{-1}$ | $\Delta G^{\ominus}_{f,298}/\text{kJ} \cdot \text{mol}^{-1}$ |
|---|---|---|
| CO | −110.5 | −137.3 |
| $CO_2$ | −393.5 | −394.3 |

(1) 计算反应 $\text{C(s)} + \text{CO}_2\text{(g)} = 2\text{CO(g)}$ 在 298K 和 100kPa 时的恒压反应热。

(2) 在 298K、标准状态下，上述反应能否自发地从左向右进行？

(3) 计算该反应在标准状态下自发进行的温度。

**[解题思路]** (1) 利用式（1-1）可求 $\Delta H^{\ominus}_{298}$，即为恒压反应热。(2) 利用式（1-5）可求 $\Delta G^{\ominus}$，并判断反应方向。(3) 利用反应在 298K 时的 $\Delta H^{\ominus}_{298}$、$\Delta G^{\ominus}$ 和式（1-4），求出反应的 $\Delta S^{\ominus}_{298}$，再根据 $\Delta G^{\ominus}_{T} = \Delta H^{\ominus} - T\Delta S^{\ominus} < 0$，计算反应自发进行的温度。

**解** (1) $Q_p = \Delta H^{\ominus}_{298} = \sum \nu_{\text{生成物}} \Delta H^{\ominus}_{f}(\text{生成物}) - \sum \nu_{\text{反应物}} \Delta H^{\ominus}_{f}(\text{反应物})$

$= 2\,\Delta H^{\ominus}_{f,\text{CO}} - \Delta H^{\ominus}_{f,\text{CO}_2}$

$= 2 \times (-110.5) - (-393.5)$

$= 172.5\text{kJ} \cdot \text{mol}^{-1}$

(2) $\Delta G^{\ominus}_{298} = \sum \nu_{\text{生成物}} \Delta G^{\ominus}_{f}(\text{生成物}) - \sum \nu_{\text{反应物}} \Delta G^{\ominus}_{f}(\text{反应物}) = 119.7\text{kJ} \cdot \text{mol}^{-1} > 0$，所以反应不能从左向右自发地进行。

(3) 298K 时，$119.7 = 172.5 - 298 \times \Delta S^{\ominus}$

$$\Delta S^{\ominus} = +177.2\text{J} \cdot \text{K}^{-1} \cdot \text{mol}^{-1}$$

$$\Delta G^{\ominus}_{T} = \Delta H^{\ominus} - T\Delta S^{\ominus} = 172.5 \times 10^3 - T \times 177.2 < 0$$

$$T > 973\text{K}$$

在标准状态下，当温度高于 973K（700℃）时，反应自发进行。

**例1-6**　在25℃、系统压力100kPa条件下，反应 $N_2O_4 = 2NO_2$ 达平衡时，$N_2O_4$ 与 $NO_2$ 的分压之比是7∶3。当温度不变，系统压力为200kPa达平衡时，$N_2O_4$ 分压是多少？

［**解题思路**］　根据100kPa条件下平衡时的分压之比，可以求得组分的分压，进而求得平衡常数。改变系统压力时，温度不变，则平衡常数不变。由于系统只有两个组分，设其中一个组分的分压为 $x$，则另一组分的分压为 $200\text{kPa}-x$。根据平衡常数与分压的关系式，可以求出组分的分压。

**解**　100kPa时，

| | $N_2O_4$ | $=\!=\!=$ | $2NO_2$ |
|---|---|---|---|
| $p_i/\text{kPa}$ | 70 | | 30 |
| $p_i/p^{\ominus}$ | 0.70 | | 0.30 |

$$K^{\ominus}=\frac{0.30^2}{0.70}=0.13$$

| 200kPa时， | $N_2O_4$ | $=\!=\!=$ | $2NO_2$ |
|---|---|---|---|
| 平衡分压 $p_i/\text{kPa}$ | $x$ | | $200-x$ |
| $\dfrac{p_i}{p^{\ominus}}$ | $\dfrac{x}{100}$ | | $\dfrac{200-x}{100}$ |

$$K^{\ominus}=\frac{\left(\dfrac{200-x}{100}\right)^2}{\dfrac{x}{100}}=0.13$$

$$x=155\text{kPa}$$

$N_2O_4$ 的分压为155kPa，$NO_2$ 的分压为45kPa。

# 第1章习题

## 一、选择题

1. 混合气体中，以体积计，含有78% $N_2$，21% $O_2$ 和1% $H_2O(g)$，测得其总压为 $9.00\times10^4\text{Pa}$，则（　　）。

A　$p(O_2)=2.1\times10^4\text{Pa}$　　　　B　$p(O_2)=1.89\times10^4\text{Pa}$

C　$O_2$ ∶ $N_2$ 分子数比为78∶21　　　　D　$H_2O(g)$ ∶ $O_2$ 物质的量之比为4∶112

2. 当温度低于500K时，反应 $NO_2+CO\rightarrow NO+CO_2$ 的反应机理可能为：

$NO_2(g)+NO_2(g)\longrightarrow NO_3(g)+NO(g)$　　　　(1)（慢）

$NO_3(g)+CO(g)\longrightarrow NO_2(g)+CO_2(g)$　　　　(2)（快）

试确定总反应的速率方程为（　　）。

A　$v=kc(NO_2)c(NO_2)=kc^2(NO_2)$　　　　B　$v=kc(NO_3)c(CO)$

C　$v=kc(NO_2)c(NO_3)c(CO)$　　　　D　$v=kc(NO)c(NO_2)c(CO_2)$

3. 大气中的一个重要反应

$$H_2O(g) + 1/2O_2(g) \longrightarrow 2OH(g)$$

在500K时，$\Delta H^{\ominus} = 72kJ \cdot mol^{-1}$，$E_a = 77kJ \cdot mol^{-1}$，由两个羟基自由基变为$H_2O(g)$和$O_2(g)$的活化能是（　　）。

A　$5kJ \cdot mol^{-1}$　　B　$-5kJ \cdot mol^{-1}$

C　$149kJ \cdot mol^{-1}$　　D　$-149kJ \cdot mol^{-1}$

4. 对于反应A和B，$\Delta G(A) < \Delta G(B)$，则A和B反应速率的关系为（　　）。

A　B反应速率必大于A反应的速率　　B　A反应速率必大于B反应的速率

C　A反应和B反应的速率必相等　　D　不能确定

5. 如果A反应的速率大于B反应的速率，则它们反应的热效应关系正确的是（　　）。

A　$\Delta H^{\ominus}(A) = \Delta H^{\ominus}(B)$　　B　$\Delta H^{\ominus}(A) > \Delta H^{\ominus}(B)$

C　$\Delta H^{\ominus}(A) < \Delta H^{\ominus}(B)$　　D　不能确定

6. 在恒温、恒容条件下，混合气体中某个组分的物质的量分数与其分压和总压之比在数值上的关系是（　　）。

A　成正比　　B　相等的

C　成反比　　D　无法确定

7. 下面关于化学反应的说法正确的是（　　）。

A　基元反应的逆反应也是基元反应

B　总反应级数等于计量系数之和

C　根据碰撞理论，单分子反应不可能是基元反应

D　反应级数可以是分数

8. 25℃、标准态时，下列反应均为非自发反应，其中在高温时仍为非自发的是（　　）。

A　$Ag_2O(s) \longrightarrow 2Ag(s) + 1/2O_2(g)$

B　$N_2O_4(g) \longrightarrow 2NO_2(g)$

C　$Fe_2O_3(s) + 3/2C(s) \longrightarrow 2Fe(s) + 3/2CO_2(g)$

D　$6C(s) + 6H_2O(g) \longrightarrow C_6H_{12}O_6(s)$

9. 下面关于反应速率方程表达式说法正确的是（　　）。

A　速率方程式中的指数之和即为反应的级数

B　速率方程式中指数出现分数的反应肯定不是基元反应

C　速率方程式中浓度的指数与反应方程式计量系数相符的反应必为基元反应

D　速率方程式表示的是平均速率

10. 在标准态时，某反应$aA(g) + bB(g) \rightarrow cC(g)$，在任意温度下均能自发进行，则该反应的（　　）。

A　$\Delta H^{\ominus} < 0$，$\Delta S^{\ominus} > 0$　　B　$\Delta H^{\ominus} < 0$，$\Delta S^{\ominus} < 0$

C　$\Delta H^{\ominus} > 0$，$\Delta S^{\ominus} > 0$　　D　$\Delta H^{\ominus} > 0$，$\Delta S^{\ominus} < 0$

11. 若反应$2A + B \rightarrow C$的活化能为$54.0kJ \cdot mol^{-1}$，$\Delta H = -27.7kJ \cdot mol^{-1}$，则该反应的逆反应的活化能为（　　）$kJ \cdot mol^{-1}$。

A　81.7　　B　26.3　　C　54.0　　D　27.7

12. 下列关于催化剂说法正确的是（　　）。

A　不能改变反应的 $\Delta G$，$\Delta S$，可改变反应的 $\Delta H$，$\Delta U$

B　不能改变反应的 $\Delta G$，可改变反应的 $\Delta H$，$\Delta S$，$\Delta U$

C　不能改变反应的 $\Delta H$，$\Delta S$，$\Delta U$，可改变反应的 $\Delta G$

D　不能改变反应的 $\Delta H$，$\Delta S$，$\Delta U$，$\Delta G$

13. 已知反应 $2A(g)+2B(g) \rightleftharpoons 2C(g)+D(g)$ 的 $\Delta H^\ominus<0$，为使 A 达到最大转化率，需采取的措施是（　　）。

A　高温、高压　　B　高温、低压　　C　低温、低压　　D　低温、高压

14. 有三个反应 a，b，c，其活化能分别为：$320kJ \cdot mol^{-1}$，$40kJ \cdot mol^{-1}$，$80kJ \cdot mol^{-1}$。当温度升高时，以上反应速度增加倍数的大小顺序是（　　）。

A　a > c > b　　B　a > b > c

C　b > c > a　　D　c > b > a

15. 在 25℃，100kPa 时，

$$O_3(g)+NO(g) \longrightarrow O_2(g)+NO_2(g)$$

反应的 $E_{a,正}=10.7kJ \cdot mol^{-1}$，$\Delta H^\ominus=-193.8kJ \cdot mol^{-1}$，则逆反应的 $E_{a,逆}$ 为（　　）$kJ \cdot mol^{-1}$。

A　183.1　　B　204.5　　C　193.8　　D　10.7

16. 已知 $2A(g)+B(g) \rightarrow 2C(g)$ 为基元反应，则 $v_A : v_B : v_C$ 为（　　）。

A　1 : 2 : 1　　B　1 : 1 : 1　　C　2 : 1 : 2　　D　2 : 1 : 1

17. 已知反应 $2A(g)+B(g)=2C(g)$ 的 $\Delta H<0$，升高温度，将导致平衡向（　　）。

A　左移动　　B　右移动　　C 不移动　　D　无法确定

18. 根据化学反应速率的表达式，反应速率与反应物浓度无关的是（　　）反应。

A　零级　　B　一级　　C　二级　　D　三级

19. 已知反应 $A+B \rightarrow C+D$ 的 $k_{正}=5.01$，则该反应的 $k_{逆}$（　　）。

A　>5.01　　B　<5.01　　C　-5.01　　D　不能确定

20. $A+2B \rightarrow C$ 为基元反应，其速率常数为 $k$，当反应在某一时刻（以 s 计），A 的浓度为 $2mol \cdot dm^{-3}$，B 的浓度为 $3mol \cdot dm^{-3}$，则反应速率为（　　）$mol \cdot dm^{-3} \cdot s^{-1}$。

A　$18k$　　B　$36k$　　C　$6k$　　D　$12k$

21. 已知反应 $2NO(g)+O_2(g) \rightarrow 2NO_2(g)$ 是一个基元反应，则 $v_{NO}$ 等于（　　）。

A　$v_{O_2}$　　B　$1/2v_{O_2}$　　C　$2v_{O_2}$　　D　无法确定

22. 判断任意一个化学反应自发性的唯一标准是（　　）。

A　$\Delta H>0$　　B　$\Delta S>0$　　C　$\Delta G<0$　　D　$\Delta G^\ominus<0$

23. 在恒温恒压，只做体积功时，其反应 $\Delta G^\ominus_{298}=10kJ \cdot mol^{-1}$，表明该反应在标准状态下（　　）。

A　298K 时能自发进行　　B　无法确定

C　298K 时不能自发进行　　D　非标准态下一定不能自发

24. 已知反应 $H_2O(g) \rightleftharpoons H_2(g)+1/2O_2(g)$，在某温度、压力下达到平衡，向此系统中通入惰性气体 Ne(g)，保持温度、压力不变，使体积增加，此时（　　）。

A 平衡向右移动　　B 平衡向左移动

C 无法确定　　D 平衡保持不变

25. 已知反应 $CO(g) + H_2O(g) \rightleftharpoons CO_2(g) + H_2(g)$，为提高 CO(g)的转化率，可采取（　　）。

A 增加 CO(g)的浓度　　B 增加 $H_2O(g)$的浓度

C 同时增加 CO(g)和 $H_2O(g)$的浓度　　D 以上三种办法均可

26. 在标准态时，某反应 $a\text{A}(g) + b\text{B}(g) \rightleftharpoons c\text{C}(g)$，在低温度下自发进行，在高温下非自发进行，则该反应的（　　）。

A $\Delta H^{\ominus} < 0$，$\Delta S^{\ominus} > 0$　　B $\Delta H^{\ominus} < 0$，$\Delta S^{\ominus} < 0$

C $\Delta H^{\ominus} > 0$，$\Delta S^{\ominus} > 0$　　D $\Delta H^{\ominus} > 0$，$\Delta S^{\ominus} < 0$

27. 对于某反应 $A + B \rightarrow C + D$，$\Delta H^{\ominus} < 0$，在通常情况下，升高温度（　　）。

A 对正、逆反应速率均无影响　　B 正、逆反应速率均增大

C 只增加正反应速率　　D 只使逆反应速率增大

28. 对于 Van't Hoff 等温方程式 $\Delta G_T = \Delta G_T^{\ominus} + RT\ln J$ 的正确叙述是（　　）。

A 只适用于化学平衡状态　　B 只适用于气相反应

C 只适用于非平衡状态　　D 可适用于任意状态

29. 对于反应 $N_2O_4(g) \rightleftharpoons 2NO_2(g)$，在某一温度下其平衡常数为 $K_1^{\ominus}$。在相同温度下，反应 $NO_2(g) \rightleftharpoons 1/2N_2O_4(g)$，其标准平衡常数 $K_2^{\ominus}$ 为（　　）。

A $K_1^{\ominus}$　　B $\dfrac{1}{\sqrt{K_1^{\ominus}}}$　　C $\dfrac{1}{K_1^{\ominus}}$　　D $\sqrt{K_1^{\ominus}}$

30. 已知：在 923K 时，反应 $CO(g) + H_2O(g) \rightleftharpoons CO_2(g) + H_2(g)$ 的 $K^{\ominus} = 0.64$，在该温度下，在密闭容器中，各气体的分压分别为 $p(CO_2) = 2.13 \times 10^5\text{Pa}$，$p(H_2) = 1.42 \times 10^5\text{Pa}$，$p(CO) = 3.44 \times 10^5\text{Pa}$，$p(H_2O, g) = 7.6 \times 10^5\text{Pa}$，则此时（　　）。

A 反应向左进行　　B 反应达到平衡

C 反应向右进行　　D 无法判断

31. 某反应 A→B，当 $c_A = 0.200\text{mol} \cdot \text{dm}^{-3}$时，经测定反应速率为 $0.005\text{mol} \cdot \text{dm}^{-3} \cdot \text{s}^{-1}$。若该反应对 A 物质来说为零级反应时，则其反应速率常数为（　　）$\text{mol} \cdot \text{dm}^{-3} \cdot \text{s}^{-1}$。

A 0.005　　B 0.125　　C 0.025　　D 无法计算

32. 25℃时某化学反应的速率常数为 $2.0 \times 10^3\text{s}^{-1}$，其活化能为 $15.0\text{kJ} \cdot \text{mol}^{-1}$。则该反应在 75℃时的反应速率常数为（　　）$\text{s}^{-1}$。

A $2.09 \times 10^{-4}$　　B $4.8 \times 10^3$

C $3.5 \times 10^{-3}$　　D $5.5 \times 10^2$

33. 下列条件中，不影响反应速率的是（　　）。

A 温度　　B 压力

C 吉布斯函数变　　D 活化能

34. 下列叙述中正确的是（　　）。

A 催化剂影响反应速率，也影响化学平衡。

B 催化剂可以加快正反应的速率，同时减慢逆反应的速率。

C　负催化剂可以减慢化学反应速率。

D　催化剂可以改变反应的焓变。

35. 下列叙述中正确的是（　　）。

A　活化能大的反应，反应速率大。

B　增大反应物的浓度，可以降低反应的活化能。

C　通过加入惰性气体提高反应器压力，可以加大反应速率。

D　提高温度，正逆反应速率同时增加。

36. 下列叙述中正确的是（　　）。

A　提高温度，正逆反应速率增加相同的倍数。

B　温度提高，放热反应的速率增大，吸热反应的速率降低。

C　温度提高，放热反应的速率降低，吸热反应的速率增大。

D　提高温度，正逆反应速率同时增加。

37. 催化剂主要通过改变（　　）而改变反应速率。

A　焓变　　B　平衡常数　　C　活化能　　D　浓度

38. 升高温度使反应速率增大的主要原因是（　　）。

A　分子运动速率增大　　B　降低反应活化能

C　使活化分子百分数增加　　D　使反应压力增大

39. 某反应速率常数的单位是 $mol \cdot dm^{-3} \cdot s^{-1}$，推断其反应级数是（　　）级。

A　3　　B　2　　C　1　　D　0

40. 有两个反应 1、2，在同一温度下，$k_1 > k_2$，则反应平衡常数的关系是（　　）。

A　$K_1^{\ominus} > K_2^{\ominus}$　　B　$K_1^{\ominus} = K_2^{\ominus}$

C　$K_1^{\ominus} < K_2^{\ominus}$　　D　无法判断

41. 有两个反应 1、2，在同一温度下，$k_1 > k_2$，则达到平衡的时间的关系是（　　）。

A　$t_1 > t_2$　　B　$t_1 = t_2$　　C　$t_1 < t_2$　　D　无法判断

42. 下列因素中，影响反应速率常数大小的是（　　）。

A　温度　　B　压力

C　吉布斯函数变　　D　焓变

43. 反应 $2NO + 2H_2 \rightarrow H_2O + N_2$ 为复杂反应，由下列两个基元反应构成：

基元反应(1)：$H_2 + 2NO \longrightarrow H_2O_2 + N_2$　　（慢）

基元反应(2)：$H_2O_2 + H_2 \longrightarrow 2H_2O$　　（快）

反应速率方程式是（　　）。

A　$v = k_1 c^2(NO) \cdot c^2(H_2)$　　B　$v = k_1 c^2(NO) \cdot c(H_2)$

C　$v = k_2 c(H_2O_2) \cdot c(H_2)$　　D　$v = k_1 k_2 c^2(NO) \cdot c^2(H_2)$

44. 反应 $2NO + 2H_2 \rightarrow H_2O + N_2$ 为复杂反应，由下列两个基元反应构成：

基元反应（1）：$H_2 + 2NO \longrightarrow H_2O_2 + N_2$　　（慢）

基元反应（2）：$H_2O_2 + H_2 \longrightarrow 2H_2O$　　（快）

若 NO 和 $H_2$ 的浓度同时都增加 1 倍，则反应速率增加的倍数是（　　）。

A　9　　B　8　　C　7　　D　6

45. 根据实验，反应 $2NO_2^- + 2I^- + 4H^+ = I_2 + 2NO + 2H_2O$ 的速率公式是

$$v = kc(NO_2) \cdot c(I^-) \cdot c^2(H^+)$$

则总反应级数是（　　）。

A　8　　B　6　　C　4　　D　3

46. 根据实验，反应 $2NO_2^- + 2I^- + 4H^+ = I_2 + 2NO + 2H_2O$ 的速率公式是

$$v = kc(NO_2) \cdot c(I^-) \cdot c^2(H^+)$$

若 $H^+$ 的浓度减半，则反应速率是原来的（　　）倍。

A　2　　B　1　　C　0.5　　D　0.25

47. 根据速率方程式计算出的反应速率是（　　）。

A　瞬时速率　　B　平均速率

C　初始速率　　D　终止速率

48. 某反应的正、逆反应活化能分别是 $E_{a_1}$、$E_{a_2}$，则逆反应的焓变为（　　）。

A　$E_{a_2} - E_{a_1}$　　B　$2E_{a_1} - E_{a_2}$

C　$2E_{a_2} - E_{a_1}$　　D　$E_{a_1} - E_{a_2}$

49. 在下列说法中，具有普遍可靠性的是（　　）。

A　放热反应均是自发反应

B　$\Delta S$ 为正值的反应均是自发反应

C　物质的量增加的反应，$\Delta S$ 为正值

D　如果 $\Delta H$ 和 $\Delta S$ 均为正值，当温度上升时 $\Delta G$ 将降低

50. 某反应在室温下自发进行，高温时逆向自发进行，推断其 $\Delta H$ 和 $\Delta S$ 的符号是（　　）。

A　+、+　　B　−、−　　C　+、−　　D　−、+

51. 下列各热力学性质中，不是状态函数的是（　　）。

A　压力　　B　体积　　C　热　　D　焓

52. 下列哪种情况时，真实气体与理想气体接近（　　）。

A　低温高压　　B　高温低压

C　低温低压　　D　高温高压

53. $p$ 表示压力，$V$ 表示体积，其乘积 $pV$ 与（　　）的单位相同。

A　熵　　B　力　　C　能量　　D　动量

54. 在 298K 下，反应：

$$A(aq) + B(aq) \rightleftharpoons 2C(aq) \qquad \Delta G^\ominus = 5.0\text{kJ} \cdot \text{mol}^{-1}$$

下列叙述中正确的是（　　）。

A　反应不能自发进行，不存在 $K^\ominus$

B　反应 $K^\ominus$ 较小，反应速率较慢

C　反应在 $c(A) = c(B) = c(C) = 1.00\text{mol} \cdot \text{dm}^{-3}$ 的起始条件下，能够自发进行而达到平衡

D　反应在 $c(A) = c(B) = 1.5\text{mol} \cdot \text{dm}^{-3}$，$c(C) = 0.50\text{mol} \cdot \text{dm}^{-3}$ 的起始条件下，能够自发进行而达到平衡

55. 由已知 $\Delta G_f^\ominus$ 求出下列反应的 $\Delta G_{298}^\ominus$ 为（　　）$\text{kJ} \cdot \text{mol}^{-1}$。

$$4NH_3(g) + 5O_2 \longrightarrow 4NO(g) + 6H_2O(l)$$

| 物　质 | $NH_3(g)$ | $NO(g)$ | $H_2O(l)$ |
|---|---|---|---|
| $\Delta G_f^\ominus/kJ\cdot mol^{-1}$ | -16.64 | 86.69 | -237.2 |

A　-133.9　　B　-1009.9　　C　-1286.6　　D　159.5

56. 下列物质中 $\Delta H_f^\ominus$ 不为零的是（　　）。

A　Fe(s)　　B　C（石墨）　　C　He(g)　　D　$Cl_2(l)$

57. 盖斯定律认为化学反应的热效应与途径无关，这是因为反应处在（　　）。

A　可逆条件下进行　　B　恒压无非体积功条件下进行

C　恒容无非体积功条件下进行　　D　以上都是

58. 液体沸腾的过程中，下列物理量数值增加的是（　　）。

A　蒸气压　　B　标准吉布斯函数

C　标准熵　　D　液体质量

59. 可以判断化学反应方向的热力学函数是（　　）。

A　$\Delta G$　　B　$\Delta H$　　C　$\Delta S$　　D　$W$

60. 下列描述正确的是（　　）。

A　化学反应的吉布斯函数变与温度无关

B　化学反应的吉布斯函数能变随温度变化而明显变化

C　化学反应的吉布斯函数变随温度变化不大

D　以上都不是

61. 下列热力学函数中不属于状态函数的是（　　）。

A　$H$　　B　$\Delta H$　　C　$S$　　D　$G$

62. 如果系统经过一系列变化，最后又变到起始状态，则以下的关系式均能成立的是(　　)。

A　$Q=0$；$W=0$；$\Delta U=0$；$\Delta H=0$

B　$Q\neq0$；$W\neq0$；$\Delta U=0$；$\Delta H=Q$

C　$Q=W$；$\Delta U=Q-W$；$\Delta H=0$

D　$\Delta U=0$；$\Delta H=0$；$\Delta S=0$；$\Delta G=0$

63. 对反应

$$N_2(g)+3H_2(g)\rightleftharpoons 2NH_3(g)\qquad \Delta G_1$$

$$1/2N_2(g)+3/2H_2(g)\rightleftharpoons NH_3(g)\qquad \Delta G_2$$

则描述准确的是（　　）。

A　$\Delta G_1=\Delta G_2$　　B　$\Delta G_1=2\Delta G_2$

C　$\Delta G_1=\Delta G_2^2$　　D　$\Delta G_1^2=\Delta G_2$

64. 在标准状态下进行的气相反应，是指下列哪一种条件进行的反应（　　）。

A　反应物和生成物的浓度都是 $1mol\cdot dm^{-1}$

B　反应物和生成物的分压都是 100kPa

C　反应物的分压为 100kPa

D　反应物和生成物的总压是 100kPa

65. 下列单质中，标准生成焓为零的是（　　）。

A　金刚石　　B　$O_3(g)$　　C　Fe(s)　　D　Hg(g)

66. 根据下表所给的数据，可以推断反应 $2HI(g)=H_2(g)+I_2(g)$ 处于标准态时，(　)。

| 物　质 | HI(g) | $H_2$(g) | $I_2$(g) |
|---|---|---|---|
| $\Delta H_f^\ominus$/kJ·mol$^{-1}$ | 26.5 | 0 | 62.4 |
| $S^\ominus$/J·mol$^{-1}$·K$^{-1}$ | 206.6 | 130.7 | 260.7 |

A　任何温度下都能自发进行　　B　低温时自发而高温时非自发

C　高温时自发而低温时非自发　　D　任何温度下都是非自发的

67. 已知25℃时 $Ag_2O(s)$ 的 $\Delta G_f^\ominus=-10.82kJ\cdot mol^{-1}$，$\Delta H_f^\ominus=-30.57kJ\cdot mol^{-1}$，则反应

$$Ag_2O(s)\longrightarrow 2Ag(s)+1/2O_2(g)$$

的 $\Delta S_{298}^\ominus$ 为（　　）$J\cdot mol^{-1}\cdot K^{-1}$。

A　−0.0678　　B　0.0678　　C　67.8　　D　−67.8

68. 已知下列两个热化学方程

$$Zn(s)+1/2O_2(g)=\!=\!=ZnO(s)\quad \Delta H^\ominus=-350.5kJ\cdot mol^{-1}$$

$$Hg(l)+1/2O_2(g)=\!=\!=HgO(s)\quad \Delta H^\ominus=-90.8kJ\cdot mol^{-1}$$

则反应 $Zn(s)+HgO(s)=Hg(l)+ZnO(s)$ 的反应热 $\Delta H^\ominus$ 等于（　　）$kJ\cdot mol^{-1}$。

A　−259.7　　B　259.7　　C　−441.3　　D　441.3

69. 试由下表数据确定压力为100kPa时，$PCl_3$ 的沸点应为（　）。

| 物　质 | $PCl_3$(l) | $PCl_3$(g) |
|---|---|---|
| $\Delta H_f^\ominus$/kJ·mol$^{-1}$ | −319.7 | −287.0 |
| $S^\ominus$/J·mol$^{-1}$·K$^{-1}$ | 217.1 | 311.8 |

A　0.35℃　　B　346℃　　C　72℃　　D　0℃

70. 系统的混乱度越大，则（　）。

A　系统的熵值越大　　B　系统的熵值越小

C　系统的熵值不变　　D　不能确定

71. 任何纯物质完美晶体在（　　）时熵值为零。

A　25℃　　B　0℃　　C　0K　　D　18℃

72. 对 $NH_4Cl(s)$ 溶于水的反应，过程熵变为（　　）。

A　$\Delta S>0$　　B　$\Delta S=0$　　C　$\Delta S<0$　　D　不能确定

73. 25℃时，标准熵减少最多的反应是（　）。

A　$2HBr(l)\longrightarrow H_2(g)+Br_2(l)$

B　$2N_2H_4(l)+N_2O_4(l)\longrightarrow 3N_2(g)+4H_2O(l)$

C　$N_2(g)+3H_2(g)\longrightarrow 2NH_3(g)$

D　$2N_2(g)+O_2(g)\longrightarrow 2N_2O(g)$

74. 下列哪个反应的焓变是标准生成焓（　）。

A　$C_{(金刚石)}+O_2(g)=\!=\!=CO_2(g)$　　B　$N_2(g)+3H_2(g)=\!=\!=2NH_3(g)$

C　$CO(g)+1/2O_2(g)=\!=\!=CO_2(g)$　　D　$H_2(g)+1/2O_2(g)=\!=\!=H_2O(g)$

75. 25℃时，$SO_2(g)$的$\Delta G_f^\ominus = -330.5kJ \cdot mol^{-1}$，$\Delta H_f^\ominus = -296.1kJ \cdot mol^{-1}$。当温度升高时，反应

$$S(s) + O_2(g) \xlongequal{\quad} SO_2(g)$$

的$\Delta G^\ominus$将（　　）。

A　保持不变　　B　改变正负号　　C　增加　　D　减小

76. 25℃时，$Fe_3O_4(s)$的$\Delta G_f^\ominus = -1015.4kJ \cdot mol^{-1}$，$H_2O(g)$的$\Delta G_f^\ominus = -228.6kJ \cdot mol^{-1}$，有关物质的标准熵如下表所示，据此推断反应$Fe_3O_4(s) + 4H_2(g) \xlongequal{} 3Fe(s) + 4H_2O(g)$在标准状态时，（　　）。

| 物　质 | $Fe_3O_4(s)$ | $H_2(g)$ | Fe(S) | $H_2O(g)$ |
|---|---|---|---|---|
| $S^\ominus/J \cdot mol^{-1} \cdot K^{-1}$ | 146.4 | 130.7 | 27.3 | 188.8 |

A　永远是非自发的　　B　高温自发而低温非自发

C　高温非自发而低温自发　　D　永远为自发的

77. 反应$CaCO_3(s) \rightarrow CaO(s) + CO_2(g)$在高温时正反应自发进行，其逆反应在298K时为自发的，则逆反应的$\Delta H^\ominus$与$\Delta S^\ominus$是（　　）。

A　$\Delta H^\ominus > 0$，$\Delta S^\ominus > 0$　　B　$\Delta H^\ominus < 0$，$\Delta S^\ominus > 0$

C　$\Delta H^\ominus > 0$，$\Delta S^\ominus < 0$　　D　$\Delta H^\ominus < 0$，$\Delta S^\ominus < 0$

78. 恒温条件下，$Q_V = Q_p$的反应是（　　）。

A　$N_2(g) + 3H_2(g) \xlongequal{\quad} 2NH_3(g)$　　B　$2HI(g) \xlongequal{\quad} H_2(g) + I_2(g)$

C　$O_2(g) + 2H_2(g) \xlongequal{\quad} 2H_2O(l)$　　D　$CaCO_3(s) \xlongequal{\quad} CaO(s) + CO_2(g)$

79. 已知一给定反应的$\Delta G^\ominus$，则下列各项中能确定的是（　　）。

A　任意状态下反应的方向　　B　同一温度下的标准平衡常数

C　该反应的反应速率快慢　　D　某催化剂对该反应的作用

80. $Br_2(g) + 2NO(g) \xlongequal{} 2NOBr(g)$，对$Br_2$为一级反应，对NO为二级反应，若反应物浓度均为$2mol \cdot dm^{-3}$时，反应速率为$3.25 \times 10^{-3} mol \cdot dm^{-3} \cdot s^{-1}$，则此时的反应速度常数为（　　）$dm^6 \cdot mol^{-2} \cdot s^{-1}$。

A　$2.10 \times 10^2$　　B　3.26　　C　$4.06 \times 10^{-4}$　　D　$3.12 \times 10^{-7}$

## 二、填空题

1. 恒温下，将$1.0dm^3$ 204.0kPa $N_2(g)$及$2.0dm^3$ 204.0kPa $O_2(g)$充入容积为$3.0dm^3$的真空容器中，则$N_2(g)$的分压为______ kPa；$O_2$的分压为______ kPa；容器的总压力为______ kPa。

2. 在25℃和相同的初始压力下，将$5.0dm^3$ $N_2(g)$和$15.0dm^3$ $O_2(g)$充入容积为$10dm^3$的真空容器中，混合气体的总压力为152kPa，则混合后$p(N_2)$为______ kPa，$p(O_2)$为______ kPa。当温度升至250℃时，保持体积不变，混合气体的总压力为______ kPa。

3. 反应$H_2O(l) \xlongequal{} H_2(g) + 1/2O_2(g)$的$\Delta H^\ominus = 285.8kJ \cdot mol^{-1}$，则$\Delta H_f^\ominus(H_2O, l)$为______ $kJ \cdot mol^{-1}$；每生成1g $H_2$的$\Delta H^\ominus$为______ kJ；当吸热为1.57kJ时，可生成$H_2(g)$为______ g，$O_2(g)$为______ g。

4. 对于______反应，其反应级数一定等于反应物计量系数______，速率常数的单位由______决定。

5. 反应 $A(g)+2B(g) = C(g)$ 的速率方程为 $v=kc(A)c^2(B)$。反应的级数为______级，该反应______是基元反应。当 B 的浓度增加 2 倍时，反应速率将增大______倍；当反应容器的体积增大到原体积的 3 倍时，反应速率将是原速率的______倍。

6. 对于可逆反应，当升高温度时，(1) 其速率常数 $k_{正}$ 将______，速率常数 $k_{逆}$ 将______；(2) 若反应为______热反应，平衡常数 $K^\ominus$ 将增大，$\Delta G^\ominus$ 将______。

7. 某温度时，反应 $C(s)+H_2O(g) \rightleftharpoons CO(g)+H_2(g)$ 的 $\Delta H^\ominus = 134\text{kJ} \cdot \text{mol}^{-1}$，当升高温度时，该反应的平衡常数 $K^\ominus$ 将______；系统中 $CO(g)$ 的含量______。增大系统压力将使平衡______移动；保持温度和体积不变，加入 $N_2(g)$，平衡______移动。

8. 反应 $N_2O_4(g) \rightleftharpoons 2NO_2(g)$ 是一个熵______的反应。在恒温恒压下达到平衡后，(1) 若使 $n(N_2O_4):n(NO_2)$ 增大，平衡将______移动；(2) 若向该系统中加入 $Ar(g)$，$n(NO_2)$ 将______；$\alpha(N_2O_4)$ 将______。

9. 已知下列反应在 25℃时的平衡常数：

$HCN(aq) \rightleftharpoons H^+(aq)+CN^-(aq)$　　$K_1^\ominus = 6.2 \times 10^{-10}$

$NH_3(aq)+H_2O(l) \rightleftharpoons NH_4^+(aq)+OH^-(aq)$　　$K_2^\ominus = 1.8 \times 10^{-5}$

$H_2O(l) \rightleftharpoons H^+(aq)+OH^-(aq)$　　$K_3^\ominus = 1.0 \times 10^{-14}$

则反应 $NH_3(aq)+HCN(aq) \rightleftharpoons NH_4^+(aq)+CN^-(aq)$ 的平衡常数是______，该反应的热效应 $\Delta H^\ominus$ ______0。(大于、等于、小于)

10. 0 级反应速率常数的单位是______，2 级反应速率常数的单位是______（时间单位为 s）。

## 三、计算题

1. 已知在 25℃及 101.325kPa 压力下，含有 $N_2$ 和 $H_2$ 的混合气体的密度为 $0.50\text{g} \cdot \text{dm}^{-3}$，则 $N_2$ 和 $H_2$ 的分压及体积百分数各是多少?

2. 阿波罗登月火箭用联氨 $N_2H_4(l)$ 作燃料，用 $N_2O_4(g)$ 作氧化剂，燃烧后生成 $N_2(g)$ 和 $H_2O(l)$。写出配平的化学方程式。有 298K 时的标准生成焓数据，计算燃烧 1.0kg 联氨所放出的热。

3. 已知反应：$2Fe_3O_4(s)+1/2O_2(g) \rightleftharpoons 3Fe_2O_3(s)$ 的 $\Delta H^\ominus = -237.4\text{kJ} \cdot \text{mol}^{-1}$，$\Delta H_f^\ominus(Fe_2O_3) = -824.2\text{kJ} \cdot \text{mol}^{-1}$，计算 $\Delta H_f^\ominus(Fe_3O_4)$。

4. 25℃时，$Fe_3O_4(s)$ 的 $\Delta G_f^\ominus = -1015.4\text{kJ} \cdot \text{mol}^{-1}$，$H_2O(g)$ 的 $\Delta G_f^\ominus = -228.6\text{kJ} \cdot \text{mol}^{-1}$，有关物质的标准熵如表所示：计算反应 $Fe_3O_4(s)+4H_2(g) = 3Fe(s)+4H_2O(g)$ 在 700℃时的 $\Delta G^\ominus$。

| 物　质 | $Fe_3O_4(s)$ | $H_2(g)$ | $Fe(s)$ | $H_2O(g)$ |
|---|---|---|---|---|
| $S^\ominus/\text{J} \cdot \text{mol}^{-1} \cdot \text{K}^{-1}$ | 146.4 | 130.7 | 27.3 | 188.8 |

5. 25℃时，合成氨反应 $N_2(g)+3H_2(g) \rightleftharpoons 2NH_3(g)$ 的 $\Delta S^\ominus = -198\text{J} \cdot \text{mol}^{-1} \cdot \text{K}^{-1}$，$NH_3(g)$ 的 $\Delta H_f^\ominus = -45.9\text{kJ} \cdot \text{mol}^{-1}$。求此反应在标准状态时能自发进行的温度。

6. 已知下列反应在 400K 时 $\Delta G^\ominus = -95.33\text{kJ} \cdot \text{mol}^{-1}$，在 300K 时 $\Delta G^\ominus = -107.9$

kJ · mol$^{-1}$，求下列反应的 $\Delta H^{\ominus}$ 和 $\Delta S^{\ominus}$ 各为多少？

$$Cu_2O(s) + 1/2O_2(g) \longrightarrow 2CuO(s)$$

7. 已知 $C_6H_6(l)$ 的燃烧焓 $\Delta H_c^{\ominus} = -3267$kJ · mol$^{-1}$，$CO_2(g)$ 和 $H_2O(l)$ 的生成焓分别为 $-393.5$kJ · mol$^{-1}$ 和 $-285.8$kJ · mol$^{-1}$，试求 $C_6H_6(l)$ 的标准生成焓。
8. 500℃时，合成氨反应的活化能为 326.4kJ · mol$^{-1}$，在催化剂 Fe 存在时，活化能为 176kJ · mol$^{-1}$。问：加入催化剂后，反应速率提高了多少？
9. 25℃时，$CaCO_3(s) = CaO(s) + CO_2(g)$，$\Delta H^{\ominus} = 179.2$ kJ · mol$^{-1}$，$\Delta S^{\ominus} = 160.2$ J · mol$^{-1}$ · K$^{-1}$。求：

   (1) 反应在25℃达平衡时，$CO_2$ 的分压。

   (2) 当空气中 $CO_2$ 的含量为1%（体积比）时，反应 $CaCO_3(s) = CaO(s) + CO_2(g)$ 自发进行的温度。
10. 673K 时，在 10dm$^3$ 密闭容器中，混合 1mol $H_2$ 和 3mol $N_2$，加入催化剂使其达到平衡，平衡时 $H_2$ 的转化率为 15%。求该温度时合成氨反应的平衡常数。

# 第2章　溶液与离子反应

## 知 识 要 点

### 一、稀溶液的依数性

蒸气压下降、沸点上升、凝固点降低和渗透压。

1. 溶液

一种物质以分子、离子或原子形态分散于另一种物质构成的均匀而稳定的系统。溶液由溶剂和溶质组成。通常组分大的物质称为溶剂。

蒸气压下降（拉乌尔定律）：在一定温度下，含难挥发性非电解质的稀溶液的蒸气压等于溶剂的蒸气压乘以溶剂的物质的量分数，$p = p_o x_A$。

由于 $x_A + x_B = 1$，有 $\Delta p = p_o - p$，$\Delta p = p_o x_B$。

沸点上升和凝固点下降：含难挥发性非电解质的稀溶液的沸点升高和凝固点降低，与溶质的质量摩尔浓度成正比。

质量摩尔浓度 $m$：1000g 溶剂中含有溶质的物质的量。

$\Delta T_b = k_b m$，$k_b$ 是沸点上升常数。

$\Delta T_f = k_f m$，$k_f$ 是凝固点下降常数。

$k_b$ 和 $k_f$ 是溶剂的特征，与溶质无关。对于水，$k_b = 0.515 K \cdot kg \cdot mol^{-1}$，$k_f = 1.853 K \cdot kg \cdot mol^{-1}$。

渗透压（$\pi$）：为阻止溶剂分子通过半透膜进入溶液而施加于溶液的压力，称为该溶液的渗透压。即给溶液施加一定的压力，使渗透停止，这个压力就是溶液的渗透压。

$$\pi = cRT$$

半透膜：只允许溶剂分子通过而不允许溶质分子通过的膜称为半透膜。

渗透：溶剂分子通过半透膜进入溶液的单方向扩散现象。

稀溶液的依数性定律：难挥发的非电解质稀溶液的蒸气压下降、沸点上升、凝固点下降和渗透压与溶质的质量摩尔浓度（或物质的量浓度）成正比，而与溶质的本性无关，这些性质称为稀溶液的依数性，其定量关系称为稀溶液的依数性定律。

2. 电解质与非电解质

电解质：在熔融状态或水溶液中能够导电的化合物称为电解质。

非电解质：在熔融状态或水溶液中不能够导电的化合物称为非电解质。

3. 强电解质、弱电解质和难溶电解质

强电解质：在水溶液中完全电离成离子的电解质称为强电解质。

弱电解质：在溶液中仅有部分电离的电解质。其特点为溶液导电能力较弱、存在电离平衡、电离很小（一般浓度时）。

难溶电解质：在水溶液中，溶解度很小的电解质（在100g水中溶解度小于0.01g的电解质）。

## 二、酸碱理论

1. Arrhenius 电离理论（中学已讲过）
2. 酸碱质子理论——共轭酸碱理论

   酸：凡是给出质子的物质。

   碱：凡是接受质子的物质。

   酸碱反应是质子转移反应。
3. 酸碱电子理论——Lewis 酸碱理论

   酸：接受孤对电子的物质。

   碱：给出孤对电子的物质。

## 三、弱电解质的解离

1. 解离平衡和平衡常数

   解离平衡：$K_a^\ominus$ 或 $K_b^\ominus$

   意义：大小表示酸性或碱性的强弱，与温度有关。

   平衡常数可由实验直接测定，也可由热力学计算得到。
2. 电离度和稀释定律

   电离度，即离解率

$$\alpha = \frac{\text{已电离的物质的量}}{\text{弱电解质总物质的量}} \times 100\%$$

   电离度的特点：与温度有关，但影响不大；与浓度有关，浓度增加，$\alpha$ 降低。

   稀释定律：弱电解质的电离度随着浓度的降低而增大。当满足 $c/K^\ominus > 500$ 时，

$$\alpha = \sqrt{\frac{K_a^\ominus}{c}}$$

3. 分步电离

   多元弱电解质在水溶液中分步电离

$$H_2A \rightleftharpoons H^+ + HA^- \qquad K_{a1}^\ominus$$

$$HA^- \rightleftharpoons H^+ + A^{2-} \qquad K_{a2}^\ominus$$

$$H_2A = 2H^+ + A^{2-} \qquad K_a^\ominus = K_{a1}^\ominus \cdot K_{a2}^\ominus$$

   一般，$K_{a2}^\ominus \ll K_{a1}^\ominus$。如 $H_2S$，$K_{a1}^\ominus = 1.32 \times 10^{-7}$，$K_{a2}^\ominus = 7.08 \times 10^{-15}$
4. 水的电离、溶液的酸碱性和 pH 值

| | | | | | |
|---|---|---|---|---|---|
| 水的电离 | $H_2O$ | $\rightleftharpoons$ | $H^+$ | + $OH^-$ | $K_w^\ominus$ |
| $\Delta G_f^\ominus/kJ \cdot mol^{-1}$ | $-237.2$ | | 0 | $-157.38$ | |

$$\Delta G^{\ominus} = 79.82 \text{kJ} \cdot \text{mol}^{-1}$$

$$K_w^{\ominus} = 1.0 \times 10^{-14}$$

一般情况下，当电解质的浓度不是很低时，不考虑水的电离。

pH 值的定义：$pH = -\lg[c(H^+)/c^{\ominus}]$

| pH 值 | <7 | =7 | >7 |
|---|---|---|---|
| | 酸性 | 中性 | 碱性 |

强酸或强碱溶液的 pH 值：如 HCl 溶液（$0.01 mol \cdot dm^{-3}$）pH 值，$c(H^+) = 0.01 mol \cdot dm^{-3}$，$pH = -\lg[c(H^+)/c^{\ominus}] = -\lg 0.01 = 2$

一元弱电解质（如 HA）的酸度或 pH 值计算

$$\begin{array}{lccc} & HA & \rightleftharpoons H^+ & + \quad A^- \\ t=0 & c & 0 & 0 \\ \text{变化} & -x & x & x \\ t=\infty & c-x & x & x \end{array}$$

$$K_a^{\ominus} = \frac{x^2}{c-x}$$

$$x^2 + K_a^{\ominus}x - cK_a^{\ominus} = 0$$

当 $c/K^{\ominus} > 500$ 时，$c(H^+) = x = \sqrt{K_a^{\ominus}c}$

$$pH = -\lg[c(H^+)/c^{\ominus}] = -\lg \sqrt{K_a^{\ominus}c}$$

5. 同离子效应与缓冲溶液

（1）同离子效应定义：在弱电解质溶液中加入与该弱电解质含相同离子的强电解质，使弱电解质的电离度降低，这种现象称为同离子效应。

（2）缓冲溶液：凡能保持溶液 pH 值相对稳定的溶液称为缓冲溶液。缓冲溶液具有缓冲作用的根本原因在于同离子效应。

（3）缓冲溶液的组成：弱酸及其盐、弱碱及其盐或弱酸弱碱盐的混合溶液。

（4）缓冲溶液 pH 值计算：

弱酸-弱酸盐缓冲溶液体系　$pH = pK_a^{\ominus} - \lg \frac{c_{酸}}{c_{盐}}$

弱碱-弱碱盐缓冲溶液体系　$pH = pK_w^{\ominus} - pK_b^{\ominus} + \lg \frac{c_{碱}}{c_{盐}}$或 $pOH = pK_b^{\ominus} - \lg \frac{c_{碱}}{c_{盐}}$

缓冲溶液的选择：弱酸-弱酸盐缓冲溶液体系，$pK_a^{\ominus}$ 值尽可能与所要求的 pH 值相接近，再调整 $\frac{c_{酸}}{c_{盐}}$ 的比值；弱碱-弱碱盐缓冲溶液体系，$pK_b^{\ominus}$ 值尽可能与所要求的 pOH 值相接近，再调整 $\frac{c_{碱}}{c_{盐}}$ 的比值。

## 四、溶解度与溶度积

在一定温度下，难溶电解质溶于水成为饱和溶液时，剩余的固体和已进入溶液中的离子之间建立的动态平衡称为沉淀溶解平衡。该平衡为多相离子平衡，其平衡常数为溶度积常数。

1. 溶度积常数（$K_{sp}^{\ominus}$）

多相平衡式（以 AgCl 为例）

$$AgCl(s) \rightleftharpoons Ag^{+}(aq) + Cl^{-}(aq)$$

其平衡常数表达式为 $K_{sp}^{\ominus} = c(Ag^{+}) \cdot c(Cl^{-})$

通式 $A_nB_m(s) \rightleftharpoons nA^{m+} + mB^{n-}$

$$K_{sp}^{\ominus} = c(A^{m+})^{n} \cdot c(B^{n-})^{m}$$

2. 溶解度（$S$）和 $K_{sp}^{\ominus}$ 的关系

相同类型的难溶电解质，其 $K_{sp}^{\ominus}$ 愈大，则 $S$ 愈大；$K_{sp}^{\ominus}$ 愈小，则 $S$ 愈小。

不同类型的难溶电解质，不能直接比较，须通过计算比较。

3. 溶度积规则

$J$ 为离子积，是任意时刻离子浓度的乘积。

当 $J = K_{sp}^{\ominus}$ 时，处于沉淀溶解平衡；

当 $J < K_{sp}^{\ominus}$ 时，无沉淀产生或原有沉淀溶解；

当 $J > K_{sp}^{\ominus}$ 时，有沉淀产生。

溶度积规则应用：判断沉淀生成；判断各种沉淀先后次序（分步沉淀）；沉淀溶解；沉淀转化。

4. 同离子效应和盐效应

（1）同离子效应：加入含相同离子的易溶电解质，使难溶电解质的溶解度降低的现象。

（2）盐效应：加入易溶电解质，使难溶电解质的溶解度增大的现象。

## 五、强电解质的电离

离子强度 $I = \frac{1}{2}\sum c_iZ_i^2$

活度和活度系数 $a = fc$

## 六、配位化合物

（1）配位化合物：由中心离子或原子与一定数目的配体组成的化合物，与复盐不同。

（2）配合物的基本概念：配合物的组成、内界、外界、中心原子/离子、配体、配位原子和配位数。

（3）配合物中形成体与配体之间的化学键是配位键。

配位键的形成条件：形成体具有空轨道；配体中配位原子具有孤对电子。

1. 配合物的化学式

（1）内、外界：阳离子在前，阴离子在后。

（2）配位个体：先形成体，后配体。配体的书写次序：“先阴离子，后分子”、“先无机，后有机”，同类配体按配位原子的字母次序。

2. 命名及书写方法

内、外界：某酸某，某化某。

（1）配位个体：先配体，后形成体

（2）配体按书写顺序，配体名称之间用黑点隔开

（3）配体个数用汉字数字

（4）形成体的价态用罗马数字

3. 配离子的稳定常数

其表达方式与标准平衡常数相同（参见大学化学教材）。

# 例题分析

**例 2-1** 将 1kg 乙二醇与 2kg 水混合，可制汽车用的防冻剂，试计算：25℃时，（1）该防冻剂的蒸气压；（2）该防冻剂的沸点；（3）该防冻剂的凝固点。

（已知：25℃ 时，水的蒸气压为 3.18kPa。$k_b = 0.515\text{K} \cdot \text{kg} \cdot \text{mol}^{-1}$，$k_f = 1.853\text{K} \cdot \text{kg} \cdot \text{mol}^{-1}$）

**［解题思路］** 根据稀溶液依数性的对应公式，可分别求出蒸气压、沸点、凝固点。

**解** （1）根据 $\Delta p = \frac{n(\text{B})}{n} \times p(\text{A})$ 得

$$3.18 - p = \frac{\frac{1000}{62}}{\frac{2000}{18} + \frac{1000}{62}} \times 3.18 = \frac{16.1}{111.1 + 16.1} \times 3.18 = 0.40$$

解得 $p = 2.78\text{kPa}$

（2）根据 $\Delta T_b = k_b \cdot m$ 得

乙二醇物质的量为 $\frac{1000}{62} = 16.1\text{mol}$

乙二醇的质量摩尔浓度为 $m = \frac{16.1}{2000} \times 1000 = 8.05\text{mol} \cdot \text{kg}^{-1}$

又 $k_b = 0.515\text{K} \cdot \text{kg} \cdot \text{mol}^{-1}$

所以 $\Delta T_b = 4.15\text{K}$

防冻剂的沸点为$(273.15 + 100) + 4.15 = 377.30\text{K} = 104.15℃$

（3）同样，由 $\Delta T_f = k_f \cdot m$ $\quad k_f = 1.853\text{K} \cdot \text{kg} \cdot \text{mol}^{-1}$

可求得 $\Delta T_f = 14.92\text{K}$

防冻剂的凝固点为$(273.15 - 14.92)\text{K} = 258.23\text{K}$

**例 2-2** 将下列溶液按其凝固点由低到高顺序排列

$1\text{mol} \cdot \text{kg}^{-1}$ $C_6H_{12}O_6$、$1\text{mol} \cdot \text{kg}^{-1}$ $CaCl_2$、$1\text{mol} \cdot \text{kg}^{-1}$ NaCl、$1\text{mol} \cdot \text{kg}^{-1}$ HAc

**［解题思路］** 虽然稀溶液定律只适用于难挥发非电解质稀溶液，但是对于上述三个不符合条件的溶液仍可作定性比较。溶液凝固点下降的程度依据单位体积内溶质微粒数，而单位体积内微粒数又与溶液的浓度和溶质解离情况有关。溶液中溶质微粒数越多，凝固点

下降数值越大。

**解**　凝固点由高到低的顺序为

$$1\text{mol}\cdot\text{kg}^{-1}\ C_6H_{12}O_6 > 1\text{mol}\cdot\text{kg}^{-1}\ \text{HAc} > 1\text{mol}\cdot\text{kg}^{-1}\ \text{NaCl} > 1\text{mol}\cdot\text{kg}^{-1}\ CaCl_2$$

**例 2-3**　298K，某一元弱酸（HA）的 0.01mol·dm$^{-3}$水溶液的 pH = 4，试求：（1）该弱酸的解离常数及解离度；（2）溶液稀释 1 倍后的解离常数及解离度。

（1）[**解题思路**]　根据溶液的 pH 值，就可知溶液中存在的 $H^+$ 离子浓度。有了 $H^+$ 离子浓度就可知平衡时各物质浓度，将其数值分别代入解离常数表达式中，就可求得 $K_a^\ominus$ 值。再根据解离度概念就可求得解离度 $\alpha$ 值。

**解**　pH = 4　$c(H^+) = 10^{-4}\text{mol}\cdot\text{dm}^{-3}$

$$\begin{array}{lccccc} & HA(aq) & \rightleftharpoons & H^+(aq) & + & A^-(aq) \\ c(\text{平衡})/\text{mol}\cdot\text{dm}^{-3} & 0.01-10^{-4} & & 10^{-4} & & 10^{-4} \end{array}$$

$$K_a^\ominus = \frac{[c(H^+)/c^\ominus][c(A^-)/c^\ominus]}{c(HA)/c^\ominus} = \frac{(10^{-4})\cdot(10^{-4})}{0.01-10^{-4}} = 1\times10^{-6}$$

$$\alpha = \frac{HA(\text{已解离浓度})}{HA(\text{原始浓度})}\times100\% = \frac{10^{-4}}{0.01}\times100\% = 1\%$$

（2）[**解题思路**]　将溶液稀释 1 倍后，弱酸 HA 的浓度减半，变为 0.005mol·dm$^{-3}$。由于温度没变，故 $K_a^\ominus$ 值不变。但此时弱酸的 $c(H^+)$值不能认为也稀释 1 倍，要根据弱酸的解离常数计算来求得。

**解**　设平衡时 $c(H^+) = x\text{mol}\cdot\text{dm}^{-3}$

$$\begin{array}{lccccc} & HA(aq) & \rightleftharpoons & H^+(aq) & + & A^-(aq) \\ c(\text{平衡})/\text{mol}\cdot\text{dm}^{-3} & 0.005-x & & x & & x \end{array}$$

$$K_a^\ominus = \frac{[c(H^+)/c^\ominus][c(A^-)/c^\ominus]}{c(HA)/c^\ominus} = \frac{x^2}{0.005-x} = 1\times10^{-6}$$

因 $K_a^\ominus$ 值较小，可作近似计算，$0.005-x\approx0.005$

$$\frac{x^2}{0.005} = 1\times10^{-6}$$

$$x = 7.1\times10^{-5}$$

$$c(H^+) = 7.1\times10^{-5}\text{mol}\cdot\text{dm}^{-3}$$

$$\alpha = \frac{7.1 \times 10^{-5}}{0.005} \times 100\% = 1.42\%$$

**例 2-4** 在 $100cm^3$ $0.10mol \cdot dm^{-3}$ 氨水中加入 1.07g $NH_4Cl$ 时（设体积不变），溶液 pH 值为多少？在此溶液中再加入 $100cm^3$ 水时，pH 值有何变化？

（已知：$K_b^{\ominus}(NH_3 \cdot H_2O) = 1.74 \times 10^{-5}$）

**[解题思路]** $NH_3 \cdot H_2O$ 和 $NH_4Cl$ 构成了缓冲溶液。将有关物质浓度求出，代入缓冲溶液 pH 值计算公式即可。

**解**
$$c(NH_3 \cdot H_2O) = 0.10mol \cdot dm^{-3} = c(b)$$

$$c(NH_4Cl) = \frac{1.07}{53.5 \times 0.10} = 0.20mol \cdot dm^{-3} = c(s)$$

已知：$K_b^{\ominus} = 1.74 \times 10^{-5}$，$pK_b^{\ominus} = 4.76$

$$pH = 14 - pK_b^{\ominus} + \lg \frac{c(b)}{c(s)}$$

$$= 14 - 4.76 + \lg \frac{0.10}{0.20}$$

$$= 8.93$$

再加入 $100cm^3$ 水时，溶液总体积为 $200cm^3$。各物质浓度分别为

$$c(NH_3 \cdot H_2O) = \frac{0.10 \times 100}{200} = 0.05mol \cdot dm^{-3} = c(b)$$

$$c(NH_4Cl) = \frac{0.20 \times 100}{200} = 0.10mol \cdot dm^{-3} = c(s)$$

$$pH = 14 - pK_b^{\ominus} + \lg \frac{c(b)}{c(s)}$$

$$= 14 - 4.76 + \lg \frac{0.05}{0.10}$$

$$= 8.93$$

**例 2-5** $75cm^3$、$0.10mol \cdot dm^{-3}$ 氨水溶液和 $25cm^3$、$0.10mol \cdot dm^{-3}$ HCl 溶液混合，试求混合后溶液的 pH 值。

（已知：$K_b^{\ominus}(NH_3 \cdot H_2O) = 1.74 \times 10^{-5}$）

**[解题思路]** 这两种溶液混合后，发生中和反应，除生成与 HCl 等物质量的 $NH_4Cl$ 外，氨水还有剩余，所以该混合溶液为 $NH_3 \cdot H_2O$-$NH_4Cl$ 的缓冲溶液。可按缓冲溶液公式计算 pH 值，也可按具有同离子效应的弱电解质解离平衡，计算溶液的 pH 值。

**解法 1** 混合前 $NH_3 \cdot H_2O$ 和 HCl 的物质的量（mol）分别为

$$n(NH_3 \cdot H_2O) = 0.10 \times \frac{75}{1000} = 0.0075mol$$

$$n(HCl) = 0.10 \times \frac{25}{1000} = 0.0025mol$$

混合后，发生化学反应

$$NH_3 \cdot H_2O + HCl \rightleftharpoons NH_4Cl + H_2O$$

此时，会生成0.0025mol的$NH_4Cl$，HCl被消耗掉，同时$NH_3 \cdot H_2O$还有剩余，剩余量为0.0075 - 0.0025 = 0.005mol。再考虑混合后体积变化，则$NH_3 \cdot H_2O$和$NH_4Cl$浓度分别为

$$c(NH_3 \cdot H_2O) = \frac{0.005}{\frac{(75+25)}{1000}} = 0.05\text{mol} \cdot \text{dm}^{-3} = c(\text{b})$$

$$c(NH_4Cl) = \frac{0.0025}{\frac{(75+25)}{1000}} = 0.025\text{mol} \cdot \text{dm}^{-3} = c(\text{s})$$

已知：氨水的$K_b^{\ominus} = 1.74 \times 10^{-5}$，$pK_b^{\ominus} = 4.76$

$$\begin{aligned}\text{pH} &= 14 - pK_b^{\ominus} + \lg\frac{c(\text{b})}{c(\text{s})} \\ &= 14 - 4.76 + \lg\frac{0.05}{0.025} \\ &= 9.54\end{aligned}$$

**解法2**　按具有同离子效应弱电解质的解离平衡来计算

设：解离平衡时，$c(OH^-) = x\text{mol} \cdot \text{dm}^{-3}$

$$NH_3 \cdot H_2O(aq) \rightleftharpoons NH_4^+(aq) + OH^-(aq)$$

$c$(平衡) / $\text{mol} \cdot \text{dm}^{-3}$　　$0.05 - x$　　$0.025 + x$　　$x$

$$K_b^{\ominus} = \frac{[c(NH_4^+)/c^{\ominus}][c(OH^-)/c^{\ominus}]}{c(NH_3 \cdot H_2O)/c^{\ominus}}$$

$$\frac{(0.025 + x)x}{0.050 - x} = 1.74 \times 10^{-5}$$

$$x = 3.48 \times 10^{-5}$$

$$c(OH^-) = 3.48 \times 10^{-5}\text{mol} \cdot \text{dm}^{-3}$$

$$\text{pOH} = 4.46$$

$$\text{pH} = 14 - \text{pOH} = 14 - 4.46 = 9.54$$

**例2-6**　在含有$0.100\text{mol} \cdot \text{dm}^{-3}$ $HNO_3$及$0.0010\text{mol} \cdot \text{dm}^{-3}$ $Pb(NO_3)_2$的混合溶液中，通入$H_2S$至饱和，是否有沉淀产生?

**[解题思路]**　在$0.100\text{mol} \cdot \text{dm}^{-3}$ HCl溶液中通入$H_2S$至饱和，求溶液中$S^{2-}$浓度，进而求出$J$，与$K_{sp}^{\ominus}$进行比较。

**解**　饱和$H_2S$，即$c(H_2S) = 0.100\text{mol} \cdot \text{dm}^{-3}$

$$\begin{aligned}c(S^{2-}) &= \frac{K_{a1}^{\ominus}K_{a2}^{\ominus}c(H_2S)}{c(H^+)^2} \\ &= \frac{1.32 \times 10^{-7} \times 7.08 \times 10^{-15} \times 0.1}{0.1^2}\end{aligned}$$

$$=9.35\times10^{-21}\text{mol}\cdot\text{dm}^{-3}$$

$$J=c(Pb^{2+})c(S^{2-})=0.001\times9.35\times10^{-21}=9.35\times10^{-24}$$

查得 $K_{sp}^{\ominus}$ (PbS) $=1\times10^{-28}$，所以有 PbS 沉淀。

**例 2-7** 在混合溶液中，$c(Fe^{3+})=0.10\text{mol}\cdot\text{dm}^{-3}$，$c(Cu^{2+})=0.50\text{mol}\cdot\text{dm}^{-3}$，如果溶液的 pH 值控制在 4.0，能否使这两种离子分离？

**解** 查得 $K_{sp}^{\ominus}(Fe(OH)_3)=3.98\times10^{-38}$，$K_{sp}^{\ominus}(Cu(OH)_2)=2.2\times10^{-20}$

根据题意，pH = 4，$c(OH^-)=10^{-10}\text{mol}\cdot\text{dm}^{-3}$

此时溶液中

$$c(Fe^{3+})=\frac{K_{sp}^{\ominus}[Fe(OH)_3]}{c(OH^-)^3}=\frac{3.98\times10^{-38}}{10^{-30}}=3.98\times10^{-8}\text{mol}\cdot\text{dm}^{-3}<10^{-5}\text{mol}\cdot\text{dm}^{-3}$$

所以，此时 $Fe^{3+}$ 已经沉淀完全。

若使 $Cu^{2+}$ 沉淀，所需 pH

$$c(OH^-)=\sqrt{\frac{K_{sp}^{\ominus}[Cu(OH)_2]}{c(Cu^{2+})}}=\sqrt{\frac{2.2\times10^{-20}}{0.50}}=2.1\times10^{-10}\text{mol}\cdot\text{dm}^{-3}$$

$$pOH=9.68$$

$$pH=4.32$$

由此可见，在 pH = 4 时，$Fe^{3+}$ 已经沉淀完全，$Cu^{2+}$ 尚未开始沉淀，所以两者可以完全分离。

**例 2-8** 在 $10\text{cm}^3$ $0.10\text{mol}\cdot\text{dm}^{-3}$ $MgSO_4$ 溶液中加入 $10\text{cm}^3$ $0.10\text{mol}\cdot\text{dm}^{-3}$ $NH_3\cdot H_2O$，有没有 $Mg(OH)_2$ 沉淀生成？需要在混合溶液中加入多少克固体 $NH_4Cl$ 才能使生成的沉淀 $Mg(OH)_2$ 溶解？

**解** 等体积混合，$c(Mg^{2+})=0.05\text{mol}\cdot\text{dm}^{-3}$，$c(NH_3\cdot H_2O)=0.05\text{mol}\cdot\text{dm}^{-3}$

（1）解离平衡时，$c(OH^-)=x\text{mol}\cdot\text{dm}^{-3}$

$$NH_3\cdot H_2O\ (aq)\rightleftharpoons NH_4^+\ (aq)+OH^-\ (aq)$$

$$c(\text{平衡})/\text{mol}\cdot\text{dm}^{-3}\qquad 0.05-x\qquad x\qquad x$$

$$K_b^{\ominus}=\frac{[c(NH_4^+)/c^{\ominus}][c(OH^-)/c^{\ominus}]}{c(NH_3\cdot H_2O)/c^{\ominus}}$$

$$\frac{x^2}{0.050-x}=1.74\times10^{-5}$$

$$c/K_b^{\ominus}>500,\quad 0.050-x\approx0.050$$

$$x=9.3\times10^{-4}$$

$$c(OH^-)=9.3\times10^{-4}\text{mol}\cdot\text{dm}^{-3}$$

$$J=c(Mg^{2+})[c(OH^-)]^2=4.3\times10^{-8}>K_{sp}^{\ominus}(Mg(OH)_2)=1.82\times10^{-11}$$

有 $Mg(OH)_2$ 沉淀生成。

（2）要使生成的 $Mg(OH)_2$ 溶解，加入的 $NH_4Cl$ 必须使 $c(OH^-)$ 降低到

$$c(OH^-) = \sqrt{\frac{K_{sp}^{\ominus}}{c(Mg^{2+})}} = \sqrt{\frac{1.82\times10^{-11}}{0.05}} = 1.9\times10^{-5}\text{mol}\cdot\text{dm}^{-3}$$

解离平衡时，$c(NH_4^+) = y\text{mol}\cdot\text{dm}^{-3}$

| | $NH_3\cdot H_2O(aq)$ | $\rightleftharpoons$ | $NH_4^+(aq)$ | + | $OH^-(aq)$ |
|---|---|---|---|---|---|
| $c$(平衡)/$\text{mol}\cdot\text{dm}^{-3}$ | $0.05-1.9\times10^{-5}$ | | $y$ | | $1.9\times10^{-5}$ |

$$K_b^{\ominus} = \frac{[c(NH_4^+)/c^{\ominus}][c(OH^-)/c^{\ominus}]}{c(NH_3\cdot H_2O)/c^{\ominus}}$$

$$\frac{1.9\times10^{-5}y}{0.050-1.9\times10^{-5}} = 1.74\times10^{-5}$$

$$y = 0.046$$

$$m(NH_4Cl) = 0.046\times0.02\times53.5 = 0.05\text{g}$$

**例 2-9** 根据化学式命名配合物$[Co(NH_3)_6]Br_3$，$[Co(NH_3)_2(en)_2](NO_3)_3$，$K_2[SiF_6]$，cis-$[PtCl_2(Ph_3P)_2]$，$K[PtCl_3NH_3]$，$[Co(NH_3)_5H_2O]Cl_3$，$[Pt(NO_2)(NH_3)(NH_2OH)(Py)]Cl$，$[Pt(NH_2)(NO_2)(NH_3)_2]$

**解** 三溴化六氨合钴(Ⅲ)；

硝酸二氨·二(乙二胺)合钴(Ⅲ)；

六氟合硅(Ⅳ)酸钾；

顺-二氯·二(三苯基磷)合铂(Ⅱ)；

三氯·氨合铂(Ⅱ)酸钾；

三氯化五氨·一水合钴(Ⅲ)；

氯化硝基·氨·羟氨·吡啶合铂(Ⅱ)；

氨基·硝基·二氨合铂(Ⅱ)

**例 2-10** 在$100\text{cm}^3$ $0.040\text{mol}\cdot\text{dm}^{-3}$的$AgNO_3$溶液中加入$100\text{cm}^3$ $2.0\text{mol}\cdot\text{dm}^{-3}$氨水，计算达到平衡时溶液中的配体、中心原子和配离子的浓度。已知$[Ag(NH_3)_2]^+$的$K_f^{\ominus} = 1.1\times10^7$。

**解** 等体积混合，$c(AgNO_3) = 0.02\text{mol}\cdot\text{dm}^{-3}$，$c(NH_3) = 1.0\text{mol}\cdot\text{dm}^{-3}$

| | $Ag^+$ | + | $2NH_3$ | $\rightleftharpoons$ | $Ag(NH_3)_2^+$ |
|---|---|---|---|---|---|
| 平衡浓度 | $x$ | | $1.0-2\times(0.02-x)$ | | $0.02-x$ |

$$K_f^{\ominus} = \frac{c(Ag(NH_3)_2^+)}{c(Ag^+)\cdot c(NH_3)^2} = \frac{0.02-x}{x[1.0-2\times(0.02-x)]^2} = \frac{0.02-x}{x(0.96+2x)^2}$$

由于$x$很小，$K_f^{\ominus} = \frac{0.02}{x(0.96)^2} = 1.1\times10^7$

$x = 2.0\times10^{-9}\text{mol}\cdot\text{dm}^{-3}$

$c(Ag^+) = 2.0\times10^{-9}\text{mol}\cdot\text{dm}^{-3}$

$c(NH_3) = 0.96\text{mol}\cdot\text{dm}^{-3}$

$c(Ag(NH_3)_2^+) = 0.02\text{mol}\cdot\text{dm}^{-3}$

# 第 2 章习题

## 一、选择题

1. 下列溶液中，pH 值最小的是（　　）。

A　0.2mol · $dm^{-3}$氨水中加入等体积的 0.2mol · $dm^{-3}$ HCl

B　0.2mol · $dm^{-3}$氨水中加入等体积的蒸馏水

C　0.2mol · $dm^{-3}$氨水中加入等体积的 0.2mol · $dm^{-3}$ $H_2SO_4$

D　0.2mol · $dm^{-3}$氨水中加入等体积的 0.2mol · $dm^{-3}$ $NH_4Cl$

2. 0.10mol · $dm^{-3}$MOH 溶液 pH = 10.0，则该碱的 $K_b^\ominus$ 为（　　）。

A　$1.0\times10^{-3}$　　B　$1.0\times10^{-19}$　　C　$1.0\times10^{-13}$　　D　$1.0\times10^{-7}$

3. 已知 $K_b^\ominus(NH_3\cdot H_2O)=1.74\times10^{-5}$，现将 $20cm^3$ 0.50mol · $dm^{-3}$ 氨水与 $30cm^3$ 0.50 mol · $dm^{-3}$HCl 相混合，溶液中的 pH 值为（　　）。

A　1.0　　B　0.30　　C　0.50　　D　4.9

4. 已知 $Ag_2CrO_4$ 在纯水中的溶解度为 $6.5\times10^{-5}$ mol · $dm^{-3}$。则其在 0.0010mol · $dm^{-3}$ $AgNO_3$溶液中的溶解度（　　）。

A　$6.5\times10^{-5}$mol · $dm^{-3}$　　B　$1.1\times10^{-6}$mol · $dm^{-3}$

C　$1.1\times10^{-9}$mol · $dm^{-3}$　　D　无法确定

5. 浓度为 0.10mol · $dm^{-3}$弱酸 HX 溶液，有 2.0% HX 解离。则 HX 的解离常数 $K_a^\ominus$（　　）。

A　$2.0\times10^{-3}$　　B　$4.0\times10^{-3}$　　C　0.2　　D　$4.0\times10^{-5}$

6. 某一元弱酸弱碱盐固体溶解后，溶液的 pH > 7，则必定为（　　）。

A　$K_a^\ominus > K_b^\ominus$　　B　$K_a^\ominus = K_b^\ominus$　　C　$K_a^\ominus < K_b^\ominus$　　D　$K_w^\ominus > K_a^\ominus \cdot K_b^\ominus$

7. 在 $H_2S$ 水溶液中，$c(H^+)$与$c(S^{2-})$、$c(H_2S)$的关系是（　　）。

A　$c(H^+)=[K_{a1}^\ominus\cdot c(H_2S)/c^\ominus]^{1/2}mol\cdot dm^{-3}, c(S^{2-})=K_{a2}^\ominus\cdot c^\ominus$

B　$c(H^+)=[K_{a1}^\ominus\cdot K_{a2}^\ominus\cdot c(H_2S)/c^\ominus]^{1/2}mol\cdot dm^{-3}, c(S^{2-})=K_{a2}^\ominus\cdot c^\ominus$

C　$c(H^+)=[K_{a1}^\ominus\cdot c(H_2S)/c^\ominus]^{1/2}mol\cdot dm^{-3}, c(S^{2-})=1/2c(H^+)$

D　$c(H^+)=[K_{a1}^\ominus\cdot K_{a2}^\ominus\cdot c(H_2S)/c^\ominus]^{1/2}mol\cdot dm^{-3}, c(S^{2-})=1/2c(H^+)$

8. 已知：$K_a^\ominus(HAc)=1.74\times10^{-5}$，$K_a^\ominus(HCN)=6.2\times10^{-10}$，$K_a^\ominus(HF)=6.6\times10^{-4}$，$K_b^\ominus(NH_3\cdot H_2O)=1.74\times10^{-5}$。下列溶液的浓度均为 0.1mol · $dm^{-3}$，其溶液 pH 值按由大到小的顺序排列正确的是(　　)。

A　NaAc > NaCN > NaF > NaCl > $NH_4Cl$

B　NaF > NaAc > NaCN > NaCl > $NH_4Cl$

C　NaCN > NaAc > NaF > NaCl > $NH_4Cl$

D　$NH_4Cl$ > NaCl > NaF > NaAc > NaCN

9. 有下列溶液：

(1) 0.01mol · $dm^{-3}$HAc 溶液；

（2）0.01mol·$dm^{-3}$HAc 与等体积等浓度的 NaOH 溶液混合；
（3）0.01mol·$dm^{-3}$HAc 与等体积等浓度的 HCl 溶液混合；
（4）0.01mol·$dm^{-3}$HAc 与等体积等浓度的 NaAc 溶液混合。
其 pH 值排列顺序正确的是（　　）。
A　（1）>（2）>（3）>（4）　　B　（1）>（3）>（2）>（4）
C　（4）>（3）>（2）>（1）　　D　（2）>（4）>（1）>（3）

10. 已知 313K 时，水的 $K_w^{\ominus} = 3.8 \times 10^{-14}$，此时 $c(H^+) = 1.0 \times 10^{-7} mol \cdot dm^{-3}$ 的溶液是(　　)。
A　酸性　　B　中性　　C　碱性　　D　缓冲溶液

11. pH = 2 的溶液中 $H^+$ 浓度是 pH = 4 的溶液中 $H^+$ 浓度的（　　）倍。
A　100　　B　$\frac{1}{100}$　　C　$\frac{1}{2}$　　D　2

12. 下列几种情况中，$BaSO_4$ 的溶解度最大的是（　　）。
A　1mol·$dm^{-3}$ $H_2SO_4$　　B　2mol·$dm^{-3}$ $BaCl_2$
C　纯水　　D　0.1mol·$dm^{-3}$ $H_2SO_4$

13. 在相同温度时，下列水溶液中 pH 值最小的为（　　）。
A　0.02mol·$dm^{-3}$HAc 溶液
B　2.0mol·$dm^{-3}$HAc 溶液
C　0.02mol·$dm^{-3}$HAc 溶液与等体积的 0.02mol·$dm^{-3}$NaAc 溶液的混合溶液
D　0.02mol·$dm^{-3}$HAc 溶液与等体积的 0.02mol·$dm^{-3}$NaOH 溶液的混合溶液

14. 已知 $K_{sp}^{\ominus}(BaF_2) = 4.0 \times 10^{-6}$，在 $BaF_2$ 的饱和溶液中 $F^-$ 浓度为（　　）。
A　0.02mol·$dm^{-3}$　　B　0.01mol·$dm^{-3}$
C　0.016mol·$dm^{-3}$　　D　0.0014mol·$dm^{-3}$

15. 往 1$dm^3$ 0.1mol·$dm^{-3}$HAc 溶液中，加入一些 NaAc 晶体，会使（　　）。
A　HAc 的 $K_a^{\ominus}$ 值增大　　B　HAc 的 $K_a^{\ominus}$ 值减小
C　溶液的 pH 值增大　　D　溶液的 pH 值减少

16. 某溶液的 pH 值为 5.5，则 $H^+$ 浓度为（　　）。
A　$3.5 \times 10^{-5}$mol·$dm^{-3}$　　B　$3.2 \times 10^{-6}$mol·$dm^{-3}$
C　5.5mol·$dm^{-3}$　　D　$5.5 \times 10^{-7}$mol·$dm^{-3}$

17. 在含有 0.1mol·$dm^{-3}$的氨水和 0.10mol·$dm^{-3}$ $NH_4Ac$ 的混合溶液中加入少量强酸后，溶液的 pH 值将（　　）。
A　显著降低　　B　保持相对稳定　　C　不变　　D　显著增加

18. 在 0.1mol·$dm^{-3}$ $NH_3 \cdot H_2O$ 溶液中加入某种电解质固体时，pH 值有所减少，则此种电解质在溶液中主要产生了（　　）。
A　同离子效应　　B　盐效应
C　缓冲作用　　D　同等程度的同离子效应和盐效应

19. 用 HAc（$K_a^{\ominus} = 1.74 \times 10^{-5}$）和 NaAc 溶液配制 pH = 4.50 的缓冲溶液，$\frac{c(HAc)}{c(NaAc)}$ =（　　）。

A 1.55　　B 0.089　　C 1.8　　D 0.89

20. 下列叙述中错误的是（　　）。

A 配位平衡是指溶液中配离子解离为中心离子和配体的解离平衡

B 配离子在溶液中的行为像弱电解质

C 对同一配离子而言 $K_d^\ominus \cdot K_f^\ominus = 1$

D 配位平衡是指配合物在溶液中解离为内界和外界的解离平衡

21. 在下列溶液中，pH 值约等于 7 的是（　　）。

A HCOONa；　　B NaAc；　　C $NH_4Ac$；　　D $(NH_4)_2SO_4$。

22. 298K，浓度 $0.10mol \cdot dm^{-3}$ 的某一元弱酸，当解离度为 1.0% 时，溶液中的 $OH^-$ 浓度为（　　）。

A $1.0 \times 10^{-3} mol \cdot dm^{-3}$　　B $1.0 \times 10^{-11} mol \cdot dm^{-3}$

C $1.0 \times 10^{-12} mol \cdot dm^{-3}$　　D $1.0 \times 10^{-13} mol \cdot dm^{-3}$

23. 将 0.050mol NaF 溶解在 $0.10dm^3$ $0.5mol \cdot dm^{-3}$ 的 HF 溶液中，则溶液中 HF 的解离度为（　　）。

（已知：$K_a^\ominus(HF) = 6.6 \times 10^{-4}$）

A 3.63%　　B 0.13%　　C 1.32%　　D 0.36%

24. 欲降低 $H_2S$ 溶液的解离度，可加入（　　）。

A NaCl　　B NaHS　　C NaOH　　D $H_2O$

25. 已知 $K_a^\ominus(HA) < 10^{-5}$，HA 是很弱的酸，现将 $a mol \cdot dm^{-3}$ HA 溶液加水稀释，使溶液的体积为原来的 $n$ 倍（设 $\alpha(HA) \ll 1$），下列叙述正确的是（　　）。

A $c(H^+)$变为原来的 $1/n$　　B HA 溶液的解离度增大为原来 $n$ 倍

C $c(H^+)$变为原来的 $a/n$ 倍　　D $c(H^+)$变为原来的$\sqrt{\frac{1}{n}}$

26. 将 $2.0mol \cdot dm^{-3}$ 氨水与 $0.10mol \cdot dm^{-3}$ $[Ag(NH_3)_2]Cl$ 溶液等体积混合后，混合溶液中各组分浓度大小的关系应是（　　）。

A $c(NH_3) > c(Cl^-) = c([Ag(NH_3)_2]^+) > c(Ag^+)$

B $c(NH_3) > c(Cl^-) > c([Ag(NH_3)_2]^+) > c(Ag^+)$

C $c(Cl^-) > c(NH_3) > c([Ag(NH_3)_2]^+) > c(Ag^+)$

D $c(Cl^-) > c([Ag(NH_3)_2]^+) > c(NH_3) > c(Ag^+)$

27. 有体积相同的 $K_2CO_3$ 溶液和 $(NH_4)_2CO_3$ 溶液，其浓度分别为 $a mol \cdot dm^{-3}$ 和 $b mol \cdot dm^{-3}$。现测得两种溶液中所含 $CO_3^{2-}$ 的浓度相等，$a$ 与 $b$ 相比较，其结果是（　　）。

A $a = b$　　B $a > b$　　C $a < b$　　D $a \gg b$

28. 已知体积为 $V_1$、浓度为 $0.2mol \cdot dm^{-3}$ 弱酸溶液，若使其解离度增加 1 倍，则溶液的体积 $V_2$ 应为（　　）。

A $2V_1$　　B $4V_1$　　C $3V_1$　　D $10V_1$

29. 配合物 $Cu_2[SiF_6]$ 的正确名称是（　　）。

A 六氟硅酸铜　　B 六氟合硅(Ⅳ)酸亚铜

C　六氟合硅(Ⅳ)化铜　　D　六氟硅酸铜(Ⅰ)

30. 50cm$^3$、0.4mol·dm$^{-3}$氨水与50cm$^3$、0.2mol·dm$^{-3}$盐酸溶液混合，则混合液中氢氧根离子浓度为（　　）。

（已知：$K_b^\ominus$（氨水）$=1.74\times10^{-5}$）

A　0.1mol·dm$^{-3}$　　B　$1.34\times10^{-3}$mol·dm$^{-3}$

C　$1.74\times10^{-5}$mol·dm$^{-3}$　　D　$1.34\times10^{-5}$mol·dm$^{-3}$

31. 欲从原来含有0.1mol·dm$^{-3}$ $Ag^+$的溶液中，加入$K_2CrO_4$以除去90%的$Ag^+$，当达到要求时，溶液中的$c(CrO_4^{2-})$应该是（　　）。

（已知：$K_{sp}^\ominus(Ag_2CrO_4)=1.1\times10^{-12}$）

A　$1.1\times10^{-12}$mol·dm$^{-3}$　　B　$1.1\times10^{-11}$mol·dm$^{-3}$

C　$1.1\times10^{-10}$mol·dm$^{-3}$　　D　$1.1\times10^{-8}$mol·dm$^{-3}$

32. 25℃，$PbI_2$溶解度为$1.21\times10^{-3}$mol·dm$^{-3}$，其溶度积为（　　）。

A　$2.8\times10^{-8}$　　B　$7.1\times10^{-9}$　　C　$2.3\times10^{-6}$　　D　$4.7\times10^{-6}$

33. 下列相同浓度的稀溶液，蒸气压最高的是（　　）。

A　HAc水溶液　　B　$CaCl_2$水溶液

C　蔗糖水溶液　　D　NaCl水溶液

34. pH=2和pH=4的两种强酸溶液，当它们等体积混合后，溶液的pH值约为（　　）。

A　2　　B　4　　C　3　　D　2.3

35. $Ag_2CrO_4$在0.001mol·dm$^{-3}$ $AgNO_3$溶液中的溶解度比在0.001mol·dm$^{-3}$ $K_2CrO_4$在溶液中的溶解度（　　）。

A　较大　　B　较小　　C　相等　　D　大一倍

36. 难溶物$AB_2C_3$，测得平衡时C的浓度为$3.0\times10^{-3}$mol·dm$^{-3}$，则$K_{sp}^\ominus(AB_2C_3)$是(　　)。

A　$2.9\times10^{-15}$　　B　$1.16\times10^{-14}$　　C　$1.08\times10^{-16}$　　D　$6\times10^{-3}$

37. 0.58% NaCl溶液产生的渗透压与下列溶液渗透压较接近的是（　　）。

A　0.1mol·dm$^{-3}$蔗糖溶液　　B　0.2mol·dm$^{-3}$葡萄糖溶液

C　0.1mol·dm$^{-3}$葡萄糖溶液　　D　0.1mol·dm$^{-3}$ $BaCl_2$溶液

38. 下列混合溶液具有缓冲作用的是（　　）。

A　0.2mol·dm$^{-3}$ NaAc和0.2mol·dm$^{-3}$ HCl溶液，等体积混合

B　0.2mol·dm$^{-3}$ HAc和0.1mol·dm$^{-3}$ NaOH溶液，等体积混合

C　0.2mol·dm$^{-3}$ $NH_4Cl$和0.2mol·dm$^{-3}$ NaOH溶液，等体积混合

D　0.2mol·dm$^{-3}$ HCl和0.2mol·dm$^{-3}$ NaCl溶液，等体积混合

39. 配合物$[PtCl(OH)(NH_3)_2]$，中心离子Pt的氧化值和配位数分别为（　　）。

A　+4、4　　B　+3、6　　C　+3、4　　D　+2、4

40. 在质量摩尔浓度为1mol·kg$^{-1}$水溶液中，溶质的物质的量分数为（　　）。

A　1　　B　0.055　　C　0.18　　D　0.0177

41. 37℃时，人体血液渗透压为773kPa，与血液具有相同渗透压的葡萄糖（$C_6H_{12}O_6$）静脉注射液浓度为（　　）。

A　85g·dm$^{-3}$　　B　5.4g·dm$^{-3}$　　C　54.0g·dm$^{-3}$　　D　8.5g·dm$^{-3}$

42. 对于分步沉淀，下列叙述正确的是（　）。

A　被沉淀离子浓度小的先沉淀　　B　沉淀时所需沉淀剂小的先沉淀

C　溶解度小的物质先沉淀　　D　被沉淀离子浓度大的先沉淀

43. 某稀水溶液的质量摩尔浓度为 $m$，沸点上升值为 $\Delta T_b$，凝固点下降值为 $\Delta T_f$，则正确的表示为（　　）。

（已知：水的 $k_b = 0.515K \cdot kg \cdot mol^{-1}$，$k_f = 1.853K \cdot kg \cdot mol^{-1}$）

A　$\Delta T_f > \Delta T_b$　　B　$\Delta T_f = \Delta T_b$　　C　$\Delta T_f < \Delta T_b$　　D　无确定关系

44. 25℃时，$Ca(OH)_2$ 的 $K_{sp}^{\ominus} = 5.5 \times 10^{-6}$，则 $Ca(OH)_2$ 饱和溶液中 $c(OH^-)$ 为（　　）。

A　0.011mol·dm$^{-3}$　　B　0.022mol·dm$^{-3}$

C　0.016mol·dm$^{-3}$　　D　0.013mol·dm$^{-3}$

45. 某难溶电解质 $AB_2$（摩尔质量是 80g·mol$^{-1}$），常温下溶解度为每 100cm$^3$ 溶液含 $2.4 \times 10^{-4}$g $AB_2$，$AB_2$ 的溶度积为（　　）。

A　$1.08 \times 10^{-13}$　　B　$1.08 \times 10^{-16}$　　C　$5.4 \times 10^{-14}$　　D　$2.7 \times 10^{-17}$

46. 10cm$^3$、0.1mol·dm$^{-3}$ HCl 溶液的 pH 值为（　　）。

A　2　　B　0.5　　C　1　　D　<1

47. 若溶液 A、B（均为非电解质稀水溶液）的凝固点顺序为 $T_A > T_B$，则其沸点顺序为（　　）。

A　沸点 $T_A > T_B$　　B　沸点 $T_A < T_B$　　C　沸点 $T_A = T_B$　　D　无法确定

48. 在 1dm$^3$ 饱和 $H_2S$ 溶液中，加入 1.56g $Na_2S$，则溶液中的 $c(H^+)$（mol·dm$^{-3}$）（　　）。

（已知：$H_2S$ 的 $K_{a1}^{\ominus} = 1.32 \times 10^{-7}$，$K_{a2}^{\ominus} = 7.08 \times 10^{-15}$）

A　$1 \times 10^{-8}$　　B　$7.1 \times 10^{-15}$　　C　$6.84 \times 10^{-11}$　　D　$1 \times 10^{-4}$

49. 25℃时，设 AgCl 在水中、在 0.01mol·dm$^{-3}$ $CaCl_2$ 溶液中、在 0.05mol·dm$^{-3}$ $AgNO_3$ 溶液中的溶解度分别为 $S_1$、$S_2$、$S_3$，则溶解度由大到小的排列顺序为（　　）。

A　$S_1 > S_2 > S_3$　　B　$S_1 > S_3 > S_2$　　C　$S_2 > S_1 > S_3$　　D　$S_3 > S_2 > S_1$

50. 某糖水溶液的凝固点为 −0.186℃，则该溶液的沸点为（　　）。

（已知：水的 $k_b = 0.515K \cdot kg \cdot mol^{-1}$，$k_f = 1.853K \cdot kg \cdot mol^{-1}$）

A　100.51℃　　B　100.051℃　　C　99.949℃　　D　99.49℃

51. 有 AgCl、$CaCO_3$、$Fe(OH)_3$、ZnS 四种难溶电解质，其中溶解度不随溶液 pH 值变化的是（　　）。

A　$CaCO_3$　　B　$Fe(OH)_3$　　C　ZnS　　D　AgCl

52. 下列缓冲对中，可用来配制 pH = 3.2 的缓冲溶液的是（　　）。

（已知：$K_a^{\ominus}(HCOOH) = 1.78 \times 10^{-4}$，$K_a^{\ominus}(H_3BO_3) = 5.75 \times 10^{-10}$，$K_a^{\ominus}(HAc) = 1.74 \times 10^{-5}$，$K_b^{\ominus}(NH_3 \cdot H_2O) = 1.74 \times 10^{-5}$）

A　HCOOH-HCOONa　　B　$H_3BO_3$-$NaH_2BO_3$

C　HAc-NaAc　　D　$NH_3 \cdot H_2O$-$NH_4Cl$

53. 氯化钙、五氧化二磷等物质用作固体干燥剂，这是利用了由它们形成的水溶液性质中的（　　）。

A 凝固点下降　　B 沸点上升　　C 蒸气压下降　　D 渗透

54. 25℃时，已知 $CaF_2$ 的溶度积常数为 $K_{sp}^{\ominus}(CaF_2)=5.2\times10^{-9}$，则 $CaF_2$ 饱和溶液中钙离子浓度和氟离子浓度分别为（　　）。

A $1.1\times10^{-3}mol\cdot dm^{-3}$、$1.1\times10^{-3}mol\cdot dm^{-3}$

B $1.1\times10^{-3}mol\cdot dm^{-3}$、$2.2\times10^{-3}mol\cdot dm^{-3}$

C $0.5\times10^{-4}mol\cdot dm^{-3}$、$1.1\times10^{-3}mol\cdot dm^{-3}$

D $2.2\times10^{-3}mol\cdot dm^{-3}$、$1.1\times10^{-3}mol\cdot dm^{-3}$

55. 要配制 pH = 5.00 的缓冲溶液 $100cm^3$，需要 $1.0mol\cdot dm^{-3}$ HAc、$1.0mol\cdot dm^{-3}$ NaAc 溶液的体积分别是（　　）。

（已知：$K_a^{\ominus}(HAc)=1.74\times10^{-5}$）

A $64cm^3$、$36cm^3$　　B $50cm^3$、$50cm^3$

C $36cm^3$、$64cm^3$　　D $28cm^3$、$72cm^3$

56. $La_2(C_2O_4)_3(s)$饱和溶液的浓度为 $1.1\times10^{-6}mol\cdot dm^{-3}$，其 $K_{sp}^{\ominus}$为（　　）。

A $1.2\times10^{-12}$　　B $1.6\times10^{-30}$　　C $1.6\times10^{-34}$　　D $1.7\times10^{-28}$

57. 缓冲溶液的一个例子是（　　）。

A $NH_4Cl$-$NH_3\cdot H_2O$　　B HCl-HAc

C NaOH-$NH_3\cdot H_2O$　　D HCl-$Na_2SO_4$

58. $SO_4^{2-}$ 的共轭酸是（　　）。

A $HSO_4^-$　　B $H_2SO_4$　　C $H^+$　　D $H_3O^+$

59. 已知 $K_{sp}^{\ominus}(PbI_2)$ 和 $K_f^{\ominus}([PbI_4]^{2-})$，则反应 $PbI_2+2I^-\rightleftharpoons[PbI_4]^{2-}$ 的标准平衡常数 $K^{\ominus}$（　　）。

A $K_f^{\ominus}([PbI_4]^{2-})/K_{sp}^{\ominus}(PbI_2)$　　B $K_{sp}^{\ominus}(PbI_2)/K_f^{\ominus}([PbI_4]^{2-})$

C $K_{sp}^{\ominus}(PbI_2)\cdot K_f^{\ominus}([PbI_4]^{2-})$　　D $1/[K_{sp}^{\ominus}(PbI_2)\cdot K_f^{\ominus}([PbI_4]^{2-})]$

60. 在 $H_3PO_4$ 溶液中加入一定量 NaOH 溶液后，溶液的 pH = 14.00，下列物种中浓度最大的是（　　）。

A $H_3PO_4$　　B $H_2PO_4^-$　　C $HPO_4^{2-}$　　D $PO_4^{3-}$

61. 在 $0.10mol\cdot dm^{-3}$ 的弱碱 MOH（$K_b^{\ominus}=10\times10^{-5}$）溶液中，下列物种浓度最小的是（　　）。

A MOH　　B $OH^-$　　C $M^+$　　D $H^+$

62. 已知 $K_f^{\ominus}([HgBr_4]^{2-})=1.0\times10^{21}$，$K_f^{\ominus}([PtBr_4]^{2-})=3.1\times10^{20}$。在$[HgBr_4]^{2-}$溶液和$[PtBr_4]^{2-}$溶液中，$c(Hg^{2+})$和$c(Pt^{2+})$的大小关系是（　　）。

A 只能 $c(Hg^{2+})>c(Pt^{2+})$　　B 只能 $c(Hg^{2+})<c(Pt^{2+})$

C 只能 $c(Hg^{2+})=c(Pt^{2+})$　　D 难以确定

63. 已知$[Ag(NH_3)_2]^+$的稳定常数为 $K_1^{\ominus}$，反应

$$[Ag(NH_3)_2]^++2SCN^-\rightleftharpoons[Ag(SCN)_2]^-+2NH_3$$

的标准平衡常数为 $K^{\ominus}$，则$[Ag(SCN)_2]^-$的不稳定常数 $K_2^{\ominus}$ 应为（　　）。

A $K_2^{\ominus}=K_1^{\ominus}\cdot K^{\ominus}$　　B $K_2^{\ominus}=K_1^{\ominus}/K^{\ominus}$

C $K_2^{\ominus}=K^{\ominus}/K_1^{\ominus}$　　D $K_2^{\ominus}=1/(K_1^{\ominus}\cdot K^{\ominus})$

64. 在 $1dm^3$ $0.1mol \cdot dm^{-3}$ $NH_3 \cdot H_2O$ 溶液中，分别加入等体积相同浓度的（a）$NH_4Cl$，（b）$(NH_4)_2SO_4$，（c）NaOH，（d）NaCl 四种溶液。所得到的溶液 pH 值由大到小顺序排列正确的是（　　）。

A （c），（b），（d），（a）　　B （c），（d），（a），（b）

C （a），（b），（c），（d）　　D （b），（c），（d），（a）

65. 将 $50cm^3$ $0.30mol \cdot dm^{-3}$ NaOH 与 $100cm^3$ $0.45mol \cdot dm^{-3}$ $NH_4Cl$ 混合，所得溶液的 pH 值为（　　）。

（已知：$K_b^{\ominus}(NH_3 \cdot H_2O) = 1.74 \times 10^{-5}$）

A 5.05　　B 8.94　　C 13　　D 7

66. 某一元弱碱在浓度为 $c_1$ 时的解离度为 $\alpha_1$，则浓度为 $c_2$ 时溶液中的 $OH^-$ 浓度为（　　）。

（用 $\alpha_1$、$c_1$、$c_2$ 表示，设 $[c/(K_b^{\ominus} \cdot c^{\ominus})] > 500$）

A $\sqrt{\dfrac{c_1}{c_2}}\alpha_1$　　B $\sqrt{c_1 \cdot c_2}\alpha_1$　　C $c_1 \cdot c_2$　　D $c_1 \cdot c_2 \cdot \alpha_1$

67. 难溶物 $AB_2C_3$，其 $K_{sp}^{\ominus}(AB_2C_3) = 1.08 \times 10^{-16}$，在其饱和溶液中，B 的浓度为（　　）。

A $3.0 \times 10^{-3} mol \cdot dm^{-3}$　　B $2.0 \times 10^{-3} mol \cdot dm^{-3}$

C $1.0 \times 10^{-3} mol \cdot dm^{-3}$　　D $9.0 \times 10^{-3} mol \cdot dm^{-3}$

68. 下列溶液中，pH 值最大的是（　　）。

A $0.2mol \cdot dm^{-3}$ 氨水中加入等体积的 $0.2mol \cdot dm^{-3}$ HCl

B $0.2mol \cdot dm^{-3}$ 氨水中加入等体积的蒸馏水

C $0.2mol \cdot dm^{-3}$ 氨水中加入等体积的 $0.2mol \cdot dm^{-3}$ $H_2SO_4$

D $0.2mol \cdot dm^{-3}$ 氨水中加入等体积的 $0.2mol \cdot dm^{-3}$ $NH_4Cl$

69. 将 pH = 2 和 pH = 4 的两种溶液等体积混合后，溶液的 pH 值将（　　）。

A $<2$　　B $>4$　　C $3 \sim 4$　　D $2 \sim 3$

70. 某难溶电解质 $AB_2$（摩尔质量为 $80g \cdot mol^{-1}$），其溶度积为 $1.08 \times 10^{-13}$，则在 $100cm^3$ 其溶液中含 $AB_2$ 的质量为（　　）。

A $2.4 \times 10^{-4}g$　　B $3.8 \times 10^{-4}g$　　C $3.02 \times 10^{-4}g$　　D $5.7 \times 10^{-5}g$

71. 在 $H_3PO_4$ 溶液中加入一定量 NaOH 溶液后，溶液的 pH = 14.00，下列物种中浓度最小的是（　　）。

A $H_3PO_4$　　B $H_2PO_4^-$　　C $HPO_4^{2-}$　　D $PO_4^{3-}$

72. 某一元弱酸弱碱盐固体溶解后，溶液的 pH < 7，则必定是（　　）。

A $K_a^{\ominus} < K_b^{\ominus}$　　B $K_a^{\ominus} = K_b^{\ominus}$　　C $K_a^{\ominus} > K_b^{\ominus}$　　D $K_w^{\ominus} > K_a^{\ominus} \cdot K_b^{\ominus}$

73. 下列物质中不能作为配合物的配体的是（　　）。

A $NH_3$　　B $NH_4^+$　　C $CH_3NH_2$　　D $C_2H_4(NH_2)_2$

74. $0.1mol \cdot dm^{-3}$ $H_2S$ 溶液中，其各物种浓度大小次序正确的是（　　）。

（已知：$H_2S$ 的 $K_{a1}^{\ominus} = 1.32 \times 10^{-7}$，$K_{a2}^{\ominus} = 7.08 \times 10^{-15}$）

A $H_2S > H^+ > S^{2-} > OH^-$　　B $H_2S > H^+ > S^{2-} > HS^-$

C $H^+ > H_2S > HS^- > S^{2-}$　　D $H_2S > H^+ > OH^- > S^{2-}$

75. 将1.0dm$^3$ 的0.10mol·dm$^{-3}$ $BaCl_2$ 溶液和0.20mol·dm$^{-3}$ $Na_2SO_4$ 溶液等体积混合，生成 $BaSO_4$ 沉淀。已知 $K_{sp}^{\ominus}(BaSO_4)=1.1\times10^{-10}$，则沉淀后溶液中 $c(SO_4^{2-})$ 和 $c(Ba^{2+})$ 为（　　）。

A　0.50mol·dm$^{-3}$、$1.1\times10^{-9}$mol·dm$^{-3}$　　B　0.050mol·dm$^{-3}$、$2.2\times10^{-9}$mol·dm$^{-3}$

C　都是 $1.05\times10^{-5}$mol·dm$^{-3}$　　D　0.050mol·dm$^{-3}$、$1.1\times10^{-9}$mol·dm$^{-3}$

76. 已知 $K_{sp}^{\ominus}(AgBr)=5.0\times10^{-13}$，将40.0cm$^3$、0.10mol·dm$^{-3}$ $AgNO_3$ 溶液与10.0cm$^3$、0.15mol·dm$^{-3}$ NaBr 溶液混合后生成 AgBr 的物质的量（　　）。

A　0.050mol　　B　0.080mol

C　0.030mol　　D　$1.5\times10^{-3}$mol

77. 已知 $K_{sp}^{\ominus}(Cr(OH)_3)=6.3\times10^{-31}$，则 $Cr^{3+}$ 沉淀完全时溶液的 pH 值是（　　）。

A　4.27　　B　5.6　　C　6.1　　D　无法判断

78. 在氧化物 $CaO_2$ 中，氧的氧化数为（　　）。

A　−1　　B　−2　　C　0　　D　1/2

79. 将 $Pb(NO_3)_2$ 溶液与 NaCl 溶液混合，设混合液中 $Pb(NO_3)_2$ 的浓度为0.020mol·dm$^{-3}$。当混合液中的 $Cl^-$ 浓度为 $6.0\times10^{-2}$mol·dm$^{-3}$时，残留于溶液中 $Pb^{2+}$ 的浓度为（　　）。（已知：$K_{sp}^{\ominus}(PbCl_2)=1.6\times10^{-5}$）

A　$2.7\times10^{-2}$mol·dm$^{-3}$　　B　$4.4\times10^{-3}$mol·dm$^{-3}$

C　$1.6\times10^{-2}$mol·dm$^{-3}$　　D　$1.0\times10^{-2}$mol·dm$^{-3}$

80. 已知某配合物的组成为 $CoCl_3\cdot5NH_3\cdot H_2O$，其水溶液显弱酸性，加入强碱并加热至沸腾有氨放出，同时产生 $Co_2O_3$ 沉淀；加 $AgNO_3$ 于该化合物溶液中，有 AgCl 沉淀生成，过滤后再加 $AgNO_3$ 溶液于滤液中无变化，但加热至沸腾有 AgCl 沉淀生成，且其质量为第一次沉淀量的二分之一。则该配合物的化学式最可能为（　　）。

A　$[CoCl_2(NH_3)_4]Cl\cdot NH_3\cdot H_2O$　　B　$[Co(NH_3)_5(H_2O)]Cl_3$

C　$[CoCl_2(NH_3)_3(H_2O)]Cl\cdot 2NH_3$　　D　$[CoCl(NH_3)_5]Cl_2\cdot H_2O$

## 二、填空题

1. 根据酸碱质子理论，$CO_3^{2-}$ 是______，其共轭______是______；$H_2PO_4^-$ 是______，它的共轭酸是______，共轭碱是______。

2. 在水中能够存在的最强碱是______，最强酸是______。

3. 298K 时浓度为0.010mol·dm$^{-3}$的某一元弱酸的 pH 值为4.00，则该酸的解离常数为______。当把该酸溶液稀释后，其 pH 值将变______，解离度 $\alpha$ 将变______，$K_a^{\ominus}$______。

4. 在相同体积相同浓度的 HAc(aq) 和 HCl(aq) 中，所含的 $c(H^+)$______；若用相同浓度的 NaOH 溶液去和这两种酸溶液完全反应，则消耗的 NaOH 溶液体积______，反应后两溶液的 pH 值______。

5. 硼酸在水中的解离反应是：$H_3BO_3+H_2O \rightleftharpoons B(OH)_4^-+H^+$，$H_3BO_3$ 是 Lewis______；硼砂与水反应的方程式是：$B_4O_7^{2-}+H_2O \rightleftharpoons 2H_3BO_3+2B(OH)_4^-$，硼酸的 $K_a^{\ominus}=5.8\times10^{-10}$。硼砂溶液是一缓冲溶液，其 pH 值为______。

6. $Mn(OH)_2$ 的 $K_{sp}^{\ominus}$为 $1.9\times10^{-13}$，在纯水中其溶解度为______ mol·dm$^{-3}$。

7. 已知$K_{sp}^{\ominus}(AgOH)$为$2.8\times10^{-8}$，$K_{sp}^{\ominus}[Sn(OH)_2]$为$1.4\times10^{-28}$，$K_{sp}^{\ominus}[Al(OH)_3]$为$1.3\times10^{-33}$，则它们饱和溶液的 pH 值由小到大的顺序为________。

8. $2Ag(CN)_2^-(aq)+S^{2-}(aq)\rightleftharpoons Ag_2S(s)+4CN^-(aq)$的平衡常数为________。

## 三、计算题

1. 将 pH 值为 2.53 的 HAc 溶液与 pH 值为 13.00 的 NaOH 溶液等体积混合后，溶液的 pH 值为多少？

2. 在 $1.0dm^3$ 含有 $NH_3\cdot H_2O$ 和 $NH_4Cl$ 的溶液中，$c(NH_3\cdot H_2O)=0.10mol\cdot dm^{-3}$，$c(NH_4^+)=0.10mol\cdot dm^{-3}$。若使溶液的 pOH 减少一个单位，问需加入固体 NaOH 多少克？（假定加入 NaOH(s)后溶液的体积不发生改变）

3. 将 0.2mol 的 $CaCl_2(s)$加入到 $1.0dm^3$ $NaHCO_3$-$Na_2CO_3$ 的缓冲溶液中（两种物质浓度皆为 $1.0mol\cdot dm^{-3}$，忽略体积变化），（1）计算该缓冲系统 pH 值的变化；（2）是否有 $Ca(OH)_2$ 沉淀产生？（3）此时溶液中残留的 $Ca^{2+}$ 离子浓度为多少？
（已知：$K_{a2}^{\ominus}[H_2CO_3]=5.6\times10^{-11}$，$K_{sp}^{\ominus}[Ca(OH)_2]=5.5\times10^{-6}$，$K_{sp}^{\ominus}[CaCO_3]=2.9\times10^{-9}$）

4. 人体血浆的凝固点为 −0.501℃，在正常体温 37℃时，人体血液的渗透压是多少？
（已知：水的 $k_f=1.853K\cdot kg\cdot mol^{-1}$）

5. 某混合溶液中 $Zn^{2+}$ 和 $Cd^{2+}$ 的浓度均为 $0.010mol\cdot dm^{-3}$。若将该溶液用 $H_2S$ 饱和后，欲使 ZnS 沉淀不析出，应控制溶液的 $c(H^+)$为多少？在该情况下残留的 $Cd^{2+}$ 离子浓度是多少？
（已知：$H_2S$ 的 $K_{a1}^{\ominus}=1.32\times10^{-7}$，$K_{a2}^{\ominus}=7.08\times10^{-15}$；$K_{sp}^{\ominus}(ZnS)=2.5\times10^{-22}$，$K_{sp}^{\ominus}(CdS)=7.9\times10^{-27}$）

6. 已知 $K_{sp}^{\ominus}(AgBr)=5.0\times10^{-13}$，$K_{sp}^{\ominus}(AgCl)=1.0\times10^{-10}$。若将 $500cm^3$ $0.0100mol\cdot dm^{-3}$ 的 $AgNO_3$ 溶液与 $500cm^3$ NaCl 和 NaBr 的浓度均为 $0.0100mol\cdot dm^{-3}$ 的溶液相混合，计算达平衡后溶液中 $Ag^+$、$Cl^-$、$Br^-$的值各为多少？

7. 某化合物的最简式是 $C_4H_8O_2$，将 2.56g 该化合物溶解于 100g 苯中，测得凝固点比纯苯低 0.738K。已知苯的 $k_f=5.12K\cdot kg\cdot mol^{-1}$，计算并推断该化合物在苯溶液中的分子式。

8. 在 $1.0dm^3$ 某溶液中，含有 HAc 和 HCN 各 0.10mol，试计算该溶液中 $H^+$、$Ac^-$ 和 $CN^-$ 的浓度各为多少？
（已知：$K_a^{\ominus}(HAc)=1.74\times10^{-5}$；$K_a^{\ominus}(HCN)=6.2\times10^{-10}$）

9. 实验室有 NaOH、HCl、HAc、NaAc 四种浓度相同的溶液，现要配制 pH 值为 4.46 的缓冲溶液，可以有几种配法？写出每种配法所用的两种溶液及其体积比。
（已知：$K_a^{\ominus}(HAc)=1.74\times10^{-5}$）

10. 在 $1.00dm^3$ HAc 溶液中，溶解 0.100mol 的 MnS（完全生成 $Mn^{2+}$ 和 $H_2S$），HAc 的最初浓度至少应是多少？
（已知：$K_{sp}^{\ominus}(MnS)=2.5\times10^{-10}$，$K_a^{\ominus}(HAc)=1.74\times10^{-5}$；$H_2S$ 的 $K_{a1}^{\ominus}=1.32\times10^{-7}$，$K_{a2}^{\ominus}=7.08\times10^{-15}$）

# 第3章 电 化 学

## 知 识 要 点

### 一、氧化还原反应及配平

氧化数：1970年，国际纯粹和应用化学联合会（IUPAC）给出：

氧化数是指某元素的一个原子的荷电数。该荷电数是假定把每一化学键的电子指定给电负性更大的原子而求得。

确定氧化数的一般规则：

(1) 在单质中，元素的氧化数为零。

(2) 在单原子离子中，元素的氧化数等于离子所带的电荷数。

(3) 在大多数化合物中，氢的氧化数为+1；在金属氢化物中为-1。

(4) 氧的氧化数多数为-2；在过氧化物中为-1；在氟化物中可为+1、+2。

(5) 氟的化合物中，氟的氧化数为-1。

(6) 金属元素的氧化数通常情况下为正数。

(7) 在中性分子中，各元素氧化数的代数和为零；在多原子离子中，各元素氧化数的代数和等于离子所带电荷数。

氧化还原反应方程式的配平

配平原则：氧化剂所得到的电子数等于还原剂所失去的电子数。

反应前后各种元素的原子总数相等。

方程式两边电荷数的代数和相等。

离子-电子法的配平方法：

(1) 根据反应条件，找出氧化剂和还原剂，并写出离子反应式。

(2) 分别写出两个半反应式，并分别配平。

(3) 根据得、失电子数相等原则。将两个半反应式各乘以适当系数，将两个半反应式合并，消去电子。

### 二、原电池

借助氧化还原反应将化学能转化为电能的装置称为原电池。

原电池符号，如 (-) Zn | $Zn^{2+}(c_1)$ ‖ $Cu^{2+}(c_2)$ | Cu(+)

书写方式：

(1) 电极之间用'‖'表示，相与相之间用'|'隔开。顺序：(-)s | g | l ‖ l | g | s(+)。

(2) 气体注明压力，溶液注明浓度。

(3) 电对中无导体，外加惰性电极。

原电池的电动势 $E=\varphi_{+}-\varphi_{-}$

$$E^{\ominus}=\varphi_{+}^{\ominus}-\varphi_{-}^{\ominus}$$

## 三、电极

电极是由氧化还原电对组成。

氧化还原电对：由同一种元素的不同氧化数物质所构成的整体称为氧化还原电对。

表示法：氧化型/还原型，例如，$Zn^{2+}/Zn$、$H^{+}/H_2$、$Fe^{3+}/Fe^{2+}$。

电极名称及反应：正极——电子流入的电极，发生还原反应；

负极——电子流出的电极，发生氧化反应。

电极的分类见下表：

| 电极种类 | 举例 | | |
|---|---|---|---|
| | 电对 | 电极反应 | 电极符号 |
| 金属与金属离子 | $Cu^{2+}/Cu$ | $Cu^{2+}+2e \rightleftharpoons Cu$ | $Cu \mid Cu^{2+}$ |
| 非金属与非金属离子 | $O_2/OH^-$ | $O_2+2H_2O+4e \rightleftharpoons 4OH^-$ | $Pt \mid O_2 \mid OH^-$ |
| 同一元素的不同价态离子 | $Fe^{3+}/Fe^{2+}$ | $Fe^{3+}+e \rightleftharpoons Fe^{2+}$ | $Pt \mid Fe^{3+}, Fe^{2+}$ |
| 金属、金属难溶盐和难溶盐负离子 | $AgCl/Ag$ | $AgCl+e \rightleftharpoons Ag+Cl^-$ | $Ag \mid AgCl \mid Cl^-$ |

电极电势；金属（或非金属）与溶液中自身离子达平衡时产生的电势差就是电极电势。

电极电势符号：$\varphi$ 或 $\varphi^{\ominus}$，例如 $\varphi_{(Zn^{2+}/Zn)}$。

电极电势的应用：

(1) 计算电池电动势；

(2) 计算弱电解质电离常数；

(3) 计算难溶电解质的溶度积；

(4) 判断氧化反应的方向和限度。

## 四、电池及电极的 Nernst 方程

电池反应 $aA+bB \rightleftharpoons cC+dD$

$$E=E^{\ominus}-\frac{0.0592}{n}\lg\frac{\left(\frac{c(C)}{c^{\ominus}}\right)^{c}\left(\frac{c(D)}{c^{\ominus}}\right)^{d}}{\left(\frac{c(A)}{c^{\ominus}}\right)^{a}\left(\frac{c(B)}{c^{\ominus}}\right)^{b}}$$

上式称为电池反应的 Nernst 方程。

电极反应 氧化型 $+ne \rightleftharpoons$ 还原型

$$\varphi = \varphi^{\ominus} + \frac{0.0592}{n}\lg \frac{\dfrac{c_{(\text{氧化型})}}{c^{\ominus}}}{\dfrac{c_{(\text{还原型})}}{c^{\ominus}}}$$

上式为电极反应的 Nernst 方程。

## 五、原电池的电动势与反应的吉布斯函数的关系

$$\Delta G^{\ominus} = -nFE^{\ominus} \text{ 或 } \Delta G = -nFE$$

# 例 题 分 析

**例 3-1** 用氧化数法配平

$$K_2Cr_2O_7 + FeSO_4 + H_2SO_4 \longrightarrow Fe_2(SO_4)_3 + Cr_2(SO_4)_3 + K_2SO_4 + H_2O$$

（1）找出元素原子氧化数降低值与元素原子氧化数升高值

+1

$$K_2Cr_2O_7 + FeSO_4 + H_2SO_4 \longrightarrow Fe_2(SO_4)_3 + Cr_2(SO_4)_3 + K_2SO_4 + H_2O$$

−6

（2）得失电子数相同

+1 × 6

$$K_2Cr_2O_7 + FeSO_4 + H_2SO_4 \longrightarrow Fe_2(SO_4)_3 + Cr_2(SO_4)_3 + K_2SO_4 + H_2O$$

−6 × 1

（3）物质平衡

$$K_2Cr_2O_7 + 6FeSO_4 + 7H_2SO_4 = 3Fe_2(SO_4)_3 + Cr_2(SO_4)_3 + K_2SO_4 + 7H_2O$$

**例 3-2** 用离子电子对法配平

$$KClO_3 + FeSO_4 + H_2SO_4 \longrightarrow KCl + Fe_2(SO_4)_3 + H_2O$$

（1）拆分出两个半反应，并根据氧化数变化写出得失电子

$$ClO_3^- + 6e \longrightarrow Cl^-$$

$$Fe^{2+} \longrightarrow Fe^{3+} + e$$

（2）电荷平衡。还原反应左边有 7 个负电荷，右边有 1 个负电荷，因为是在酸性介质中，在方程式左边加 6 个 $H^+$，即 6 个正电荷。则还原反应方程式两边各有 1 个负电荷。

$$ClO_3^- + 6e + 6H^+ \longrightarrow Cl^-$$

氧化反应左边有 2 个正电荷，右边有 2 个正电荷，电荷平衡。

（3）物质平衡。还原反应左边有 6 个 $H^+$，3 个 O，在右边加 3 个 $H_2O$。

$$ClO_3^- + 6e + 6H^+ \longrightarrow Cl^- + 3H_2O$$

（4）检验半反应。

（5）半反应相加，消去电子。

$$\begin{array}{r} 1\times)\ ClO_3^- + 6e + 6H^+ \longrightarrow Cl^- + 3H_2O \\ +\ 6\times)\ Fe^{2+} \longrightarrow Fe^{3+} + e \\ \hline ClO_3^- + 6Fe^{2+} + 6H^+ \longrightarrow Cl^- + 6Fe^{3+} + 3H_2O \end{array}$$

即 $$KClO_3 + 6FeSO_4 + 3H_2SO_4 = KCl + 3Fe_2(SO_4)_3 + 3H_2O$$

**例 3-3** 已知甘汞电极的标准电极电势为 0.268V，试计算当 $Cl^-$ 浓度为 $0.2mol \cdot dm^{-3}$ 时，甘汞电极的电极电势（其他条件不变）。

**[解题思路]** 甘汞电极的电极反应为

$$Hg_2Cl_2 + 2e = 2Hg + 2Cl^- \qquad \varphi^{\ominus} = 0.268(V)$$

当 $c(Cl^-) = 0.2mol \cdot dm^{-3}$ 时，甘汞电极的电极电势发生改变，其变化值可由 Nernst 方程计算。

**解** 由电极反应的 Nernst 方程

$$\varphi = \varphi^{\ominus} + \frac{0.0592}{n}\lg\frac{\dfrac{c_{(氧化型)}}{c^{\ominus}}}{\dfrac{c_{(还原型)}}{c^{\ominus}}}$$

得 
$$\begin{aligned}\varphi_{Hg_2Cl_2/Hg} &= \varphi^{\ominus}_{Hg_2Cl_2/Hg} + \frac{0.0592}{2}\lg\frac{1}{[c(Cl^-)]^2} \\ &= 0.268 - \frac{0.0592}{2}\lg(0.2)^2 \\ &= 0.268 + 0.041 \\ &= 0.309(V)\end{aligned}$$

**例 3-4** 已知下列电极反应

$$MnO_4^- + 8H^+ + 5e = Mn^{2+} + 4H_2O$$

的电极电势为 1.392V，此时 pH = 1，$MnO_4^-$ 浓度为 $1.00 \times 10^{-4} mol \cdot dm^{-3}$，试计算 $Mn^{2+}$ 的浓度为多少？

（已知：$\varphi^{\ominus}_{MnO_4^-/Mn^{2+}} = 1.491V$）

**[解题思路]** 对于有 $H^+$ 离子参加电极反应的 $\varphi$ 计算，$H^+$ 离子浓度改变也应考虑，在电极反应中位于氧化型（或还原型）一侧的，其浓度相应写在氧化型（或还原型）项中。

本题电极反应的 Nernst 方程为

$$\varphi_{MnO_4^-/Mn^{2+}} = \varphi^{\ominus}_{MnO_4^-/Mn^{2+}} + \frac{0.0592}{5}\lg\frac{c(MnO_4^-)[c(H^+)]^8}{c(Mn^{2+})}$$

当 pH = 1 即 $c(H^+) = 0.1mol \cdot dm^{-3}$，$c(MnO_4^-) = 1.00 \times 10^{-4} mol \cdot dm^{-3}$，$\varphi_{MnO_4^-/Mn^{2+}}$

$=1.392V$ 时，可求得 $c(Mn^{2+})$。

**解** 由已知数据，代入上述式子得

$$1.392 = 1.491 + \frac{0.0592}{5}\lg\frac{1.0\times10^{-4}\times0.1^8}{c(Mn^{2+})}$$

即 $$\lg\frac{c(Mn^{2+})}{1.0\times10^{-4}\times0.1^8} = 8.361$$

所以 $$c(Mn^{2+}) = 2.296\times10^8\times1.00\times10^{-4}\times0.1^8$$

$$= 2.30\times10^{-4}(mol\cdot dm^{-3})$$

**例 3-5** 指出下列电对中最强的氧化剂和最强的还原剂，并排列出氧化态物质氧化能力由大到小的顺序，还原态物质还原能力由大到小的顺序（均指标准态）。

$$MnO_4^-/MnO_2, Cl_2/Cl^-, O_2/H_2O_2, Zn^{2+}/Zn$$

**[解题思路]** 电极电势大的电对中氧化态物质是强的还原剂，对应的还原态物质是弱的还原剂；电极电势小的电对中还原态物质是强还原剂，对应的氧化态物质是弱的氧化剂。

**解** 查表 $\varphi^\ominus(MnO_4^-/MnO_2)=1.70V$；$\varphi^\ominus(Cl_2/Cl^-)=1.36V$；$\varphi^\ominus(O_2/H_2O_2)=0.682V$；$\varphi^\ominus(Zn^{2+}/Zn)=-0.7628V$。

最强的氧化剂为 $MnO_4^-$，最强的还原剂为 Zn，氧化态物质氧化能力从强到弱顺序：$MnO_4^- > Cl_2 > O_2 > Zn^{2+}$，还原态物质还原能力从强到弱顺序：$Zn > H_2O_2 > Cl^- > MnO_2$。

**例 3-6** 计算 25℃时电极 $Pt(H_2, 100kPa)|H^+(0.1mol\cdot dm^{-3}\ HAc)$的电极电势。

**[解题思路]** 此题为一综合计算题，应先考虑弱电解质 HAc 的解离，从而得知 $H^+$ 离子浓度，再计算电极电势。

**解** $$HAc(aq) \rightleftharpoons H^+(aq) + Ac^-(aq)$$

$c$(平衡)$/mol\cdot dm^{-3}$ $\quad 0.1-x \quad x \quad x$

$$K_a^\ominus = \frac{[c(H^+)/c^\ominus]\cdot[c(Ac^-)/c^\ominus]}{c(HAc)/c^\ominus}$$

$$1.8\times10^{-5} = \frac{x^2}{0.1-x}$$

$$x = 1.34\times10^{-3}$$

$$c(H^+)/c^\ominus = 1.34\times10^{-3} \qquad c(H^+) = 1.34\times10^{-3}mol\cdot dm^{-3}$$

电极反应式 $$2H^+ + 2e = H_2$$

$$\varphi(H^+/H_2) = \varphi^\ominus(H^+/H_2) + \frac{0.0592}{n}\lg\frac{[c(H^+)/c^\ominus]^2}{p_{H_2}/p^\ominus}$$

$$= 0 + \frac{0.0592}{2}\lg\frac{(1.34\times10^{-3})^2}{1} = -0.17V$$

**例 3-7** 在 298K 时，一个半电池由金属银放入 $1.0mol\cdot dm^{-3}\ Ag^+$ 溶液中组成，另一半电池由金属放入 $c(Br^-)$为 $1.0mol\cdot dm^{-3}$ 的 AgBr 饱和溶液中组成，两者组成原电池。后者为负极，测得电动势为 0.726V。计算 $\varphi^\ominus(AgBr/Ag)$和 $K_{sp}^\ominus(AgBr)$。

（已知：$\varphi^{\ominus}(Ag^+/Ag)=0.7991V$）

**［解题思路］** 此原电池是一个标准银电极和一个由金属-金属难溶盐组成的标准电极组装而成。先确定两极反应式和电池反应式。

**解** 根据题意，两极反应式分别为

$$(-)Ag(s)+Br^-(aq) = AgBr(s)+e$$

$$(+)Ag^+(aq)+e = Ag(s)$$

电池反应式 $$Ag^+(aq)+Br^-(aq) = AgBr(s)$$

可以看出此电池反应的净结果是非氧化还原反应，从电极反应中可确定转移的电子数 $n=1$。

$$E^{\ominus}=\varphi_+^{\ominus}-\varphi_-^{\ominus}$$

$$=\varphi^{\ominus}(Ag^+/Ag)-\varphi^{\ominus}(AgBr/Ag)$$

$$0.726=0.7991-\varphi^{\ominus}(AgBr/Ag)$$

$$\varphi^{\ominus}(AgBr/Ag)=0.0731V$$

根据能斯特方程式，两半电池反应的电极电势分别为

$$\varphi(Ag^+/Ag)=\varphi^{\ominus}(Ag^+/Ag)+\frac{0.0592}{n}\lg\frac{c(Ag^+)/c^{\ominus}}{1}$$

$$\varphi(AgBr/Ag)=\varphi^{\ominus}(AgBr/Ag)+\frac{0.0592}{n}\lg\frac{1}{c(Br^-)/c^{\ominus}}$$

电池反应达到平衡时，电动势 $E=0$，

则 $$\varphi(Ag^+/Ag)=\varphi(AgBr/Ag)$$

即 $$\varphi^{\ominus}(Ag^+/Ag)+\frac{0.0592}{n}\lg\frac{c(Ag^+)/c^{\ominus}}{1}=\varphi^{\ominus}(AgBr/Ag)+\frac{0.0592}{n}\lg\frac{1}{c(Br^-)/c^{\ominus}}$$

$$\varphi^{\ominus}(Ag^+/Ag)-\varphi^{\ominus}(AgBr/Ag)=\frac{0.0592}{n}\lg\frac{1}{[c(Ag^+)/c^{\ominus}][c(Br^-)/c^{\ominus}]}$$

$$0.7991-0.0731=0.0592\lg\frac{1}{K_{sp}^{\ominus}(AgBr)}$$

$$0.726=-0.0592\lg K_{sp}^{\ominus}(AgBr)$$

$$\lg K_{sp}^{\ominus}(AgBr)=\frac{-0.726}{0.0592}=-12.26$$

$$K_{sp}^{\ominus}(AgBr)=5.5\times10^{-13}$$

**例 3-8** 判断 25℃时，下列氧化还原反应进行的方向。

（1）$Zn+Ni^{2+}(1.0\times10^{-4}mol\cdot dm^{-3})=Zn^{2+}(1.0mol\cdot dm^{-3})+Ni$

（2）$Fe^{3+}(1.0\times10^{-4}mol\cdot dm^{-3})+I^-(1.0\times10^{-2}mol\cdot dm^{-3})=Fe^{2+}(1.0\times10^{-3}mol\cdot dm^{-3})+I_2$

**［解题思路］** 此题进行的氧化还原反应都处在非标准状态下，应利用能斯特方程式计

算各电对的电极电势，判断正、负极，继而判断氧化还原反应进行的方向。

**解** （1）查得 $\varphi^{\ominus}(Zn^{2+}/Zn) = -0.7628V$

$\varphi^{\ominus}(Ni^{2+}/Ni) = -0.25V$

电极反应式为 $Ni = Ni^{2+} + 2e$，$Zn = Zn^{2+} + 2e$

当 $c(Ni^{2+}) = 1.0 \times 10^{-4} mol \cdot dm^{-3}$ 时，

$$\varphi(Ni^{2+}/Ni) = \varphi^{\ominus}(Ni^{2+}/Ni) + \frac{0.0592}{n}\lg\frac{c(Ni^{2+})/c^{\ominus}}{1}$$

$$= -0.25 + \frac{0.0592}{2}\lg(1.0 \times 10^{-4})$$

$$= -0.368V$$

因为 $c(Zn^{2+}) = 1.0 mol \cdot dm^{-3}$，所以锌电极为标准电极

$$\varphi^{\ominus}(Zn^{2+}/Zn) = -0.7628V$$

电极电势大的电对其氧化态物质做氧化剂，电极电势小的电对其还原态物质做还原剂。因此（1）式反应中 $Ni^{2+}$ 离子做氧化剂，Zn 做还原剂可自发进行反应，此时正向自发进行。

（2）同理，查得 $\varphi^{\ominus}(Fe^{3+}/Fe^{2+}) = 0.770V$

$\varphi^{\ominus}(I_2/I^-) = 0.535V$

电极反应式 $Fe^{3+} + e = Fe^{2+}$

当 $c(Fe^{3+}) = 1.0 \times 10^{-4} mol \cdot dm^{-3}$，$c(Fe^{2+}) = 1.0 \times 10^{-3} mol \cdot dm^{-3}$ 时

$$\varphi(Fe^{3+}/Fe^{2+}) = \varphi^{\ominus}(Fe^{3+}/Fe^{2+}) + \frac{0.0592}{n}\lg\frac{c(Fe^{3+})/c^{\ominus}}{c(Fe^{2+})/c^{\ominus}}$$

$$= 0.770 + \frac{0.0592}{1}\lg\frac{1.0 \times 10^{-4}}{1.0 \times 10^{-3}}$$

$$= 0.711V$$

电极反应式 $I_2 + 2e = 2I^-$

当 $c(I^-) = 1.0 \times 10^{-2} mol \cdot dm^{-3}$ 时

$$\varphi(I_2/I^-) = \varphi^{\ominus}(I_2/I^-) + \frac{0.0592}{n}\lg\frac{1}{[c(I^-)/c^{\ominus}]^2}$$

$$= 0.535 + \frac{0.0592}{2}\lg\frac{1}{(1.0 \times 10^{-2})^2}$$

$$= 0.653V$$

计算可知 $\varphi$ 值大的电对中氧化态物质 $Fe^{3+}$ 做氧化剂，$\varphi$ 值小的电对中还原态物质 $I^-$ 做还原剂，（2）式反应正向进行。

**例 3-9** 298K 时，将电对 $Cr_2O_7^{2-}/Cr^{3+}$ 和 $Cu^{2+}/Cu$ 组装成原电池。

已知 pH = 2，$c(Cu^{2+}) = 0.01 mol \cdot dm^{-3}$，$c(Cr_2O_7^{2-}) = c(Cr^{3+}) = 1.0 mol \cdot dm^{-3}$。

（1）计算原电池电动势；

（2）写出原电池符号；

（3）分别计算298K时的$\Delta G^{\ominus}(298K)$、$\Delta G(298K)$；

（4）写出标准平衡常数表达式，并计算298K时的标准平衡常数。

**[解题思路]** 上述两电对都是处在非标准状态下，需先计算出两电对的非标准电极电势，才能判断正、负极，书写原电池符号、电动势。

**解** （1）电极反应式 $Cu^{2+} + 2e \longrightarrow Cu$

$$\varphi(Cu^{2+}/Cu) = \varphi^{\ominus}(Cu^{2+}/Cu) + \frac{0.0592}{n}\lg\frac{c(Cu^{2+})/c^{\ominus}}{1}$$

$$= 0.3402 + \frac{0.0592}{2}\lg 0.01$$

$$= 0.281V$$

电极反应式 $Cr_2O_7^{2-} + 14H^+ + 6e \longrightarrow 2Cr^{3+} + 7H_2O$

$$\varphi(Cr_2O_7^{2-}/Cr^{3+}) = E^{\ominus}(Cr_2O_7^{2-}/Cr^{3+}) + \frac{0.0592}{n}\lg\frac{[c(Cr_2O_7^{2-})/c^{\ominus}][c(H^+)/c^{\ominus}]^{14}}{[c(Cr^{3+})/c^{\ominus}]^2}$$

$$= 1.33 + \frac{0.0592}{6}\lg\frac{(0.01)^{14}}{1}$$

$$= 1.05V$$

因为$\varphi(Cr_2O_7^{2-}/Cr^{3+})$大，此电对做正极，$\varphi(Cu^{2+}/Cu)$小，此电对做负极，电动势：

$$E = \varphi(Cr_2O_7^{2-}/Cr^{3+}) - \varphi(Cu^{2+}/Cu) = 1.05 - 0.28 = 0.77V$$

（2）原电池符号：

$$(-)Cu \mid Cu^{2+}(0.01mol \cdot dm^{-3}) \parallel Cr_2O_7^{2-}(1.0mol \cdot dm^{-3}),$$
$$Cr^{3+}(1.0mol \cdot dm^{-3}), H^+(0.01mol \cdot dm^{-3}) \mid Pt(+)$$

（3）电池反应式为

$$Cr_2O_7^{2-} + 3Cu + 14H^+ \longrightarrow 2Cr^{3+} + 3Cu^{2+} + 7H_2O$$

$$\Delta G(298K) = -nFE = -6 \times 96500 \times 0.77 = -445.8kJ \cdot mol^{-1}$$

$$\Delta G^{\ominus}(298K) = -nFE^{\ominus} = -6 \times 96500 \times (1.33 - 0.3402) = -573.1kJ \cdot mol^{-1}$$

（4）$K^{\ominus} = \dfrac{[c(Cr^{3+})/c^{\ominus}]^2[c(Cu^{2+})/c^{\ominus}]^3}{[c(Cr_2O_7^{2-})/c^{\ominus}][c(H^+)/c^{\ominus}]^{14}}$

$$\lg K^{\ominus} = \frac{nE^{\ominus}}{0.0592} = \frac{6 \times (1.33 - 0.3402)}{0.0592} = 100.3$$

$$K^{\ominus} = 2.00 \times 10^{100}$$

# 第3章习题

## 一、选择题

1. 将反应$KMnO_4 + H_2O_2 + H_2SO_4 \rightarrow MnSO_4 + K_2SO_4 + O_2 + H_2O$进行配平，在配平后的反

应方程式中，$O_2$ 的系数是（　　）。

A 3　　B 5　　C 2　　D 4

2. 配平半反应：$NO_3^- + H^+ + e \rightarrow NH_4^+ + H_2O$，从左至右各物质的系数依次为（　　）。

A 1、12、9、1、4　　B 1、6、4、1、0

C 1、10、8、1、3　　D 2、12、8、2、5

3. 在 $Na_2S_2O_3$ 中，硫元素的氧化数为（　　）。

A +6　　B +4　　C +3　　D +2

4. 配平 $Na_2O_2(s) + MnO_4^- + H^+ \rightarrow Mn^{2+} + O_2 + Na^+ + H_2O$ 后，$O_2$ 的系数是（　　）。

A 3　　B 5　　C 6　　D 10

5. 配平 $Na_2O_2(s) + MnO_4^- + H^+ \rightarrow Mn^{2+} + O_2 + Na^+ + H_2O$，其中 $H^+$ 的系数是（　　）。

A 8　　B 14　　C 16　　D 6

6. 氧化还原反应 $MnO_4^- + SO_3^{2-} + OH^- \rightarrow$ 配平后的反应方程式中，$OH^-$ 的系数是（　　）。

A 2　　B 4　　C 6　　D 8

7. 将氧化还原反应 $Cr_2O_7^{2-} + H_2O_2 + H^+ \rightarrow O_2 + Cr^{3+} + H_2O$ 进行配平，在配平后的反应方程式中，$H^+$ 的系数是（　　）。

A 8　　B 5　　C 10　　D 7

8. 将氧化还原反应 $Cr_2O_7^{2-} + H_2O_2 + H^+ \rightarrow O_2 + Cr^{3+} + H_2O$ 进行配平，在配平后的反应方程式中，$H_2O_2$ 的系数是（　　）。

A 3　　B 2　　C 1　　D 5

9. 在碱性条件下 $ClO^- + Fe(OH)_3 \xrightarrow{OH^-} Cl^- + FeO_4^{2-}$ 的反应配平时 $OH^-$ 的系数是（　　）。

A 5　　B 3　　C 8　　D 4

10. 在氧化物 $CaO_2$ 中，氧的氧化数为（　　）。

A −1　　B −2　　C 0　　D 1/2

11. $MnO_4^{2-}$ 酸性介质中的还原产物是（　　）。

A $MnO_4^{2-}$　　B $MnO_2$　　C MnO　　D $Mn^{2+}$

12. 在碱性介质中，Cr(Ⅵ)以离子存在的形式是（　　）。

A $CrO_4^{2-}$　　B $Cr_2O_7^{2-}$　　C $Cr^{6+}$　　D $CrO_3$

13. 在酸性介质中，$Cr_2O_7^{2-}$ 的还原产物是（　　）。

A $CrO_4^{2-}$　　B $Cr^{3+}$　　C $Cr^{2+}$　　D $Cr_2O_3$

14. 在碱性介质中，$H_2O_2$ 的还原产物是（　　）。

A $O^{2-}$　　B $OH^-$　　C $O_2$　　D $H_2O$

15. 在碱性介质中，$H_2O_2$ 的氧化产物是（　　）。

A $O^{2-}$　　B $OH^-$　　C $O_2$　　D $H_2O$

16. 在酸性介质中，$O_2$ 的还原产物是（　　）。

A $O^{2-}$　　B $OH^-$　　C $O_2$　　D $H_2O$

17. 下列物质中，只能做还原剂的是（　　）。

A $Fe^{3+}$　　B $H_2S$　　C $Cu^{2+}$　　D $Sn^{4+}$

18. 下列物质中，只能做氧化剂的是（　　）。

A　$MnO_4^{2-}$　　B　$Cl^-$　　C　$Br_2$　　D　$Cr_2O_7^{2-}$

19. 下列物质中，既能做氧化剂也能做还原剂的是（　　）。

A　$MnO_4^-$　　B　$Cl^-$　　C　$Br_2$　　D　$Cr_2O_7^{2-}$

20. 已知：$\varphi^\ominus(Cl_2/Cl^-)=1.36V$，$\varphi^\ominus(Cr_2O_7^{2-}/Cr^{3+})=1.33V$，$\varphi^\ominus(Fe^{3+}/Fe^{2+})=0.77V$，$\varphi^\ominus(I_2/I^-)=0.535V$。

下列物质氧化能力由强到弱的次序是（　　）。

A　$Cl_2>I_2>Cr_2O_7^{2-}>Fe^{3+}$　　B　$Cr_2O_7^{2-}>Cl_2>I_2>Fe^{3+}$

C　$Cl_2>Cr_2O_7^{2-}>Fe^{3+}>I_2$　　D　$Cr_2O_7^{2-}>Cl_2>I_2>Fe^{3+}$

21. 已知：$\varphi^\ominus(Cl_2/Cl^-)=1.36V$，$\varphi^\ominus(Fe^{3+}/Fe^{2+})=0.77V$，$\varphi^\ominus(Cu^{2+}/Cu)=0.34V$，$\varphi^\ominus(I_2/I^-)=0.535V$。

下列物质还原能力由强到弱的次序是（　　）。

A　$Cu>I^->Fe^{2+}>Cl^-$　　B　$Fe^{2+}>Cu>I^->Cl^-$

C　$Cu>Fe^{2+}>Cl^->I^-$　　D　$I^->Cu>Fe^{2+}>Cl^-$

22. 已知：$\varphi^\ominus(Cl_2/Cl)=1.36V$，$\varphi^\ominus(Fe^{3+}/Fe^{2+})=0.77V$，$\varphi^\ominus(Cu^{2+}/Cu)=0.34V$，$\varphi^\ominus(I_2/I^-)=0.535V$。

下列物质中氧化能力最强的是（　　）。

A　$Cl^-$　　B　$Cu^{2+}$　　C　$Fe^{3+}$　　D　$I_2$

23. 已知：$\varphi^\ominus(Fe^{3+}/Fe^{2+})=0.77V$，$\varphi^\ominus(I_2/I^-)=0.535V$。在标准状态下，反应

$$I_2+2Fe^{2+}=\!=\!=2Fe^{3+}+2I^-$$

进行的方向是（　　）。

A　正向　　B　逆向　　C　平衡状态　　D　无法判断

24. 已知：$\varphi^\ominus(Cl_2/Cl^-)=1.36V$，$\varphi^\ominus(Cr_2O_7^{2-}/Cr^{3+})=1.33V$。在标准状态下，反应

$$Cr_2O_7^{2-}+6Cl^-+14H^+=\!=\!=2Cr^{3+}+3Cl_2+7H_2O$$

进行的方向是（　　）。

A　正向　　B　逆向　　C　平衡状态　　D　无法判断

25. 已知：$\varphi^\ominus(Cl_2/Cl^-)=1.36V$，$\varphi^\ominus(Cr_2O_7^{2-}/Cr^{3+})=1.33V$。反应

$$Cr_2O_7^{2-}+6Cl^-+14H^+=\!=\!=2Cr^{3+}+3Cl_2+7H_2O$$

的标准电池电动势为（　　）V。

A　−0.03　　B　0.03　　C　1.49　　D　0.55

26. 在原电池中，盐桥的作用是（　　）。

A　参加电极反应　　B　参加电池反应　　C　导通电子　　D　导通离子

27. 在原电池中，惰性电极的作用是（　　）。

A　参加电极反应　　B　参加电池反应　　C　导通电子　　D　导通离子

28. 饱和甘汞电极中使用的电解质是（　　）KCl 溶液。

A　$0.1mol\cdot dm^{-3}$　　B　$1mol\cdot dm^{-3}$　　C　$0.5mol\cdot dm^{-3}$　　D　饱和

29. 在标准氢电极中，氢气的压力为（　　）Pa。

A　100000　　B　1000　　C　100　　D　1

30. 若 pH 减小，下列电对中电极电势增大的是（　　）。

A $H_2O_2/H_2O$　　B $Mn^{2+}/Mn$　　C $Fe^{3+}/Fe^{2+}$　　D $Cu^{2+}/Cu$

31. 若计算电池反应

$$2Cr(OH)_3 + 3ClO^- + 4OH^- = 2CrO_4^{2-} + 3Cl^- + 5H_2O$$

的电动势，Nernst 方程中，$n$ =（　　）。

A 2　　B 3　　C 4　　D 6

32. 若计算电池反应

$$2MnO_4^- + 10Cl^- + 16H^+ = 2Mn^{2+} + 5Cl_2 + 8H_2O$$

的电动势，Nernst 方程中，$n$ =（　　）。

A 5　　B 8　　C 10　　D 16

33. 已知 $\varphi^\ominus(O_2/H_2O_2) = 0.682V$，$\varphi^\ominus(H_2O_2/H_2O) = 1.776V$。标准态下，反应

$$2H_2O_2 = O_2 + 2H_2O$$

向哪个方向自发进行（　　）。

A 正向　　B 逆向　　C 平衡状态　　D 无法判断

34. 已知 $\varphi^\ominus(Cu^{2+}/Cu^+) = 0.16V$，$\varphi^\ominus(Cu^{2+}/Cu) = 0.34V$。标准态下，反应

$$2Cu^+ = Cu^{2+} + Cu$$

向哪个方向自发进行（　　）。

A 正向　　B 逆向　　C 平衡状态　　D 无法判断

35. 下列叙述中，正确的是（　　）。

A 标准电极电势越大，电极反应速率越大

B 标准电极电势越大，电极反应速率越小

C 电极电势越大，电极反应速率越大

D 电极电势与反应速率无关

36. $$Cu^{2+} + 2e^- \rightleftharpoons Cu$$

已知标准电极电势 $\varphi^\ominus = 0.3419V$，则（　　）。

A $c(Cu^{2+})$增大时，$\varphi$ 增大　　B $c(Cu^{2+})$增大时，$\varphi$ 减小

C 外加金属铜量增大时，$\varphi$ 增大　　D 外加金属铜量增加，$\varphi$ 减小

37. 下列叙述中，正确的是（　　）。

A 电池总反应一定是氧化还原反应

B 电极反应一定是氧化还原反应

C 两个相同的电极不能组成原电池

D 生成沉淀的反应不能组成原电池

38. 下列叙述中，正确的是（　　）。

A 电池电动势随时间降低

B 电池电动势不随时间变化

C 标准电池电动势随时间变化

D 电极电势不随时间变化

39. 下列叙述中，正确的是（　　）。

A　电对的标准电极电势越正，其氧化态的还原能力越强

B　电对的标准电极电势越正，其还原态的氧化能力越强

C　电对的标准电极电势越负，其氧化态的氧化能力越强

D　电对的标准电极电势越负，其还原态的还原能力越强

40. 下列叙述中，正确的是（　　）。

A　电池电动势大于零时，电池反应自发进行

B　电池的标准电动势大于零时，电池反应自发进行

C　电池电动势小于零时，电池反应停止

D　电池电动势小于零时，电池反应自发进行

41. 下列叙述中，正确的是（　　）。

A　温度对电极电势没有影响　　B　温度升高，电极电势增大

C　增加浓度，电极电势增大　　D　酸度增加，含氧酸盐的电极电势增加

42. 随着电池反应的进行，有（　　）。

A　正极生成物物质的量降低　　B　负极反应物物质的量增加

C　正极电势增加　　D　负极电极电势增加

43. 随着电池反应的进行，有（　　）。

A　正极氧化态物质的量增加　　B　负极氧化态物质的量减小

C　正极还原态物质的量减小　　D　负极氧化态物质的量增加

44. 随着电池反应的进行，有（　　）。

A　正极氧化态物质的量减小　　B　负极还原态物质的量增加

C　正极还原态物质的量减小　　D　负极氧化态物质的量减小

45. 电池反应为 $Ag^+ + Cl^- = AgCl$，其电池符号为（　　）。

A　$(-)Ag, AgCl|Cl^- \| Ag^+|Ag(+)$

B　$(-)Pt$，$AgCl|Cl^- \| Ag^+|Pt(+)$

C　$(-)Pt$，$AgCl|Cl_2 \| AgCl, Pt(+)$

D　$(-)Ag|Ag^+ \| Cl^-|AgCl|Ag(+)$

46. 原电池 $(-)Pt|Fe^{3+}(c_1)$，$Fe^{2+}(c_2) \| Ag^+(c_3)|Ag(+)$，随着反应的进行，浓度值减小的是（　　）。

A　$c_1$　　B　$c_1$、$c_3$　　C　$c_1$、$c_2$　　D　$c_2$、$c_3$

47. 原电池 $(-)Pt|Fe^{3+}(c_1), Fe^{2+}(c_2) \| MnO_4^{2-}(c_3), Mn^{2+}(c_4)$，$H^+(c_5)|Pt(+)$，随着反应的进行，浓度值增加的是（　　）。

A　$c_1$、$c_2$　　B　$c_2$、$c_4$　　C　$c_1$、$c_4$　　D　$c_3$、$c_4$

48. 原电池 $(-)Pt|Sn^{4+}(c_1), Sn^{2+}(c_2) \| Fe^{3+}(c_3), Fe^{2+}(c_4) | Pt(+)$，随着反应的进行，浓度值减小的是（　　）。

A　$c_1$、$c_2$　　B　$c_2$、$c_3$　　C　$c_1$、$c_4$　　D　$c_3$、$c_4$

49. 为防止 $SnCl_2$ 溶液变质，通常向其中加入（　　）。

A　Fe　　B　Sn　　C　Zn　　D　$Fe^{2+}$

50. 为防止 $FeSO_4$ 溶液变质，通常向其中加入（　　）。

A　Fe　　B　Sn　　C　Zn　　D　$Fe^{2+}$

51. 向 $Fe(NO_3)_3$ 溶液中滴加 KSCN，然后再滴加 $SnCl_2$，先后的颜色变化是（　　）。

A　血红色，无色　　B　黄色，血红色

C　黄色，无色　　D　血红色，沉淀

52. 向 $K_2Cr_2O_7$ 溶液中滴加 $H_2SO_4$，然后滴加 $Na_2SO_3$，发生的现象是（　　）。

A　产生沉淀　　B　产生气泡

C　溶液变绿　　D　溶液变黄

53. 加碘食盐中加入的是 $KIO_3$，因而可用（　　）检验食盐中是否含有碘。

A　淀粉 + 磷酸　　B　淀粉 + $Na_2SO_3$

C　磷酸 + $Na_2SO_3$　　D　淀粉 + 磷酸 + $Na_2SO_3$

54. 加碘食盐中加入的是 $KIO_3$，因而可用淀粉 + 磷酸 + $Na_2SO_3$ 检验食盐中碘。如果含有碘，看到的现象是（　　）。

A　红色　　B　蓝色　　C　黑色　　D　黄色

55. 如果白色的衣物被果汁沾染，可用 $KMnO_4$ + 醋去除颜色。最后加维生素 C（抗坏血酸），其作用是（　　）。

A　去除果汁　　B　去除醋　　C　还原 $KMnO_4$　　D　消毒

56. 如果白色的衣物被果汁沾染，可用 $KMnO_4$ + 醋去除颜色。最后加草酸，其作用是(　　)。

A　去除果汁　　B　去除醋　　C　还原 $KMnO_4$　　D　消毒

57. 有人将 $KMnO_4$ 与浓硫酸配成溶液，然后滴加到固体 NaCl 上，看到的现象是（　　）。

A　紫色气体　　B　黄绿色气体　　C　棕色气体　　D　无反应

58. 有人将 $KMnO_4$ 与浓硫酸配成溶液，然后滴加到固体 KBr 上，看到的现象是（　　）。

A　紫色气体　　B　黄绿色气体　　C　棕色气体　　D　无反应

59. 反应 $H_2 + 1/2O_2 = H_2O(l)$ 的 $\Delta G^\ominus = -237.1 kJ \cdot mol^{-1}$，若组成电池，其标准电动势为（　　）V。

A　2.46　　B　1.23　　C　1.00　　D　0.61

60. 利用反应 $CH_4 + 2O_2 = CO_2 + 2H_2O(l)$ 组成电池，其标准电动势为 1.06V。则该反应的 $\Delta G^\ominus$ =（　　）$kJ \cdot mol^{-1}$。

A　818000　　B　-818000　　C　818　　D　-818

61. 利用 $2H_2 + O_2 = 2H_2O(l)$ 组成电池，其标准电动势为 1.23V。则该反应的 $\Delta G^\ominus$ =（　　）$kJ \cdot mol^{-1}$。

A　474　　B　-474　　C　237　　D　-237

62. 利用反应 $CO + 1/2O_2 = CO_2(l)$ 组成电池，其标准电动势为 1.33V。则该反应的 $\Delta G^\ominus$ =（　　）$kJ \cdot mol^{-1}$。

A　514　　B　-514　　C　257　　D　-257

63. 铜锌原电池的标准电动势为 1.10V。则反应 $Cu^{2+} + Zn = Cu + Zn^{2+}$ 的 $\Delta G^\ominus$ =（　　）。

A　$212 kJ \cdot mol^{-1}$　　B　$-212 kJ \cdot mol^{-1}$

C　106kJ · $mol^{-1}$　　　　D　−106kJ · $mol^{-1}$

64. 电极 $Zn|Zn^{2+}$（0.0010mol · $dm^{-3}$）的电势为（　）V。
（已知：$\varphi^{\ominus}(Zn^{2+}/Zn) = -0.763V$）
A　−0.793　　B　−0.822　　C　−0.852　　D　−0.674

65. 电极 $Zn|Zn^{2+}$（0.10mol · $dm^{-3}$）的电势为（　）V。
（已知：$\varphi^{\ominus}(Zn^{2+}/Zn) = -0.763V$）
A　−0.793　　B　−0.822　　C　−0.852　　D　−0.674

66. 测得电极 $Zn|Zn^{2+}$ 的电势为 −0.822V，则 $Zn^{2+}$ 的浓度为（　）mol · $dm^{-3}$。
（已知：$\varphi^{\ominus}(Zn^{2+}/Zn) = -0.763V$）
A　1.0　　B　0.10　　C　0.010　　D　0.0010

67. 电极 $Pt|Cl_2$（101.325kPa）$|Cl^-$（2.0mol · $dm^{-3}$）的电势为（　）V。
（已知：$\varphi^{\ominus}(Cl_2/Cl^-) = 1.36V$）
A　1.34　　B　1.42　　C　1.48　　D　1.54

68. 测得电极 $Pt|Cl_2$（101.325kPa）$|Cl^-$ 的电势为 1.42V，则 $Cl^-$ 的浓度为（　）mol · $dm^{-3}$。
（已知：$\varphi^{\ominus}(Cl_2/Cl^-) = 1.36V$）
A　1.0　　B　0.10　　C　0.010　　D　0.0010

69. 电极 $Pt|MnO_4^-(c^{\ominus}), Mn^{2+}(c^{\ominus}), H^+(10^{-7}mol \cdot dm^{-3})$ 的电势为（　）V。
（已知：$\varphi^{\ominus}(MnO_4^-/Mn^{2+}) = 1.491V$）
A　1.42　　B　1.22　　C　1.04　　D　0.83

70. 电极 $Pt|MnO_4^{2-}(c^{\ominus}), Mn^{2+}(c^{\ominus}), H^+(10^{-1}mol \cdot dm^{-3})$ 的电势为（　）V。
（已知：$\varphi^{\ominus}(MnO_4^-/Mn^{2+}) = 1.491V$）
A　1.40　　B　1.22　　C　1.04　　D　0.85

71. 测得电极 $Pt|MnO_4^-(c^{\ominus}), Mn^{2+}(c^{\ominus}), H^+$ 的电势为 1.02V，则介质的 pH =（　）。
（已知：$\varphi^{\ominus}(MnO_4^-/Mn^{2+}) = 1.491V$）
A　1.00　　B　3.00　　C　5.00　　D　7.00

72. 种类相同而浓度不同的两个电极组成的原电池叫浓差电池。下述浓差电池的电动势为

$$0.059V: (-)Pt|Fe^{3+}(c^{\ominus}), Fe^{2+}(c^{\ominus}) \| Fe^{3+}(c^{\ominus}), Fe^{2+}(x mol \cdot dm^{-3})|Pt(+)$$

则 $x$ =（　）。
A　1　　B　0.10　　C　0.010　　D　0.0010

73. 测得电极 $Pt|MnO_2|MnO_4^-(c^{\ominus}), OH^-$ 的电势为 0.817V，则介质的 pH =（　）。
（已知：$\varphi^{\ominus}(MnO_4^-/MnO_2) = 0.58V$）
A　12.00　　B　11.00　　C　10.00　　D　9.00

74. 电对 $O_2/H_2O$ 的标准电极电势是 1.23V。当 $p(O_2) = 101.325kPa$ 时，则该电对在 pH = 7 的溶液中的电极电势为（　）。
A　1.23　　B　1.17　　C　0.816　　D　1.29

75. 电对 $O_2/H_2O$ 的标准电极电势是 1.23V。当 $p(O_2) = 101.325kPa$ 时，测得该电对的电极电势为 1.17V，则溶液的 pH =（　）。

A 1.00　　B 3.00　　C 5.00　　D 7.00

76. 原电池：$(-)Cu|Cu^{2+}(0.10mol \cdot dm^{-3}) \| Cl^{-}(0.10mol \cdot dm^{-3})|Cl_2(101.325kPa),Pt(+)$ 其电池电动势为(　　)。

(已知：$\varphi^{\ominus}(Cu^{2+}/Cu)=0.34V$，$\varphi^{\ominus}(Cl_2/Cl^{-})=1.36V$)

A 1.11　　B 1.14　　C 1.17　　D 1.20

77. 原电池：$(-)Cu|Cu^{2+}(0.010mol \cdot dm^{-3}) \| Cl^{-}(0.010mol \cdot dm^{-3})|Cl_2(101.325kPa),Pt(+)$ 其电池电动势为(　　)。

(已知：$\varphi^{\ominus}(Cu^{2+}/Cu)=0.34V$，$\varphi^{\ominus}(Cl_2/Cl^{-})=1.36V$)

A 1.11　　B 1.14　　C 1.17　　D 1.20

78. 将过量的纯锌粉置于 $0.20mol \cdot dm^{-3}$ $Ag^{+}$ 溶液中搅拌。平衡时溶液中 $Ag^{+}$ 的浓度是(　　) $mol \cdot dm^{-3}$。

(已知：$\varphi^{\ominus}(Zn^{2+}/Zn)=-0.763V$，$\varphi^{\ominus}(Ag^{+}/Ag)=0.799V$)

A $9.2\times10^{-28}$　　B $1.3\times10^{-27}$　　C $5.6\times10^{-9}$　　D $4.0\times10^{-9}$

79. 将过量的纯铜粉置于 $0.10mol \cdot dm^{-3}$ $Ag^{+}$ 溶液中搅拌。平衡时溶液中 $Ag^{+}$ 的浓度是(　　) $mol \cdot dm^{-3}$。

(已知：$\varphi^{\ominus}(Cu^{2+}/Cu)=0.34V$，$\varphi^{\ominus}(Ag^{+}/Ag)=0.799V$)

A $9.2\times10^{-28}$　　B $1.3\times10^{-27}$　　C $5.6\times10^{-9}$　　D $4.0\times10^{-9}$

80. 反应 $Zn+2Ag^{+} \longrightarrow Zn^{2+}+2Ag$ 的平衡常数是(　　)。

(已知：$\varphi^{\ominus}(Zn^{2+}/Zn)=-0.763V$，$\varphi^{\ominus}(Ag^{+}/Ag)=0.799V$)

A $3.6\times10^{14}$　　B $3.2\times10^{15}$　　C $1.8\times10^{37}$　　D $5.9\times10^{52}$

81. 反应 $1/2Cu+Ag^{+} \longrightarrow 1/2Cu^{2+}+Ag$ 的平衡常数是(　　)。

(已知：$\varphi^{\ominus}(Cu^{2+}/Cu)=0.34V$，$\varphi^{\ominus}(Ag^{+}/Ag)=0.799V$)

A $1.9\times10^{7}$　　B $5.6\times10^{7}$　　C $4.2\times10^{18}$　　D $2.4\times10^{26}$

82. 反应 $Fe^{3+}+1/2Cu \longrightarrow Fe^{2+}+1/2Cu^{2+}$ 的平衡常数是(　　)。

(已知：$\varphi^{\ominus}(Fe^{3+}/Fe^{2+})=0.771V$，$\varphi^{\ominus}(Cu^{2+}/Cu)=0.34V$)

A $1.9\times10^{7}$　　B $5.6\times10^{7}$　　C $4.2\times10^{18}$　　D $2.4\times10^{26}$

83. 初始时，混合溶液中含有 $0.20mol \cdot dm^{-3}$ $Ag^{+}$ 和 $0.20mol \cdot dm^{-3}$ $Fe^{2+}$，平衡时 $Ag^{+}$ 和 $Fe^{3+}$ 的浓度分别是(　　) $mol \cdot dm^{-3}$。

(已知：$\varphi^{\ominus}(Fe^{3+}/Fe^{2+})=0.771V$，$\varphi^{\ominus}(Ag^{+}/Ag)=0.799V$)

A 0.081、0.019　　B 0.019、0.081

C 0.141、0.059　　D 0.059、0.141

84. 一般认为，任意状态下，若氧化还原反应满足(　　)，则正向自发进行。

A $E^{\ominus}>0$　　B $E^{\ominus}>0.2$　　C $E^{\ominus}<0$　　D $E^{\ominus}<0.2$

85. 在 pH=2 的介质中，$MnO_4^{-}$ 能否将 $Br^{-}$ 氧化为 $Br_2$？(　　)

(已知：$\varphi^{\ominus}(MnO_4^{-}/Mn^{2+})=1.491V$，$\varphi^{\ominus}(Br_2/Br^{-})=1.065V$)

A 能　　B 不能　　C 速率很小　　D 无法判断

86. 实验室常用 $MnO_2$ 与浓 HCl 反应制取 $Cl_2$，反应为

$$MnO_2(s)+4H^{+}(aq)+2Cl^{-}(aq) \longrightarrow Mn^{2+}(aq)+Cl_2(g)+2H_2O(l)$$

在标准状态下，反应进行的方向为（　　）。

（已知：$\varphi^{\ominus}(MnO_2/Mn^{2+})=1.208V$，$\varphi^{\ominus}(Cl_2/Cl^-)=1.36V$）

A　平衡状态　　B　正向　　C　逆向　　D　无法判断

87. 电极 $Ag|AgCl|Cl^-(0.010mol\cdot dm^{-3})$ 的电极电势为（　　）V。

（已知：$\varphi^{\ominus}=0.799V$，$K_{sp}^{\ominus}(AgCl)=1.8\times10^{-10}$）

A　0.224　　B　0.283　　C　0.342　　D　0.402

88. 电极 $Pt|H_2(100kPa)|HAc(0.010mol\cdot dm^{-3})$ 的电势为（　　）V。

（已知：$\varphi^{\ominus}(H^+/H_2)=0V$，$K_a^{\ominus}=1.8\times10^{-5}$）

A　−0.20　　B　−0.17　　C　−0.14　　D　−0.12

89. 锌锰电池是最普通的干电池，其电池反应为

$$Zn+2MnO_2+2NH_4^+ \rightleftharpoons Zn^{2+}+2MnO(OH)+2NH_3$$

电池反应的得失电子数为（　　）。

A　1　　B　2　　C　3　　D　4

90. 铅酸蓄电池是车辆、轮船上最常用的蓄电池。其放电反应为

$$Pb+PbO_2+2H_2SO_4 = 2PbSO_4+2H_2O$$

其正极的充电反应为（　　）。

A　$Pb+SO_4^{2-} = PbSO_4+2e$

B　$PbO_2+4H^++SO_4^{2-}+2e = PbSO_4+2H_2O$

C　$PbSO_4+2e = Pb+SO_4^{2-}$

D　$PbSO_4+2H_2O = PbO_2+4H^++SO_4^{2-}+2e$

91. 镍镉二次电池常用于微型电子器材。其电池充电反应为

$$Cd(OH)_2+2Ni(OH)_2 = Cd+2NiOOH+2H_2O$$

其正极充电反应为（　　）。

A　$Cd+2OH^- = Cd(OH)_2+2e$

B　$2NiOOH+2H_2O+2e = 2Ni(OH)_2+2OH^-$

C　$Cd(OH)_2+2e = Cd+2OH^-$

D　$2Ni(OH)_2+2OH^- = 2NiOOH+2H_2O+2e$

92. 镍镉二次电池常用于微型电子器材，其电池充电反应为

$$Cd(OH)_2+2Ni(OH)_2 = Cd+2NiOOH+2H_2O$$

其负极充电反应为（　　）。

A　$Cd+2OH^- = Cd(OH)_2+2e$

B　$2NiOOH+2H_2O+2e = 2Ni(OH)_2+2OH^-$

C　$Cd(OH)_2+2e = Cd+2OH^-$

D　$2Ni(OH)_2+2OH^- = 2NiOOH+2H_2O+2e$

93. 工业上用电解食盐水生产 NaOH，电解池的实际分解电压（　　）理论分解电压。

A　等于　　B　小于　　C　大于　　D　无法确定

94. 在电解池中，阳极极化后，电极电势将（　　）。

A　不变　　B　降低　　C　升高　　D　无法确定

95. 在电解池中，阴极极化后，电极电势将（　　）。

A　不变　　B　降低　　C　升高　　D　无法确定

96. 电解池的理论分解电压（　　）原电池的电池电动势。

A　等于　　B　小于　　C　大于　　D　2 倍于

97. 要在金属铁表面电镀一层镍，则阳极和电解液分别是（　　）。

A　Fe，$NiSO_4$　　B　Ni，$FeSO_4$　　C　Fe，$FeSO_4$　　D　Ni，$NiSO_4$

98. 下列防止金属腐蚀的方法中，（　　）不属于化学方法。

A　涂覆油漆　　B　缓蚀剂法　　C　磷化法　　D　牺牲阳极法

## 二、填空题

1. $c(H^+)$增大，$\varphi(H^+/H_2)$将______，$H_2(g)$的还原性将______。

2. 原电池中，发生还原反应的电极为__________，发生氧化反应的电极为______。

3. 将反应 $Zn^{2+}(aq) + H_2(g) = 2H^+(aq) + Zn(s)$ 设计成原电池，其电池符号为：____。

4. 在 $M^{n+} + ne^- = M$ 电极反应中，加入 $M^{n+}$ 的沉淀剂，可使电极电势的数值变______，同类型难溶盐的 $K_{sp}$ 值越小，其 $\varphi$ 值愈______。

5. 下列电极电势从大到小的顺序是（以序号排列）。

①$\varphi^{\ominus}(Ag^+/Ag)$　②$\varphi^{\ominus}(AgBr/Ag)$　③$\varphi^{\ominus}(AgI/Ag)$　④$\varphi^{\ominus}(AgCl/Ag)$

6. 电池$(-)Pt \mid Cr^{2+}(aq), Cr^{3+}(aq) \parallel H^+(aq), Cl^-(aq), HClO(aq) \mid Pt(+)$

在下列条件改变时，电池电动势将如何变化？

（1）[HClO]的增加，$E$ ________________；

（2）惰性电极尺寸的增大，$E$ ________________；

（3）电池正极溶液的 pH 值增大，$E$ ________________；

（4）在含有 $Cl^-(aq)$的电极中加入 KCl(s)，$E$ ________________。

7. 原电池：$(-)Pt, Hg \mid Hg_2Cl_2(s) \mid KCl$（饱和溶液）$\parallel Ag^+(1mol \cdot L^{-1}) \mid Ag(+)$正极反应式为__________，负极反应式为__________。

8. 判断氧化剂、还原剂相对强弱的依据是__________，判断氧化还原反应进行方向的原则是__________，判断氧化还原反应进行的程度的关系式是__________。

9. 在原电池中，流出电子的电极为__________，接受电子的电极为__________，在正极发生的是__________，在负极发生的是__________。原电池是__________的装置。

10. 在原电池中，$\varphi$ 值大的电对为__________，$\varphi$ 值小的电对为__________；$\varphi$ 值越大，电对中的__________型物种__________越强；$\varphi$ 值越小，电对中的__________型物种__________越强。

## 三、计算题

1. 高锰酸钾在酸性介质中的电极反应为

$$MnO_4^- + 8H^+ + 5e^- = Mn^{2+} + 4H_2O$$

$\varphi^{\ominus}(MnO_4^-/Mn^{2+}) = 1.507V$，若 $c(MnO_4^-) = c(Mn^{2+}) = 1mol \cdot L^{-1}$，试计算 $H^+$ 浓度分

别为1mol · $L^{-1}$和 $10^{-4}$mol · $L^{-1}$时的电极电势。

2. 已知 $\varphi^{\ominus}(Ag^+/Ag)=0.7996V$, $K_f^{\ominus}[Ag(CN)_2^-]=1.3\times10^{21}$，在 298K 时，向银电极中加入 KCN 溶液，使 $CN^-$ 和 $[Ag(CN)_2^-]$ 的浓度均等于 1mol · $L^{-1}$，求 $\varphi^{\ominus}[Ag(CN)_2^-/Ag]$ 为多少？
3. 由标准氢电极和镍电极组成原电池，如当 $c(Ni^{2+})=0.01mol\cdot L^{-1}$时，电池的电动势为 0.316V，其中 Ni 为负极，计算镍电极的标准电极电势。
4. 试用下列反应设计一电池：

$$Cd(s)+I_2(s) \longrightarrow Cd^{2+}(1.0mol\cdot L^{-1})+2I^-(1.0mol\cdot L^{-1})$$

（1）写出相应的电池符号和电极反应式；

（2）求该电池在 298.15K 时的 $E^{\ominus}$，反应的 $\Delta G^{\ominus}$和平衡常数 $K^{\ominus}$。

（已知：$\varphi^{\ominus}(Cd^{2+}/Cd)=-0.4026V$, $\varphi^{\ominus}(I_2/I^-)=0.535V$）

5. 反应 $2MnO_4^-+10Br^-+16H^+ \rightleftharpoons 2Mn^{2+}+5Br_2+8H_2O$，若 $c(MnO_4^-)=c(Mn^{2+})=c(Br^-)=c(Br_2)=1mol\cdot L^{-1}$，问 pH 等于多少时，该反应可以从左向右进行？

（已知：$\varphi^{\ominus}(MnO_4^-/Mn^{2+})=1.507V$, $\varphi^{\ominus}(Br_2/Br^-)=1.066V$）

6. 用电池符号将下列反应设计成原电池，$Cr_2O_7^{2-}+6Cl^-+14H^+ \rightleftharpoons 2Cr^{3+}+3Cl_2+7H_2O$，请写出电池符号，求电池在 298K 时的 $E^{\ominus}$，反应的 $\Delta G^{\ominus}$。
7. 已知 $\varphi^{\ominus}_{A(HBrO/Br^-)}=1.331V$，HBrO 的 $K_a^{\ominus}=2.51\times10^{-9}$。试计算 HBrO 在碱性介质中被还原为 $Br^-$ 的标准电极电势 $\varphi^{\ominus}_B$。
8. 已知 $\varphi^{\ominus}(Pb^{2+}/Pb)=-0.126V$, $\varphi^{\ominus}(Hg_2^{2+}/Hg)=0.793V$, $K_{sp}^{\ominus}(Hg_2Cl_2)=2\times10^{-18}$, $K_{sp}^{\ominus}(PbSO_4)=1.1\times10^{-8}$。计算反应

$$Hg_2Cl_2+Pb+SO_4^{2-} \longrightarrow 2Hg+2Cl^-+PbSO_4$$

的平衡常数 $K^{\ominus}$。

9. 已知 $\varphi^{\ominus}_{(NO_3^-/NO_2^-)}=0.01V$，$HNO_2$ 的 $K_a^{\ominus}=4.6\times10^{-4}$，计算 $\varphi^{\ominus}_{(NO_3^-/HNO_2)}$的值，并分别写出两个电对的电极反应式。
10. 某氢氧燃料电池不采用贵重金属钌为催化剂，而是设计为如下体系：

发电过程　$H_2(g)+2FeCl_3(aq) \longrightarrow 2FeCl_2(aq)+2HCl(aq)$

再生过程　$2FeCl_2(aq)+2HCl(aq)+1/2O_2(g) \longrightarrow 2FeCl_3(aq)+H_2O(l)$

计算该电池的标准电动势，燃烧 1mol $H_2(g)$可得到多少电功？体系的总转换效率是多少？

（已知：$H_2O(l)$ 的 $\Delta G_f^{\ominus}(298K)=-237.18kJ\cdot mol^{-1}$，$\Delta H_f^{\ominus}(298K)=-285.83 kJ\cdot mol^{-1}$，法拉第常数 $F=96485C\cdot mol^{-1}$）

# 第4章　原子结构

## 知识要点

### 一、微观粒子运动的特征

1. Bohr 原子模型

（1）电子只沿某些能量一定的轨道呈圆周运动，既不吸收也不释放能量；

（2）电子在不同轨道跃迁时，吸收或释放能量。能量以光子的形式释放出来，$\Delta E = h\nu$；

（3）轨道能量是不连续的，即轨道能量是量子化的。$P = nh/2\pi$。

2. 微观粒子的运动具有波、粒二象性

集波动性与实物粒子性为一体的特性称为波、粒二象性。所谓“粒子性”是指它具有某些像粒子的特点，又有与宏观粒子相应的物理量等。所谓“波动性”是指它能产生衍射，具有波的性质及波长（物质波或物质波波长），但与经典波不同。

3. 波函数

描述微观粒子运动状态的数学函数式称为波函数，符号为 $\Psi$。

Schrödinger 方程式：$\dfrac{\partial^2\psi}{\partial x^2}+\dfrac{\partial^2\psi}{\partial y^2}+\dfrac{\partial^2\psi}{\partial z^2}+\dfrac{8\pi^2 m}{h^2}(E-V)\psi = 0$

4. 四个量子数的取值及物理意义

（1）主量子数（$n$）：表示电子在原子核外空间出现区域离原子核远近的量子数。是决定电子能量高低、确定原子能级的主因素。

| | | | | | |
|---|---|---|---|---|---|
| $n$ | 1 | 2 | 3 | 4 | … |
| 相应光谱符号 | K | L | M | N | … |

（2）角量子数（$l$）：取决于电子运动角动量的量子数，决定波函数角度部分函数图形的形状。它的取值受主量子数的制约。

| | | | | | | | |
|---|---|---|---|---|---|---|---|
| $l$ | 0 | 1 | 2 | 3 | 4 | … | $(n-1)$ |
| 相应的光谱符号 | s | p | d | f | g | | |

（3）磁量子数（$m$）：表示 $\Psi$ 或轨道的空间取向，$m$ 有几个值表明轨道有几个空间伸展方向，是决定角量子数在磁场方向分量的量子数。它的取值受角量子数的制约。

$m=0，\pm1，\pm2，\cdots，\pm l$　　共可取 $(2l+1)$ 个值。

（4）自旋量子数（$m_s$）：描述电子自旋运动状态的量子数。它的取值只有两个：

$+\frac{1}{2}$、$-\frac{1}{2}$。

## 二、核外电子排布规律

1. 基态电子排布规则

（1）能量最低原理：在基态时，多电子原子核外电子总是尽可能地占据能级较低的轨道。

（2）Pauli 不相容原理：在同一原子中不可能有四个量子数完全相同的两个电子。

（3）Hund 规则：电子进入等价轨道，尽先占据各个不同的轨道，并且自旋平行。

（4）全（充）满和半（充）满规则：等价轨道在电子全充满、半充满和全空时，原子结构稳定。

2. 原子的电子构型

基态原子的电子分布式称为原子的电子构型。

原子的价电子构型：基态原子的外层电子分布式称为外层电子构型，也称价电子构型。

3. 电子轨道能级

（1）Pauling 近似能级图

1）$l$ 相同，$n$ 越大，能级越高；

2）$n$ 相同，$l$ 越大，能级越高，即 $s < p < d < f$；

3）$n$ 和 $l$ 相同的轨道，能级相同，又称等价轨道或简并轨道；

4）能级交错现象。

（2）能级组。可以按照（$n+0.7l$）值，将原子轨道分为若干能级组。

| 轨　道 | 1s | 2s | 2p | 3s | 3p | 3d | 4s | 4p | 4d | 4f | 5s | 5p | 5d | 5f | 6s | 6p | 6d | 7s |
|---|---|---|---|---|---|---|---|---|---|---|---|---|---|---|---|---|---|---|
| $n$ | 1 | 2 | 2 | 3 | 3 | 3 | 4 | 4 | 4 | 4 | 5 | 5 | 5 | 5 | 6 | 6 | 6 | 7 |
| $l$ | 0 | 0 | 1 | 0 | 1 | 2 | 0 | 1 | 2 | 3 | 0 | 1 | 2 | 3 | 0 | 1 | 2 | 0 |
| $n+0.7l$ | 1 | 2 | 2.7 | 3 | 3.7 | 4.4 | 4 | 4.7 | 5.4 | 6.1 | 5 | 5.7 | 6.4 | 7.1 | 6 | 6.7 | 7.4 | 7 |

| 轨　道 | 1s | 2s | 2p | 3s | 3p | 4s | 3d | 4p | 5s | 4d | 5p | 6s | 4f | 5d | 6p | 7s | 5f | 6d |
|---|---|---|---|---|---|---|---|---|---|---|---|---|---|---|---|---|---|---|
| $n+0.7l$ | 1 | 2 | 2.7 | 3 | 3.7 | 4 | 4.4 | 4.7 | 5 | 5.4 | 5.7 | 6 | 6.1 | 6.4 | 6.7 | 7 | 7.1 | 7.4 |
| 能级组 | 1 | 2 | | 3 | | 4 | | | 5 | | | 6 | | | | 7 | | |
| 轨道数 | 1 | 4 | | 4 | | 9 | | | 9 | | | 16 | | | | 7 | | |
| 电子数 | 2 | 8 | | 8 | | 18 | | | 18 | | | 32 | | | | 32 | | |

4. 元素周期表

（1）区：根据各元素原子的外层电子构型特点，将周期表划分为五个区，每个区的名称、范围和外层电子构型分别为：

s 区：ⅠA，ⅡA，$ns^{1\sim2}$

p 区：ⅢA～ⅦA，0 族，$ns^2np^{1\sim6}$

d 区：ⅢB～ⅦB，Ⅷ，$(n-1)\ d^{1\sim9}ns^2$

ds 区：ⅠB，ⅡB，$(n-1)\ d^{10}ns^{1\sim2}$

f 区：镧系，锕系 $(n-2)\ f^{0\sim14}\ (n-1)\ d^{0\sim2}ns^2$

（2）元素的氧化值：某元素一个原子的荷电数称为该元素的氧化值。

（3）原子半径：在晶体（或分子）中两个原子间距离的一半称为原子半径。根据原子半径的确定方法，分为金属半径、共价半径和范德华半径三种。

（4）元素的电离能：基态的气态原子（或离子）失去1个电子所需吸收的能量。

（5）元素的电子亲和能：基态的气态原子或负离子获得一个电子所放出（或吸收）的能量。

（6）电负性：元素原子在分子中吸引电子的能力称为电负性。

元素周期表中，元素的氧化值、原子半径、电离能、电子亲和能、电负性以及金属性和非金属性均有一定的规律性。

镧系收缩：从 La 到 Lu 15 个元素随着原子序数递增，原子半径依次缩小的累积效应称为镧系收缩。

## 三、分子结构

1. 价键理论（VB）要点

（1）自旋方向相反的未成对电子可以配对成键。→饱和性。

（2）原子轨道最大重叠。→方向性。

共价键：电负性相等或相差很小的非金属元素的原子之间靠共用电子对结合所成的键，称为共价键。

共价键的类型：

按极性分：极性键和非极性键。

按轨道重叠方式分：σ 键和 π 键。π 键原子轨道重叠少，活泼易反应。

σ 键：原子轨道“头”对“头”地沿核间连线重叠，所成的键称为 σ 键；

π 键：原子轨道“肩”并“肩”地重叠，所成的键称为 π 键。

配位共价键：成键电子对由一个原子单独提供。

离子键：正、负离子之间由静电引力形成的化学键称为离子键。

离子键的特点：电负性差大于1.7；有极性；无方向性和饱和性。

金属键：金属原子外层价电子游离成为自由电子后，靠自由电子的运动将金属离子或原子联系在一起的作用力，称为金属键。

2. 杂化轨道理论

杂化轨道：原子中能量相近的原子轨道线性组合，实现能量的再分配和改变空间伸展方向的原子轨道称为杂化轨道。

杂化轨道主要用以解释分子或配离子的空间构型。

杂化轨道理论要点：

（1）成键时，中心原子的成键原子轨道能量重新分布，形状发生改变，即杂化。

（2）有几个原子轨道参加杂化，就生成几个杂化轨道。

（3）杂化轨道能量相同、形状相同。

杂化轨道的类型和分子的几何构型：

| 杂　化 | 价 电 子 | 几何形状 | 对称性 | 极　性 | 实　例 |
|---|---|---|---|---|---|
| sp | $ns^2np^0$ | 直线 | + | − | $BeCl_2$，$HgCl_2$，$C_2H_2$ |
| $sp^2$ | $ns^2np^1$ | 三角 | + | − | $BF_3$，$BCl_3$，$C_2H_4$ |
| $sp^3$ | $ns^2np^2$ | 四面体 | + | − | $CH_4$，$CCl_4$，$CHCl_3$，$C_3H_6$ |
| | $ns^2np^3$（不等性） | 三角锥 | − | + | $NH_3$，$PH_3$ |
| | $ns^2np^4$（不等性） | V | − | + | $H_2O$，$H_2S$ |

3. 价层电子对互斥理论（VSEPR 法）

价层电子对互斥理论，方法简单，能比较准确判断和预测许多简单分子和原子团的几何构型。该理论基本要点如下：

（1）价层电子对包括成键电子对和孤电子对。双键或三键均看作一个电子对；

（2）价层电子对之间，由于相互排斥，要求排布于中心体周围的价层电子对尽可能互相远离；

（3）价层电子对之间排斥力越大，电子对之间的夹角（键角）也越大。

排斥力大小的一般规律是：

1）孤电子对-孤电子对 > 孤电子对-成键电子对 > 成键电子对-成键电子对

2）中心体相同时，价层电子对间的斥力随配位原子的电负性增大而减少，生成的键角也较小。

3）三键 > 双键 > 单键。

判断共价键结构的一般规则：

（1）确定中心原子 A 的价电子层中的电子总数和电子对数。

电子总数 = 中心原子价电子数 + 配体提供的电子数

1）正规共价键中配体 H、X 各提供 1 个共用电子；

2）氧族原子作配体不提供共用电子（$PO_4^{3-}$）；

氧族原子作中心原子提供 6 个价电子（$SO_2$）；

3）X 做中心原子提供 7 个价电子；

4）离子应加上或减去与电荷相应的电子数。

（2）根据中心原子周围的电子对数从表中找出理想的几何构型，出现单电子可作为电子对看待。

（3）画出结构图，把配位原子排在中心原子周围，每对电子连一个配位原子，剩下的电子对便是孤电子对。

（4）根据各电子对间排斥力的大小，确定排斥力最小的稳定结构。

电子对符号：

价层电子对数：VP

成键电子对数：BP

孤电子对数：LP

| | | | | |
|---|---|---|---|---|
| 例： | $BeH_2$ | VP = (2 + 2)/2 = 2 | LP = 0 | 直线形 |
| | $BF_3$ | VP = (3 + 3)/2 = 3 | LP = 0 | 平面三角形 |
| | $SO_4^{2-}$ | VP = (6 + 2)/2 = 4 | LP = 0 | 四面体 |
| | $NH_3$ | VP = (5 + 3)/2 = 4 | LP = 1 | 三角锥 |
| | $SF_6$ | VP = (6 + 6)/2 = 6 | LP = 0 | 正八面体 |

4. 分子间力

（1）分子的极性和变形性

分子的偶极矩：分子总体是电中性的，但分子内部有带正电荷的原子核和带负电荷的电子，假设正、负电荷分别集中于正电荷中心和负电荷中心，又称为分子的两个极。两极间的距离 $l$ 与电量 $Q$ 之乘积称为偶极矩，用 $\mu$ 表示。

$$\mu = Q \cdot l$$

非极性分子：$\mu = 0$ 的分子称为非极性分子。

极性分子：$\mu \neq 0$ 的分子称为极性分子。$\mu$ 越大，分子的极性越强。

分子的极化率：分子在强电场作用下发生变形，正负电荷中心分离，产生的偶极矩，称为诱导偶极。诱导偶极矩的大小与电场强度 $E$ 成正比：$\mu = \alpha E$，$\alpha$ 为分子的极化率。极化率越大，分子的变形性越大。

（2）分子间力的种类

1）色散力：分子之间由于分子热运动产生的瞬时偶极之间的相互作用力称为色散力。色散力大小与分子变形性有关。分子越大，色散力越大。

2）诱导力：在极性分子固有偶极的作用下，非极性分子或极性分子产生诱导偶极，诱导偶极与固有偶极之间的作用力，称为诱导力。

3）取向力：极性分子之间由于固有偶极采取异极相邻的取向而产生的作用力，称为取向力。

$$\text{色散力} \gg \text{取向力} > \text{诱导力}$$

色散力、诱导力、取向力是分子间力的三种类型。色散力普遍存在于一切分子之间；诱导力存在于极性分子和非极性分子以及极性分子和极性分子之间；取向力仅存在于极性分子和极性分子之间。

分子间力的特点：无方向性和饱和性；永远存在。

氢键的形成条件：（1）要有氢原子；（2）$x$ 或 $y$ 原子元素的电负性大、半径小、有孤对电子。一般来说 H 和 N，O，F 形成的化合物能形成氢键。

氢键的特点是：键能与分子间力数量级相同；氢键强弱与元素电负性有关；氢键具有方向性和饱和性。这一点使氢键有别于分子间力而类似于化学键。

## 四、配合物的化学键理论

1. 价键理论的基本内容

（1）中心离子或原子（简称中心体）与配位原子之间是以配位键结合的；

（2）中心体提供空的价层轨道（电子对接受体），配位原子提供价电子对（电子对给予体）；

（3）形成配合物时，中心体提供的空轨道必须进行杂化形成一定类型的杂化轨道。配合物的空间构型、中心体的配位数、配合物的稳定性等，主要取决于成键时中心体的杂化类型；

（4）中心体与配位体之间有时发生反馈 π 键（d-p、d-d 的 π 键）。

2. 内轨型与外轨型配合物

中心体利用内层轨道（$n-1$）d 参与成键的配合物为内轨型配合物；反之，利用外层轨道参与成键的配合物为外轨型配合物。

配合物形成是内轨型还是外轨型，与中心体的电子构型及配位原子的种类有关。一般说，中心体与配位原子的电负性相差较大时，易形成外轨型配合物；电负性相差较小时，易形成内轨型配合物。例如 $F^-$、$H_2O$ 常形成外轨型，而 $CN^-$、$NO_2^-$ 常形成内轨型。根据配合物的稳定性（稳定常数）和磁性（磁矩）的差别可推测其构型。同一中心体的内轨型配合物比其外轨型配合物稳定。例如 $[Fe(CN)_6]^{3-}$ 的稳定常数约为 $1.0\times10^{42}$，$[FeF_6]^{3-}$ 的稳定常数约为 $1.0\times10^{12}$，说明前者是内轨型，后者是外轨型。磁矩 $\mu$ 与未成对电子数 $n$ 的关系为 $\mu=\sqrt{n(n+2)}$。实验测得，$[FeF_6]^{3-}$ 的 $\mu=5.9$，$[Fe(CN)_6]^{3-}$ 的 $\mu=2.0$，可算出未成对电子数分别为 5 和 1，未成对电子数越少，说明 d 电子发生了重排，其杂化轨道必然由 $sp^3d^2$ 变为 $d^2sp^3$，也说明前者是外轨型，后者是内轨型。

## 五、晶体结构

1. 晶体类型

（1）晶体与非晶体性质比较。

（2）晶体分类：离子晶体，分子晶体，原子晶体，金属晶体。

离子晶体：晶格结点之间的力是离子键。

特征：熔点高，硬度高，加工性差，易溶于水，导电性好。

原子晶体：晶格结点粒子为原子，以共价键结合。

特征：熔点高，硬度高，导电、导热性差。

分子晶体：晶格结点粒子为分子，以分子间力结合。

特征：熔点，硬度低。

2. 离子极化

离子极化理论：离子的极化是指离子在外电场的作用下，发生变形产生诱导偶极的过程。

离子的极化力：离子使其他（电荷相反的）离子（或分子）极化（变形）的能力。

离子的变形性：是指离子在其他离子的作用下发生极化变形的能力。

阳离子，极化作用占主要地位；阴离子，变形性占主要地位。

离子极化作用的强弱主要取决于：

（1）离子的电荷：电荷数愈多，极化作用愈强。

（2）离子的半径：半径愈小，极化作用愈强。

（3）离子的外层电子结构：当离子的电荷数相同、半径相近时，极化作用的大小关系是：

$$8\text{电子} < 9\sim17\text{电子} < 18\text{电子或}18+2\text{电子}$$

离子的变形性大小主要取决于：

（1）离子的电荷：随着正电荷数的减少或负电荷数的增加，变形性增大。

（2）离子的半径：随着半径的增大，变形性增大。

（3）离子的外层电子结构：8 电子型离子变形性较小，其他型的离子变形性较大。

相互极化作用（附加极化作用）：在讨论离子的相互极化时，主要考虑阳离子对阴离子的极化作用。但当阳离子的变形性也较大时，容易引起两种离子之间相互的附加极化作用，使化合物的键型表现出由离子键向共价键过渡。

## 例题分析

**例 4-1** 当 $n=3$，$l$ 的取值有哪些？$m$ 可取哪些值？试组合成 $\Psi$。

**解** $n=3$ 时，$l$ 可取 0，1，2；$m$ 可取 0，±1，±2，可组合成的 $\Psi$ 有：

$\Psi(3, 0, 0)$，　$\Psi(3, 1, -1)$，　$\Psi(3, 1, +1)$

$\Psi(3, 2, 0)$，　$\Psi(3, 2, -1)$，　$\Psi(3, 2, +1)$

$\Psi(3, 2, -2)$，　$\Psi(3, 2, +2)$，　$\Psi(3, 1, 0)$

**例 4-2** 试分别写出 12 号、24 号元素的原子电子构型和价层电子构型。

**[解题思路]** 电子构型书写方法要点如下：

（1）轨道排列顺序为：$n$ 由小到大，从左向右依次书写；$n$ 相同，$l$ 由小到大，从左向右依次书写；

（2）轨道中电子个数：以阿拉伯数字写在轨道符号的右上角；

（3）电子总数按多个电子分布规则依次填写，同时注意全满或半满的情况。

**解** 12 号元素 $_{12}Mg$：$1s^2 2s^2 2p^6 3s^2$；价层电子构型 $3s^2$；

24 号元素 $_{24}Cr$：$1s^2 2s^2 2p^6 3s^2 3p^6 3d^5 4s^1$；价层电子构型 $3d^5 4s^1$。

**例 4-3** 已知某元素原子的外层电子构型为 $3d^{10}4s^1$，试写出其电子构型、原子序数，判断它为第几周期、第几族？属元素周期表中的哪一区？

**[解题思路]** 题给“外层电子构型”，是指除内层外的电子构型，也就是价电子构型。对主族元素是指最外层电子构型，对过渡元素则为最外层和次外层的电子构型。有了外层电子构型，可从 $1s^2$ 开始写原子的电子构型，其余问题迎刃而解。

**解** $1s^2 2s^2 2p^6 3s^2 3p^6 3d^{10} 4s^1$；电子数等于原子序数，所以是 29 号元素，为 4 周期 IB 族，所在区为 ds 区。

**例 4-4** 什么是 σ 键？什么是 π 键？二者有何区别？双原子分子中能否有两个以上 σ 键？为什么？

**解** 在共价键中，成键原子轨道在核间连线方向上以“头碰头”的方式重叠所形成的化学键称为 σ 键。π 键通常是轨道在核间以“肩并肩”的方式重叠形成的化学键。σ 键较 π 键牢固。这是因为 σ 键沿键轴可最大程度地重叠，使系统能量降低；π 键的重叠分布在核间连线所在平面的上下或前后、左右，重叠程度较小，成键牢固程度也随之减弱。

在双原子分子中，只能有一个 σ 键，不可能有两个以上 σ 键，这是由成键原子轨道的方向性决定的，只要形成一个 σ 键，其余只能成 π 键。

**例 4-5**　s 轨道和 s 轨道重叠能形成 σ 键，s 轨道和 $p_x$ 轨道沿 $x$ 键轴也能形成 σ 键，为什么？

**解**　因为 s 轨道角度部分分布图在空间呈球型，$p_x$ 轨道沿 $x$ 轴方向伸展，s 轨道与 $p_x$ 轨道沿 $x$ 轴方向接近时可“头碰头”地重叠，所以能形成 σ 键，不能形成任何键。

**例 4-6**　改错并说明理由。

（1）$CO_2$ 是非极性分子，则 $SO_2$ 也是非极性分子。

（2）$NH_3$ 易溶于水，则 $CH_4$ 也易溶于水。

**解**（1）在 $CO_2$ 分子中，C 最外层电子结构为 $2s^22p_x^12p_y^1$。在成键过程中 2s 的一个电子激发到 $2p_z$ 轨道上形成四个等性的杂化轨道，分别与 2 个氧原子共价结合。它的空间结构是直线型（O ═C ═O）。虽然每个 C ═O 键是极性键，但整个分子正、负电荷重心重合，所以 $CO_2$ 是非极性分子。而在 $SO_2$ 分子中，S 原子最外层电子结构为 $2s^22p^4$，采取的是 $sp^2$ 轨道杂化，在不成键的杂化轨道上有一对孤对电子对，它的空间构型为 V 形平面三角形。每个 S ═O 键是极性键，整个分子正、负电荷重心不重合，所以 $SO_2$ 是极性分子。

（2）$NH_3$ 是极性分子，N 原子采取不等性 $sp^3$ 杂化，空间构型为三角锥形，所以易溶于极性 $H_2O$ 分子中。而 $CH_4$ 是非极性分子，C 原子采取等性 $sp^3$ 杂化，其空间构型为正四面体，所以不溶于极性 $H_2O$ 分子中。

**例 4-7**　$SiO_2$ 和 $CO_2$ 是化学式相似的两种共价化合物，为什么 $SiO_2$ 和干冰的物理性质差异很大？

**解**　因为 $SiO_2$ 属原子晶体，晶格结点上分别为 Si 和 O，微粒之间作用力是共价键，结合较牢；而干冰是 $CO_2$ 的固体形态，为分子晶体，晶格结点上为 $CO_2$ 分子，微粒之间相互作用力为分子间力，作用较弱，所以 $SiO_2$ 和干冰的物理性质差异很大。

**例 4-8**　确定 $ClF_3$ 分子的几何构型。

**解**　氯原子的价层电子对数 = (7 + 3)/2 = 5，因此，价层电子对的几何构型为三角双锥，配上 3 个氟原子时，有三种可能结构：

| $ClF_3$ 的结构 | a | b | c |
|---|---|---|---|
| 90°LP-LP 排斥作用数 | 0 | 1 | 0 |
| 90°LP-BP 排斥作用数 | 4 | 3 | 6 |
| 90°BP-BP 排斥作用数 | 2 | 2 | 0 |

**例 4-9**　在价层电子对互斥理论中，计算配位原子提供给中心原子的电子数时，为什么氧和硫原子为零，氮原子为 −1？

**解**　根据价层电子对互斥理论，决定共价分子或离子空间构型的主要因素是中心原子与配位原子之间所形成的 σ 键数和中心原子上的孤对电子数。π 键基本上不影响空间构型，只在一定程度上影响键角大小（包含有 π 键的键角较大）。氧和硫作为配位原子时，为了达到八隅体结构，它与中心原子通常有两种方式键合：

（1）与中心原子形成双键（一条 σ 键和一条 π 键）；

（2）中心原子提供一对电子给 O 或 S 原子形成配位键。其路易斯结构式可表示如下：

$$A::\overset{..}{B}:\qquad A:\underset{..}{\overset{..}{B}}:$$

式中，A 表示中心原子，B 表示 O 或 S 原子。

无论哪一种方式，中心原子都是提供两个价电子才形成一条σ键，在此 O 或 S 原子提供的电子数可看作 0。N 原子作为配位原子时，为了达到八隅体结构，它与中心原子形成三键（一条σ键和两条π键），这就相当于中心原子要提供 3 个电子才形成一条σ键，所以计算中心原子价电子对数时，中心原子的价电子数要减去一个。

# 第 4 章习题

## 一、选择题

1. 在薛定谔方程中，波函数 $\Psi$ 描述的是（　　）。

A　原子轨道　　B　几率密度

C　核外电子运动的轨迹　　D　核外电子的能量

2. 下列说法中错误的是（　　）。

A　副量子数 $l$ 决定原子轨道的形状

B　副量子数 $l$ 决定原子轨道的空间伸展方向

C　磁量子数 $m$ 决定原子轨道在空间伸展的方向

D　$2l+1$ 等于原子轨道的数目

3. 下列说法中错误的是（　　）。

A　$|\psi|^2$ 表示电子的几率

B　$|\psi|^2$ 表示电子的几率密度

C　$|\psi|^2$ 在空间分布的形象化图像称为电子云

D　$|\psi|^2$ 值小于 $\psi$ 值

4. 下列叙述中正确的是（　　）。

A　在一个多电子原子中，可以有两个运动状态完全相同的电子

B　在一个多电子原子中，不可能有两个能量相同的电子

C　在一个多电子原子中，M 层上的电子能量肯定比 L 层上的电子能量高

D　某一多电子原子的 3p 亚层上仅有两个电子，它们必然自旋相反

5. 下面几种描述核外电子运动的说法中，正确的是（　　）。

A　电子绕着原子核做圆周运动　　B　电子在离核一定距离的球面上运动

C　电子在核外一定的空间范围内运动　　D　现在还不能正确描述核外电子运动

6. 某原子轨道用波函数表示时，下列表示中正确的是（　　）。

A　$\psi_n$　　B　$\psi_{n,l}$　　C　$\psi_{n,l,m}$　　D　$\psi_{n,l,m,m_s}$

7. 决定核外电子运动状态的量子数为（　　）。

A　$n$，$l$　　B　$n$，$m$　　C　$n$，$l$，$m$　　D　$n$，$l$，$m$，$m_s$

8. 一组量子数 $n$，$l$，$m$ 不能决定（　　）。

A　电子的数目　　B　原子轨道的形状

C　原子轨道的数目　　D　原子轨道的能量

9. 对于原子核外的电子来说，下列各组量子数的组合中错误的是（　　）。

A　$n=3$，$l=2$，$m=0$，$m_s=+\frac{1}{2}$　　B　$n=2$，$l=2$，$m=-1$，$m_s=-\frac{1}{2}$

C　$n=4$，$l=1$，$m=0$，$m_s=-\frac{1}{2}$　　D　$n=3$，$l=1$，$m=-1$，$m_s=+\frac{1}{2}$

10. 对于原子核外的电子来说，下列各组量子数的组合中正确的是（　　）。

A　$n=3$，$l=2$，$m=3$，$m_s=+\frac{1}{2}$　　B　$n=2$，$l=1$，$m=-1$，$m_s=-\frac{1}{2}$

C　$n=4$，$l=1$，$m=2$，$m_s=-\frac{1}{2}$　　D　$n=3$，$l=1$，$m=-1$，$m_s=0$

11. 氢原子的原子轨道能量取决于量子数（　　）。

A　$n$　　B　$n$ 和 $l$　　C　$l$　　D　$m$

12. 多电子原子的原子轨道能量取决于量子数（　　）。

A　$n$　　B　$n$ 和 $l$　　C　$l$　　D　m

13. $n=3$、$l=2$ 时，$m$ 可取的数值有（　　）。

A　1 个　　B　3 个　　C　5 个　　D　7 个

14. $n=3$，$l$ 可取的数值有（　　）。

A　1 个　　B　3 个　　C　5 个　　D　7 个

15. 用量子数描述的下列亚层中，可以容纳电子数最多的是（　　）。

A　$n=2$，$l=1$　B　$n=3$，$l=2$　C　$n=4$，$l=3$　D　$n=5$，$l=0$

16. 如右图所示，正确的叙述是（　　）。

A　图形表示 $d_{x^2-y^2}$ 原子轨道的形状

B　图形表示 $d_{x^2-y^2}$ 原子轨道角度分布图

C　图形表示 $d_{x^2-y^2}$ 电子云角度分布图

D　图形表示 $d_{z^2}$ 原子轨道的形状

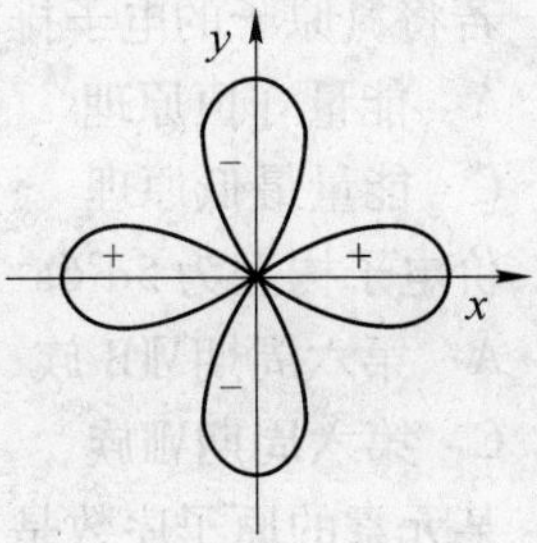


17. 当 $n=4$ 时，$m$ 的最大取值应当是（　　）。

A　4　　B　±3

C　±4　　D　3

18. 如右图所示，正确的叙述是（　　）。

A　图形表示 $d_{z^2}$ 原子轨道的形状

B　图形表示 $d_{z^2}$ 原子轨道角度分布图

C　图形表示 $d_{z^2}$ 电子云角度分布图

D　图形表示 $d_{x^2-y^2}$ 原子轨道的形状

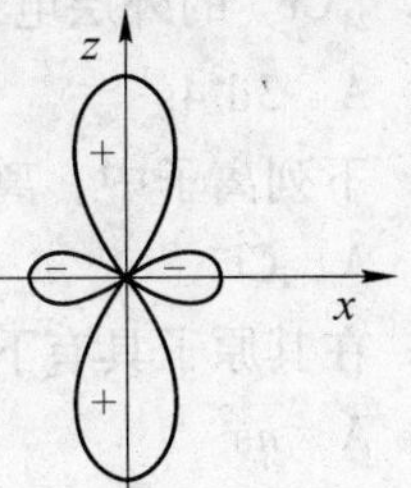


19. 下列有关电子云的叙述中，错误的是（　　）。

A　电子云形象地表示了电子在核外某处单位微体积内出现的概率

B　电子云形象地表示了电子在核外空间某处出现的概率密度

C　1s 电子云界面图是一个球面，表示在这个球面以外，电子出现的概率为零

D　电子云是电子运动的统计结果，它好像形成了一团带负电荷的云，包围在原子核

的外边

20. $n=4$ 时，电子填入各轨道的能级顺序为（　　）。

A　1s2s2p3s3p3d4s4p4d4f　　　　B　1s2s2p3s3p3d4s4p4d

C　1s2s2p2d3s3p3d4s4p4d　　　　D　1s2s2p3s3p4s3d4p

21. 对基态原子来说，在主量子数 $n=2$ 的电子层中，最多能容纳 8 个电子，所根据的原理是（　　）。

A　能量守恒原理　　　　B　Pauli（泡利）不相容原理

C　能量最低原理　　　　D　Hund（洪特）规则

22. 原子序数为 33 的元素，其原子在 $n=4$，$l=1$，$m=0$ 的轨道中电子数为（　　）。

A　1　　B　2　　C　3　　D　4

23. 某元素的原子最外层只有两个 $l=0$ 的电子，该元素在周期表中必定不属于（　　）。

A　s 区元素　　B　ds 区元素　　C　d 区元素　　D　p 区元素

24. $_{24}Cr$ 原子处于基态时，价层电子排布轨道图可表示为（　　）。

A　↑ ↑ ↑ ↑ ↑ (3d)　↑ (4s)　　　　B　↑ ↑ ↑ ↑ _ (3d)　↑↓ (4s)

C　↑ ↑ ↑ ↑↓ _ (3d)　↑ (4s)　　　　D　↑↓ ↑↓ _ _ _ (3d)　↑↓ (4s)

25. $_{26}Fe$ 原子的价层电子构型为（　　）。

A　$4s^2$　　B　$4s^24d^6$　　C　$3d^64s^2$　　D　$3s^23p^63d^6$

26. 若将氮原子的电子排布写成 $1s^22s^22p_x^22p_y^1$，它违背了（　　）。

A　能量守恒原理　　　　B　泡利不相容原理

C　能量最低原理　　　　D　洪特规则

27. 价电子构型为 $5d^66s^2$ 的元素在周期表中属于（　　）。

A　第六周期ⅦB 族　　　　B　第六周期ⅢB 族

C　第六周期Ⅷ族　　　　D　镧系元素

28. 某元素的原子序数是 48，它在周期表中属于（　　）。

A　s 区　　B　p 区　　C　d 区　　D　ds 区

29. $_{24}Cr^{3+}$ 的外层电子结构式为（　　）。

A　$3d^24s^1$　　B　$3d^34s^0$　　C　$3s^23p^63d^24s^1$　　D　$3s^23p^63d^3$

30. 下列离子中，离子半径最小的是（　　）。

A　$Cl^-$　　B　$Ca^{2+}$　　C　$Sc^{3+}$　　D　$Ti^{4+}$

31. 在其原子具有下列外层电子构型的元素中，第一电离能最小的是（　　）。

A　$ns^2$　　B　$ns^2np^3$　　C　$ns^2np^5$　　D　$ns^2np^6$

32. 根据下列数据：

电离能 $I/kJ\cdot mol^{-1}$

| 元素 | $I_1$ | $I_2$ | $I_3$ | $I_4$ |
|---|---|---|---|---|
| X | 500 | 4600 | 6900 | 9500 |
| Y | 580 | 1800 | 2700 | 11600 |

下列判断中错误的是（　　）。

A　元素 X 是 s 区元素

B　元素 Y 是 p 区元素

C　元素 X 与氯形成化合物时，化学式可能是 XCl

D　元素 Y 在化学性质上相似于锡

33. 在原子具有下列外层电子构型的各元素中，电负性最小的是（　　）。

A　$ns^2$　　B　$ns^2np^3$　　C　$ns^2np^4$　　D　$ns^2np^5$

34. 在同一周期中，原子的共价半径一般随原子序数的增加而减小，这是因为（　　）。

A　同一周期，电子层相同，作用在外层电子上的有效核电荷增加

B　外层电子数增加

C　在同一周期中，核电荷随原子序数增加而递增

D　原子质量增加

35. 下列元素第一电离能最大的是（　　）。

A　B　　B　C　　C　N　　D　O

36. 下列各电子亚层不可能存在的是（　　）。

A　8s　　B　6d　　C　5p　　D　2f

37. 下列离子中，离子半径的大小次序为（　　）。

A　$S^{2-} < Cl^- < K^+ < Ca^{2+}$　　B　$Cl^- < S^{2-} < K^+ < Ca^{2+}$

C　$K^+ < Ca^{2+} < Cl^- < S^{2-}$　　D　$Ca^{2+} < K^+ < Cl^- < S^{2-}$

38. 下列元素的电负性大小次序为（　　）。

A　S < N < O < F　　B　S < O < N < F

C　Na < Mg < Ca < Al　　D　Hg < Cd < Zn

39. 有 A、B、C 三种主族元素，若 A 元素阴离子与 B、C 元素阳离子具有相同的电子层结构，且 B 的阳离子半径大于 C，则这三种元素的原子序数大小次序是（　　）。

A　B < C < A　　B　A < B < C　　C　C < B < A　　D　B < A < C

40. 既存在离子键和共价键，又存在配位键的物质是（　　）。

A　$H_3PO_4$　　B　$Ba(NO_3)_2$

C　$[Cu(NH_3)_4]SO_4$　　D　NaF

41. 已知 $Cl_2$、$CCl_4$、$CBr_4$ 分子中各键长分别是 198pm、176pm、194pm，则 BrCl 分子中的键长约为（　　）。

A　187pm　　B　216pm　　C　185pm　　D　190pm

42. 下列叙述中正确的是（　　）。

A　$CH_4$、$CO_2$ 为非极性分子，$BCl_3$、$H_2S$ 为极性分子

B　$CH_4$、$H_2S$ 为非极性分子，$CHCl_3$、HCl 为极性分子

C　$CO_2$、$BCl_3$ 为非极性分子，$CHCl_3$、HCl 为极性分子

D　$BCl_3$、$H_2S$ 为非极性分子，HCl、$PCl_3$ 为极性分子

43. 下列叙述中错误的是（　　）。

A　杂化轨道普遍存在于由共价键和配位键形成的分子或离子中

B　$H_2$ 分子中不存在杂化轨道

C　$O_2$ 分子中不存在杂化轨道

D　$P_4$ 分子是由 $sp^3$ 杂化轨道成键而形成的

44. 下列物质中存在氢键的是（　　）。

A　HCl　　B　$H_3PO_4$　　C　$CH_3F$　　D　$C_2H_6$

45. 碘易升华的原因是（　　）。

A　分子间作用力大，蒸气压高　　B　分子间作用力小，蒸气压高

C　分子间作用力大，蒸气压低　　D　分子间作用力小，蒸气压低

46. 下列分子中不呈直线形的是（　　）。

A　$HgCl_2$　　B　$CO_2$　　C　$H_2O$　　D　$CS_2$

47. 下列 $AB_2$ 型分子中，具有直线形构型的是（　　）。

A　$CS_2$　　B　$NO_2$　　C　$OF_2$　　D　$SO_2$

48. 比较下列物质熔点，其中正确的是（　　）。

A　$MgO > BaO$　　B　$CO_2 > CS_2$　　C　$BeCl_2 > CaCl_2$　　D　$CH_4 > SiH_4$

49. 下列各物质中，分子间取向作用力最强的是（　　）。

A　$NH_3$　　B　CO　　C　$CO_2$　　D　$SO_3$

50. 对于下列各对分子，分子间存在的相互作用力类型最多的是（　　）。

A　Ar 和 $H_2O$　　B　$N_2$ 和 HBr　　C　HF 和 $H_2O$　　D　CO 和 $H_2S$

51. 能进行杂化的原子轨道的条件是（　　）。

A　空轨道　　B　d 轨道

C　s 轨道和 p 轨道　　D　能量相近的轨道

52. $NCl_3$ 分子的空间构型是（　　）。

A　三角锥形　　B　锯齿形　　C　正三角形　　D　直线形

53. 下列分子，其中心原子采用 $sp^3$ 不等性杂化的是（　　）。

A　$NH_3$　　B　$BaCl_2$　　C　$CCl_4$　　D　$SO_2$

54. 下列物质中，碳原子采用 $sp^2$ 杂化轨道的是（　　）。

A　金刚石　　B　石墨　　C　二氧化碳　　D　甲烷

55. 分子间的取向力存在于（　　）。

A　非极性分子间　　B　非极性分子和极性分子间

C　极性分子间　　D　任何分子间

56. 关于共价键的本性，下列叙述中正确的是（　　）。

A　主要是由于原子轨道的重叠　　B　由一个原子提供成对共用电子

C　两个离子之间瞬时偶极的相互作用　　D　正、负离子间的静电引力为主

57. 下列关于杂化轨道的叙述中正确的是（　　）。

A　凡是中心原子采用 $sp^3$ 杂化轨道成键的分子，都具有正四面体的空间构型

B　$sp^2$ 杂化是指同一原子的 1 个 *n*s 轨道和 2 个 *n*p 轨道混合组成的三个新原子轨道

C　凡 $AB_3$ 型分子，中心原子都采用 $sp^3$ 杂化轨道成键

D　$CH_4$ 分子中的 $sp^3$ 杂化轨道是由 H 原子的 1s 原子轨道和碳原子 3 个 p 轨道混合组成的

58. 下列物质中熔点最高的是（　　）。

A　NaCl　　B　$N_2$　　C　$NH_3$　　D　Si

59. 下列关于分子晶体的叙述中正确的是（　　）。

A　分子晶体中只存在分子间力

B　分子晶体晶格结点上排列的分子可以是极性分子或非极性分子

C　分子晶体中分子间力较弱，因此不能溶解于水

D　分子晶体在水溶液中不导电

60. 下列关于离子晶体的叙述中正确的是（　　）。

A　离子晶体的熔点是所有晶体中熔点最高的一类晶体

B　离子晶体通常均可溶于极性或非极性溶剂中

C　离子晶体中不存在单个小分子

D　离子晶体可以导电

61. 下列各种电子构型的正离子，其极化力和变形性均较小的是（　　）。

A　8 电子构型　　B　9 ~ 17 电子构型

C　18 电子构型　　D　18 + 2 电子构型

62. 下列离子中极化力最强的是（　　）。

A　$Mn^{2+}$　　B　$Fe^{3+}$　　C　$Ni^{2+}$　　D　$Cu^{+}$

63. 下列离子中极化力和变形性均较大的是（　　）。

A　$Al^{3+}$　　B　$Fe^{2+}$　　C　$Cd^{2+}$　　D　$Ni^{2+}$

64. 两组物质 a：MgO、CaO、SrO、BaO；b：KF、KCl、KBr、KI；每组中熔点最高的分别是（　　）。

A　BaO 和 KI　　B　CaO 和 KCl

C　SrO 和 KBr　　D　MgO 和 KF

65. 下列过程的 $\Delta H$ 在数值上等于晶格能的是（　　）。

A　$NaBr(s) \longrightarrow Na^{+}(s) + \frac{1}{2}Br_2(l)$　　B　$NaBr(s) \longrightarrow Na(g) + Br(g)$

C　$NaBr(s) \longrightarrow Na^{+}(g) + Br^{-}(g)$　　D　$NaBr(s) \longrightarrow Na(g) + \frac{1}{2}Br_2(g)$

66. 下列物质按晶格结点上粒子间作用力由小至大的顺序排列中，正确的是（　　）。

A　$H_2S < SiO_2 < H_2O$　　B　$H_2O < H_2S < SiO_2$

C　$H_2S < H_2O < SiO_2$　　D　$H_2O < SiO_2 < H_2S$

67. 下列说法中错误的是（　　）。

A　离子的电荷愈多、半径愈小，则离子键愈强，晶格能也愈大

B　离子键是指平均破坏 1 摩尔的气态离子键，生成气态原子所吸收的能量

C　具有电子层结构相同的离子，阳离子的半径总是小于阴离子半径

D　离子半径是离子化合物中离子核间距的一半

68. 说明 $CO_2$ 是非极性分子的正确说法是（　　）。

A　$CO_2$ 分子中存在极性共价键　　B　$CO_2$ 分子是结构对称的直线型分子

C　碳和氧之间是双重键　　D　$CO_2$ 的水化物是弱酸

69. 下列各组原子轨道的组合中，按给定方向能有效地组成 σ 键的是（　　）。

A　s-$p_z$ 沿 $x$ 轴方向　　B　s-$p_y$ 沿 $y$ 轴方向

C　$p_y$-$d_{xy}$沿 $x$ 轴方向　　D　$p_z$-$d_{yz}$沿 $y$ 轴方向

70. 在水分子之间存在的主要的作用力是（　　）。

A　氢键　　B　取向力　　C　色散力　　D　诱导力

71. 下列物质中，分子中不存在氢键的有（　　）。

A　$H_2O_2$　　B　$C_2H_5OH$　　C　$H_3BO_3$　　D　$CH_3CHO$

72. 下列分子中，极化率最大的是（　　）。

A　$H_2$　　B　$F_2$　　C　$Cl_2$　　D　$Br_2$

73. 氯化钠晶体的结构为（　　）。

A　四面体　　B　立方体　　C　八面体　　D　单斜体

74. 下列各组物质沸点高低顺序中正确的是（　　）。

A　$HI > HBr > HCl > HF$　　B　$H_2Te > H_2Se > H_2S > H_2O$

C　$NH_3 > AsH_3 > PH_3$　　D　$CH_4 > GeH_4 > SiH_4$

75. 某元素的原子序数小于36，其原子失去2个价电子后，量子数 $l = 2$ 的亚层刚好半充满，该元素是（　　）。

A　Cr　　B　Fe　　C　Mn　　D　As

76. 一基态原子的第四电子层只有2个电子，则该原子的第三电子层电子数可能为(　　)。

A　8　　B　8～18　　C　18　　D　18～32

77. 对右图所示，正确的叙述是（　　）。

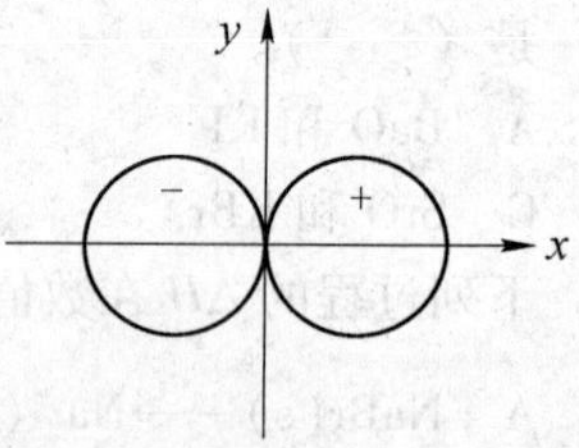


A　图形表示 $p_x$ 原子轨道的形状

B　图形表示 $p_x$ 原子轨道角度分布图

C　图形表示 $p_x$ 电子云角度分布图

D　图形表示 $p_x$ 原子轨道的形状

78. 下列离子中极化率最小的是（　　）。

A　$Cl^-$　　B　$F^-$　　C　$Br^-$　　D　$I^-$

79. 下列分子中呈三角锥形的是（　　）。

A　$BCl_3$　　B　$CO_2$　　C　$H_2O$　　D　$PH_3$

80. 下列分子中，变形性最小的是（　　）。

A　$H_2$　　B　$F_2$　　C　$Cl_2$　　D　$Br_2$

81. 下列分子中，变形性最大的是（　　）。

A　$H_2$　　B　$F_2$　　C　$Cl_2$　　D　$I_2$

82. 下列化合物中，极化作用结果最大的是（　　）。

A　ZnS　　B　HgS　　C　CdS　　D　CaS

83. 下列各组物质沸点高低顺序中正确的是（　　）。

A　$HI > HBr > HCl > HF$　　B　$H_2O > H_2Te > H_2Se > H_2S$

C　$AsH_3 > PH_3 > NH_3$　　D　$CH_4 > GeH_4 > SiH_4$

84. 一基态原子的第七电子层只有2个电子，则该原子的第六电子层电子数可能为(　　)。

A 8　　　　B 18　　　　C 8 ~ 18　　　　D 18 ~ 32

## 二、填空题

1. A、B 两元素的原子仅差一个电子，A 是原子量最小的活泼金属元素，B 却是很不活泼的元素，则 A 为______元素，B 为______元素。
2. 气态时 $Ti^{2+}$、$Ti^{3+}$、Ti 中半径最大的是______；电离出第一个电子所需能量最大的是______；气态时 $F^-$、$O^{2-}$、$Na^+$ 中半径最大的是______；电离出第一个电子所需能量最大的是______。
3. 47 号元素 Ag 的电子结构是______________，它属于______周期______族；$Ag^+$ 的电子结构是______________。
4. 预测 113 号元素原子的电子层结构为______________________，该元素在周期表中位于______周期________族。
5. 描述 $5d^1$ 电子运动状态时可用的 4 个量子数为______________。
6. 造成第三过渡元素原子半径和第二过渡元素原子半径相接近的原因是______。

## 三、问答题

1. 写出 24 号和 47 号元素的名称、符号、电子排布式，说明其所在的周期和族。
2. 元素 A 在 $n=5$，$l=0$ 的轨道上有一个电子，它的次外层 $l=2$ 的轨道上电子处于全充满状态，而元素 B 与 A 处于同一周期中，若 A、B 的简单离子混合则有难溶于水的黄色沉淀 AB 生成。

   (1) 写出元素 A 及 B 的核外电子分布式、价层电子构型。

   (2) A、B 各处于第几周期第几族？是金属还是非金属？

   (3) 写出 AB 的化学式。
3. 周期系中哪一个元素的电负性最大？哪一个元素的电负性最小？周期系从左到右和从上到下元素的电负性变化呈现什么规律？为什么？
4. 有 A、B、C、D 四种元素。其中 A 为第四周期元素，与 D 可形成 1∶1 和 1∶2 原子比的化合物。B 为第四周期 d 区元素，最高氧化数为 7。C 和 B 是同周期元素，具有相同的最高氧化数。D 为所有元素中电负性第二大元素。给出四种元素的元素符号，并按电负性由大到小排列。
5. 有 A、B、C、D、E、F 六种元素，试按下列条件推断各元素在周期表中的位置、元素符号，给出各元素的价电子构型。

   (1) A、B、C 为同一周期活泼金属元素，原子半径满足 A > B > C，已知 C 有 3 个电子层。

   (2) D、E 为非金属元素，与氢结合生成 HD 和 HE。室温下 D 的单质为液体，E 的单质为固体。

   (3) F 为金属元素，它有 4 个电子层并且有 6 个单电子。
6. σ 键可由 s-s、s-p 和 p-p 原子轨道“头碰头”重叠构建而成，试讨论 LiH（气态分子）、HCl、$Cl_2$ 分子里的 σ 键分别属于哪一种？
7. 考察 HCl、HBr、HI 的色散力、取向力、诱导力以及它们构成的范德华力的顺序，并作出解释。

8. 评论下列说法的正确性，并举出必要的例子：

（1）所有高熔点的物质都是离子型的；

（2）沸点随着分子量的增加而升高；

（3）将离子型固体物质与水一起搅拌可以得到良导电性溶液。

9. 回答下列问题：

（1）写出原子序数为32的元素的核外电子排布式、元素符号、元素名称以及此元素在周期表中的位置。

（2）试用四个量子数分别表示这个元素原子最外层各价电子的核外运动状态。

| 最外层各价电子 | $n$ | $l$ | $m$ | $m_s$ |
|---|---|---|---|---|
| | | | | |

10. 什么是元素的电负性？元素的电负性在周期表中呈现怎样的递变规律？请按电负性减小的顺序排列下列元素：Be、B、Mg、Al。

11. 某些元素其原子最外层有两个电子，次外层有13个电子，这些元素在周期表中是哪一族？最高正价是多少？是金属还是非金属元素？写出它们的元素符号及名称。

12. 第二周期各元素的第二电离能数据如下：

| 元素 | Li | Be | B | C | N | O | F | Ne |
|---|---|---|---|---|---|---|---|---|
| $I_2$/kJ · mol$^{-1}$ | 7298 | 1757 | 2427 | 2353 | 2856 | 3388 | 3374 | 3952 |

指出上述电离能的变化趋势并作出解释。

13. 什么是轨道杂化？什么是杂化轨道？什么是等性杂化？什么是不等性杂化？主要的杂化轨道及其空间构型有哪些？

14. 为什么不把氢键归为化学键的一类？氢键不是共价键，为什么它也有方向性和饱和性？

15. C和Si是同一族元素，为什么$CO_2$形成分子晶体，而$SiO_2$却是原子晶体？

# 第5章　单质与无机化合物

## 知识要点

### 一、单质的性质

1. 物理性质

单质的晶体结构变化规律：同一周期从左至右，由典型的金属晶体向分子晶体过渡，其间出现原子晶体、层状或链状等过渡型晶体。

单质的物理性质变化规律：一般来说，单质的熔点、沸点和硬度，同周期相比是中间大两端小。对于短周期来说，ⅣA族最大；对于长周期而言，ⅥB族附近最大。

s区：由于原子半径较大，晶体中金属键较弱，所以它们的密度小、熔点低、硬度小，属于轻金属、低熔金属和软金属。由于同周期元素自左至右，原子半径减小，所以同周期的ⅡA族与ⅠA族相比，熔点、沸点较高，密度、硬度较大。

d区：由于原子半径较小，有效核电荷较大，且能参加成键的电子数较多；从左至右，未成对的d电子数逐渐增多，增加了金属键和晶格能量，所以该区金属一般具有熔点、沸点高和硬度大的特点，尤其是ⅣB—ⅦB族金属。

ds区：对于同周期的ⅠB族与ⅡB族元素来说，ⅡB族的原子半径较大；ⅠB族元素的（$n-1$）d轨道刚填满，部分d电子能参加成键，保持着d区元素的特征，而ⅡB族元素的d电子难以参加成键，具有p区元素的特征，所以，ⅠB族金属偏向d区，熔点、沸点稍高，硬度略大；ⅡB族金属偏向p区，熔点、沸点低，硬度略小。

p区：右上方是非金属，其单质是分子晶体，熔点沸点一般很低；左下方是金属，它们的晶体结构有向分子晶体逐渐转变的趋势，因而它们的熔点、沸点和硬度在金属中是较低的，属于低熔金属；p区斜对角线和中部的一些单质，处于金属和非金属之间。

2. 化学性质

单质的化学性质通常表现为氧化还原性。单质的化学性质首先决定于组成元素的原子电子层结构以及原子半径等。其次，与分子结构、晶体结构有关。再次与反应进行的条件有关。

（1）金属单质的还原性。基本符合元素周期中金属性的递变规律。

1）与 $O_2$ 的作用：s区金属极易被氧化，除生成普通氧化物外，还可生成过氧化物和超氧化物。

$2Mg + O_2 = 2MgO$　　　　$4Li + O_2 = 2Li_2O$

$2Na + O_2 = Na_2O_2$（过氧化钠）　　　　$K + O_2 = KO_2$（超氧化钾）

p 区常见金属 Sn、Pb、Sb、Bi 都不甚活泼，在空气中无显著作用，只有 Al 较活泼，但由于生成致密氧化膜阻止了反应的继续进行；d 区及 ds 区金属，第 4 周期元素（Sc 除外）与 $O_2$ 常温下作用不显著。除ⅢB 族外，该区第 5、6 周期金属都很不活泼，与 $O_2$ 无明显作用。

2）与 $H_2O$ 的作用：主族中的活泼金属与水反应。通式：

$$M + nH_2O = M(OH)_n + \frac{n}{2}H_2 \uparrow$$

ⅠA 族反应剧烈，ⅡA 族程度次之，ⅢA 族的 Al 与水几乎不反应；d 区及 ds 区金属，除ⅢB 族的 Sc、Y 外，常温下都不与水作用，高温时部分与水反应。如：

$$3Fe + 4H_2O(g) = Fe_3O_4 + 4H_2 \uparrow$$

$$Zn + H_2O(g) = ZnO + H_2 \uparrow$$

3）与酸作用：$\varphi^\ominus$ 值为负的金属，一般都与非氧化性酸发生置换而放出氢气。s 区金属作用最剧烈；p 区金属作用程度次之；d 区及 ds 区金属，除铜外的多数第 4 周期金属能与酸作用。通式：

$$M + nH^+ = M^{n+} + \frac{n}{2}H_2 \uparrow$$

4）与碱作用：只有少数金属，如 Zn、Al、Sn、Ga、Pb、In 能和碱溶液作用，表现了它们向非金属过渡，它们的氧化物和氢氧化物具有两性性质。

（2）非金属单质的氧化还原性。绝大多数非金属单质既有氧化性又有还原性。活泼的非金属单质用作氧化剂，如 $F_2$、$O_2$；较不活泼的非金属单质用作还原剂，如 S、C；极不活泼的用作惰性介质，如 Ne、Ar。

## 二、无机化合物

1. 常见化合物的物理性质

（1）氯化物的熔点、沸点及其晶体结构。

同周期主族元素的氯化物，如：

| | NaCl | $MgCl_2$ | $AlCl_3$ | $SiCl_4$ |
|---|---|---|---|---|
| | 正离子电荷数增加，半径减小，极化作用增强 → | | | |
| 晶体类型 | 离子晶体 | 层状晶体 | 层状晶体 | 分子晶体 |
| | | （过渡型晶体） | | |
| 熔点/K | 1074 | 987 | 463（加压） | 203 |
| | 从左到右，依次降低 → | | | |

同一金属的不同氧化数的氯化物：一般的，高氧化数金属的氯化物比低氧化数金属氯化物的熔点、沸点要低些。

各区氯化物：

s 区除 $MgCl_2$、$BeCl_2$ 外，一般来说为离子晶体，熔点、沸点较高。

d 区及 ds 区为过渡型晶体，低氧化数金属氯化物易偏向离子型，熔点、沸点较高；高价氧化数金属氯化物易偏向分子型，熔点、沸点较低。

p 区的非金属氯化物大多为分子晶体，熔点、沸点低；p 区的金属氯化物一般为过渡型晶体，类似 d 区及 ds 区的氯化物，但更易偏向分子型，熔点、沸点低。

（2）氧化物的物理性质及其晶体结构。

一般规律（对普通氧化物），由于 $O^{2-}$ 离子半径小，不易被极化，所以，“正离子”极化作用弱时为离子型氧化物；“正离子”极化作用强时，相互极化的结果，变为共价型（分子型或原子型）氧化物。

金属性强的氧化物是典型的离子晶体，熔点、沸点较高，硬度较大。非金属的氧化物都是共价型化合物，多数在固态是分子晶体，熔点、沸点低；少数是原子晶体（如 $SiO_2$，熔点、沸点高、硬度大）以及过渡型晶体（如 $As_2O_3$）。金属性不太强的元素的氧化物大多是过渡型化合物，其中低氧化数的氧化物偏向离子型（如 MnO，熔点高，硬度较大），高氧化数的氧化物偏向共价型（分子晶体，如 $Mn_2O_7$）。

2. 常见无机化合物的化学性质

（1）氯化物的水解。氯化物（$RCl_x$）溶于水的行为有三种，即：难溶于水，不水解；溶于水、不水解；溶于水、同时水解。$Cl^-$ 离子的极化作用较小，所以正离子 $R^{x+}$ 与水分子的相互极化作用起了决定作用。

（2）氧化物及其水合物的酸碱性。

1）一般规律：

①同周期元素的最高氧化数的氧化物及其水合物，从左至右，碱性逐渐减弱，酸性逐渐增强。

②同族元素相同氧化数的氧化物及其水合物，从上至下，碱性逐渐增强，酸性逐渐减弱。

③同一元素不同氧化数的氧化物及其水合物，高氧化数比低氧化数的酸性要强。

2）碱性、两性、酸性氧化物及其水合物在元素周期表中的分布。

①形成碱性氧化物及其水合物的元素，一般是低氧化数（+1、+2、+3）的金属元素，主要在 s 区、d 区及 ds 区。

②形成两性氧化物及其水合物的元素，一般是中间氧化数（+2、+3、+4）的弱金属元素，主要在 p 区、d 区及 ds 区。

③形成酸性氧化物及其水合物的元素，一般是非金属元素和较高氧化数（+3 ~ +7）的弱金属元素，主要在 p 区、d 区。

3）R—O—H 模型。氧化物的水合物，不论其为酸性、碱性或两性，都可以看作是氢氧化物。如果 R 代表成碱或成酸元素，用 $x$ 表示元素 R 的氧化数，则可用一个通式 $R(OH)_x$ 来表示这种氢氧化物，如氧化钙、氧化铝和氧化硼的水合物分别表示为 $Ca(OH)_2$、$Al(OH)_3$、$B(OH)_3$。氧化硼的水合物通常表示为 $H_3BO_3$，但其结构式仍为

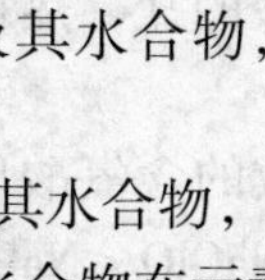


氧化物的水合物酸碱性变化规律，可以简单地用 R—O—H 模型来说明。

在 R—O—H 模型中，把 $R(OH)_x$ 化合物的电离分为酸式电离和碱式电离，如下图

所示

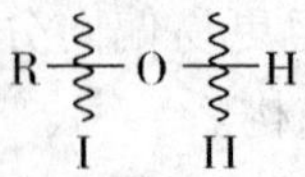

第一种离解方式是 R—O 键断裂（Ⅰ处），电离出 $OH^-$ 离子，化合物发生碱式电离；第二种离解方式是 O—H 键断裂（Ⅱ处），电离出 $H^+$ 离子，化合物发生酸式离解。

在 R—O—H 模型中，R、O、H 都被看作是离子。$R^{x+}$ 的电荷数越大，半径越小，则它与 $O^{2-}$ 之间的吸引力越大，它与 $H^+$ 之间的排斥力也越大，越易发生酸式解离，酸性越强。反之，易发生碱式电离，碱性越强。

4）鲍林规则：

规则 1，多元含氧酸相邻两级电离常数相差 $10^4 \sim 10^5$ 倍。

规则 2，通式为 $(HO)_mRO_n$ 的含氧酸，$n$ 值越大，酸性越强；$n$ 值越小，酸性越弱。$n=0$，为弱酸；$n=1$，为中强酸；$n=2$，为强酸；$n=3$，为极强酸。

（3）含氧酸及其盐的热稳定性。含氧酸盐的热稳定性可以用分解温度来衡量。分解温度越高，其热稳定越大。含氧酸盐的热稳定性有如下规律。

1）同一种元素的含氧酸，其正盐及酸式盐的热稳定性次序是：正盐 > 酸式盐 > 酸，例如，$Na_2CO_3 > NaHCO_3 > H_2CO_3$。

2）同一种元素含氧酸的正盐，金属离子不同时，盐的热稳定性次序是：碱金属盐 > 碱土金属盐 > 过渡金属盐 > 铵盐，例如，$Na_2CO_3 > CaCO_3 > ZnCO_3 > (NH_4)_2CO_3$。

3）同主族金属元素的同一种含氧酸的盐，热稳定性随金属原子半径增大而增大，例如，$MgCO_3 < CaCO_3 < SrCO_3 < BaCO_3$。

4）同一种元素的含氧酸，高氧化数的含氧酸比低氧化数的含氧酸稳定，它们相应的含氧酸盐的稳定顺序也是这样，例如，$NaClO < NaClO_2 < NaClO_3 < NaClO_4$。

5）含氧酸的热稳定性与其盐的热稳定性，一般来说有对应关系。酸较稳定，其盐也较稳定；酸不稳定，其盐也不稳定。例如：碳酸、硝酸、亚硝酸、重铬酸、高锰酸等热稳定性较差，其对应的盐都不稳定，易分解；而硫酸、磷酸的热稳定性很大，它们的盐都是难于分解的盐。

（4）含氧酸及其盐的氧化还原性。

1）硫的含氧酸及其盐。浓 $H_2SO_4$ 是一种强氧化性酸，加热时氧化性更显著，可以氧化许多金属和非金属，通常还原产物为 $SO_2$，当还原剂的还原性很强时，可被部分还原为 S 甚至 $H_2S$。

$$Cu + 2H_2SO_4(\text{浓}) = CuSO_4 + SO_2\uparrow + 2H_2O$$

$$H_2SO_4(\text{浓}) + 8HI = 4I_2 + H_2S\uparrow + 4H_2O$$

$$3Zn + 4H_2SO_4(\text{浓}) = 4S + 3ZnSO_4 + 4H_2O$$

稀硫酸的氧化性来自其 $H^+$ 离子。硫酸盐不具氧化性，除非成盐金属离子具有氧化性。

焦硫酸 $H_2S_2O_7$ 可以被看作是两硫酸分子失去一个水分子后的产物，它具有比浓 $H_2SO_4$ 更强的氧化性。但在水中，焦硫酸又变成硫酸。

在过二硫酸 $H_2S_2O_8$ 分子式中，S 的表观氧化数为 +7。所有的过二硫酸及其盐都是强氧化剂，其本身被还原为硫酸盐，如

$$2Mn^{2+} + 5S_2O_8^{2-} + 8H_2O \xrightarrow[\triangle]{AgNO_3} 2MnO_4^- + 10SO_4^{2-} + 16H^+$$

在亚硫酸（$H_2SO_3$）及其盐中，S 的氧化数是 +4，属于中间价态，所以亚硫酸及其盐既有氧化性又有还原性，但以还原性为主。在酸性条件下，亚硫酸及其盐既有一定氧化性，又显较弱的还原性，但在碱性条件下则显强还原性。

硫代硫酸（$H_2S_2O_3$）非常不稳定，但硫代硫酸盐是相当稳定的。$S_2O_3^{2-}$ 离子中的两个硫原子的平均氧化数是 +2，因而，$Na_2S_2O_3$ 具有一定的还原性。

碘单质可以定量地将 $Na_2S_2O_3$ 氧化成连四硫酸钠 $Na_2S_4O_6$

$$2Na_2S_2O_3 + I_2 = Na_2S_4O_6 + 2NaI$$

此反应广泛用于分析化学，用以测定 $I_2$ 或间接测定其他氧化性物质的含量。

$$\xrightarrow{\text{氧化性减弱,还原性增强}}$$

$$H_2S_2O_8 \quad H_2S_2O_7 \quad H_2SO_4 \quad H_2SO_3 \quad H_2S_2O_3$$

$$\xleftarrow[\text{氧化性增强,还原性减弱}]{}$$

2）氮和磷的含氧酸及其盐。N 的含氧酸有两种，即硝酸（$HNO_3$）和亚硝酸（$HNO_2$），均具有氧化性。由于硝酸分子中 N 处于最高氧化态，加之不稳定易分解放出 $NO_2$ 和 $O_2$，所以 $HNO_3$ 具有很强的氧化性，能与众多的金属和非金属反应，反应产物与硝酸浓度及还原剂的还原能力有关。$HNO_2$ 或 $NO_2^-$ 既具有氧化性又有还原性，且以氧化性为主。

磷的各种含氧酸在酸性和碱性介质中都不显氧化性。

磷酸（$H_3PO_4$）是不挥发的三元中强酸，无氧化性也无还原性。

亚磷酸（$H_3PO_3$）是二元中强酸，还原性较强，能还原中等强度的氧化剂，而自身被氧化成 $H_3PO_4$，如

$$H_3PO_3 + 2Ag^+ + H_2O = H_3PO_4 + 2Ag + 2H^+$$

次磷酸（$H_3PO_2$）是一元中强酸，次磷酸及其盐的还原性极强，能还原一些具有弱氧化性的金属离子，如

$$H_3PO_3 + Ni^{2+} + 2H_2O = H_3PO_4 + Ni + 2H^+$$

因而，次磷酸盐主要用于化学镀，例如在金属、塑料等表面镀银或镍等。

3）氯的含氧酸及其盐。氯、溴、碘可与氧分别形成次卤酸 HXO、亚卤酸 $HXO_2$、卤酸 $HXO_3$ 和高卤酸 $HXO_4$（高碘酸 $H_5IO_6$），并生成相应的含氧酸盐。其中具有较多实际用途的是氯的各种含氧酸。

氯的各种含氧酸及其盐均是较强的氧化剂，其氧化性依 Cl 的氧化数增加而降低。

$$\xrightarrow{\text{酸性、稳定性增强,氧化性减弱}}$$

$$HClO \quad HClO_2 \quad HClO_3 \quad HClO_4$$

$$NaClO \quad NaClO_2 \quad NaClO_3 \quad NaClO_4$$

$$\xrightarrow[\text{稳定性增强,氧化性减弱}]{}$$

次氯酸很不稳定，具有强氧化性，漂白粉的漂白作用即缘于其中强氧化剂次氯酸钙。

冷的稀 $HClO_4$ 水溶液氧化性比 $HClO_3$ 弱，无明显氧化能力。热的浓 $HClO_4$ 水溶液则氧化性很强，是强氧化剂，常用于消解复杂的矿物或稳定有机物。

4）过渡金属的含氧酸及其盐。过渡金属的含氧酸盐中常见的是铬酸盐和高锰酸盐。$KMnO_4$ 是最常用的氧化剂之一，其氧化能力和还原产物因介质的酸碱度不同而有很大差异，在酸性条件下被还原为 $Mn^{2+}$，碱性条件下被还原为 $MnO_4^{2-}$，中性条件下则被还原为 $MnO_2$。

铬酸盐在碱性介质中无氧化性，在酸性介质中转化为重铬酸盐，如 $K_2Cr_2O_7$ 具有较强的氧化性，本身被还原为绿色的 $Cr^{3+}$。

## 例题分析

**例 5-1** S 的最高氧化数为 +6，但在过二硫酸（$H_2S_2O_8$）中，S 的氧化数为 +7，试解释。

**解** 根据过二硫酸的分子结构式

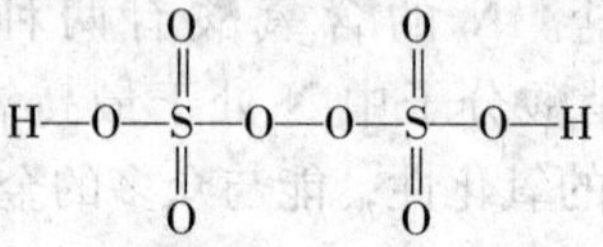

处于分子结构中心过氧键的两个 O 原子的氧化数为 -1，其余 6 个 O 原子的氧化数为 -2。据此计算，两个 S 原子的氧化数为 +6。在计算 $H_2S_2O_8$ 中的 S 的氧化数时，把 8 个氧原子的氧化数都算作 -2，得出 S 原子的氧化数是 +7。而实际上，S 的氧化数仍然是 +6。

**例 5-2** 试设计一个试验，证明 NaH 中的氢是负离子。

**解** 如果 NaH 是离子型化合物，则在熔化时变成 $Na^+$ 和 $H^-$。电解熔融的 NaH，在阳极将产生氢气。

$$2H^- \xlongequal{\quad} H_2 + 2e$$

**例 5-3** C 和 O 的电负性相差较大，但 CO 分子的偶极矩却很小。

**解** 对于双原子分子，一般来说，组成元素的电负性相差越大，则化学键的极性越大，分子的偶极矩越大。在 CO 分子中，C 与 O 间的化学键为三键，1 个 σ 键，2 个 π 键。

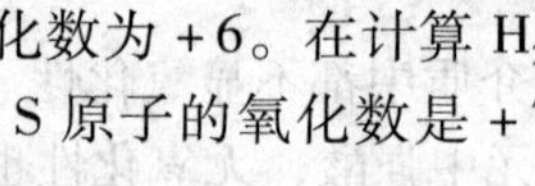

其中 1 个 π 键是配位键，成键电子对由 O 原子单独提供。由于此 π 配位键的存在，使电负性大的 O 原子周围电子密度降低，使碳氧键的极性降低，造成 CO 偶极矩很小。

**例 5-4** 以 R—O—H 模型解释 $Al(OH)_3$ 为两性。

**解** 根据 R—O—H 模型，氧化物的水合物 $R(OH)_x$ 中，$R^{x+}$ 的电荷越高，半径越小，越容易进行酸式电离，酸性越强；反之，越容易进行碱式电离，碱性越强。

碱金属和碱土金属离子，电荷低、半径大，金属离子和 $O^{2-}$ 之间的引力小于 $H^+$ 和 $O^{2-}$ 之间引力，易进行碱式电离；非金属元素和高价金属元素的离子，电荷高、半径小，

其与 $O^{2-}$ 之间的引力大于 $H^+$ 和 $O^{2-}$ 之间引力，易进行酸式电离。$Al^{3+}$ 的电荷和离子半径居于中间水平，$Al^{3+}$ 和 $O^{2-}$ 之间的引力，与 $H^+$ 和 $O^{2-}$ 之间的引力相当，既能进行碱式电离，也能进行酸式电离，因而，$Al(OH)_3$ 具有两性。

**例 5-5** 解释下面现象。

（1）干燥的硅胶为蓝色，吸水后变成粉红色，在烘箱中烘干后又变为蓝色。

（2）铅易溶于浓盐酸，而难溶于稀盐酸。

**解** （1）在硅胶中添加 $CoCl_2$，是为了通过颜色显示硅胶干燥能力的大小。无水氯化钴因形成 $Co[CoCl_4]$ 而显蓝色，因此干燥的硅胶显蓝色。当硅胶吸水后，$Co[CoCl_4]$ 亦因吸水而转变为粉红色的水合物，反应如下

$$\underset{\text{蓝色}}{Co[CoCl_4]} + 12H_2O \rightleftharpoons \underset{\text{粉红色}}{2CoCl_2 \cdot 6H_2O}$$

吸水的硅胶在烘干过程中失去水分，粉红色的水合氯化钴也因失水而重新形成蓝色的 $Co[CoCl_4]$。

（2）Pb 比 H 活泼，可被 $H^+$ 离子氧化成 $Pb^{2+}$。但在稀盐酸中，$Pb^{2+}$ 与 $Cl^-$ 生成 $PbCl_2$ 沉淀，附着在铅的表面，阻止反应进行。所以铅难溶于稀盐酸。

在浓盐酸中，$PbCl_2$ 与高浓度的 $Cl^-$ 生成可溶性的配合物而溶解，

$$PbCl_2(s) + 2Cl^- = [PbCl_4]^{2-}$$

因而，铅能溶解在浓盐酸中。

**例 5-6** 下面框图每一单个字母都代表一种单质或化合物。D 为淡黄色固态单质，I 为 A 离子的棕色沉淀。推断 A ~ J 各代表什么物质并写出反应①、②和③的方程式。

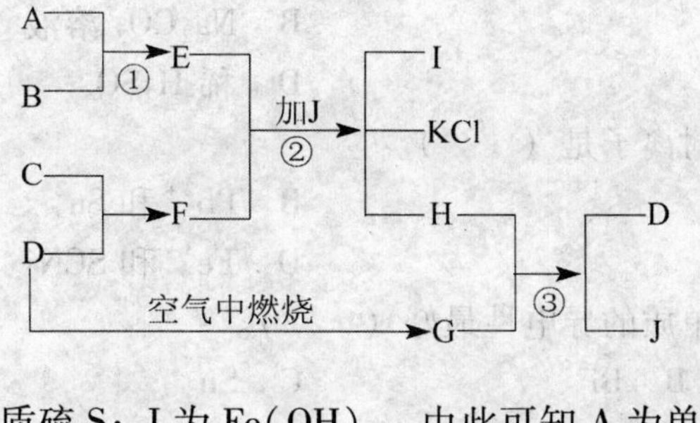


**解** 依题意，D 为单质硫 S；I 为 $Fe(OH)_3$，由此可知 A 为单质 Fe。

硫在空气中燃烧生成 $SO_2$，可知 G 为 $SO_2$。经过反应③，$SO_2$ 被还原为单质 S，推知 H 为 $H_2S$，则 J 为 $H_2O$。

E 和 F 加水的反应②中有 KCl 生成，则 B、C 必定含有 K 和 Cl 元素。由于 A、D 是单质，推知 B、C 也是单质，为金属钾和氯气。A 为金属，B 不能为金属，应为 $Cl_2$，C 为金属 K。则 E 为 $FeCl_3$，F 为 $K_2S$。

① $2Fe + 3Cl_2 = 2FeCl_3$

② $2FeCl_3 + 3K_2S + 6H_2O = 2Fe(OH)_3\downarrow + 3H_2S\uparrow + 6KCl$

③ $SO_2 + 2H_2S = 3S\downarrow + 2H_2O$

| A | B | C | D | E | F | G | H | I | J |
|---|---|---|---|---|---|---|---|---|---|
| Fe | $Cl_2$ | K | S | $FeCl_3$ | $K_2S$ | $SO_2$ | $H_2S$ | $Fe(OH)_3$ | $H_2O$ |

# 第5章习题

## 一、选择题

1. 第一过渡系元素是指（　　）。

A　第四周期过渡元素　　B　第五周期过渡元素

C　镧系元素　　D　锕系元素

2. 把 Fe、Cu、$FeCl_2$、$FeCl_3$、$CuCl_2$、$AgNO_3$ 的溶液放在同一容器内，反应结束后铁有剩余，则容器内可能还有（　　）。

A　Cu、$Fe^{2+}$　　B　Cu、$Fe^{3+}$　　C　$Fe^{2+}$、$Fe^{3+}$　　D　Cu、$Cu^{2+}$

3. 下列氯化物中能溶于有机溶剂的是（　　）。

A　LiCl　　B　NaCl　　C　KCl　　D　$CaCl_2$

4. 下列金属单质中哪种单质的硬度最大（　　）。

A　Cu　　B　Cr　　C　W　　D　Mo

5. 与银反应能置换出氢气的稀酸是（　　）。

A　硫酸　　B　盐酸　　C　硝酸　　D　氢碘酸

6. 下列金属单质中哪种单质的密度最大（　　）。

A　W　　B　Os　　C　Cu　　D　Re

7. $CrCl_3$ 溶液与下列物质作用时，既生成沉淀又生成气体的是（　　）。

A　Zn 粉　　B　$Na_2CO_3$ 溶液

C　NaOH 溶液　　D　稀 $H_2SO_4$

8. 能共存于溶液中的一对离子是（　　）。

A　$Fe^{3+}$ 和 $I^-$　　B　$Pb^{2+}$ 和 $Sn^{2+}$

C　$Ag^+$ 和 $PO_4^{3-}$　　D　$Fe^{3+}$ 和 $SCN^-$

9. 下列金属单质中哪种单质的导电性最好（　　）。

A　Ag　　B　Bi　　C　Sn　　D　Al

10. 欲除去 $ZnSO_4$ 溶液中少量 $CuSO_4$ 的最佳试剂是（　　）。

A　$Na_2CO_3$　　B　NaOH　　C　$Na_2S$　　D　锌粉

11. ⅡB 族元素与ⅡA 族元素相同的是（　　）。

A　氧化数为 +2 的离子都是无色的　　B　离子的极化力都很强

C　盐类都易发生水解　　D　氢氧化物都很稳定

12. 在水溶液中，下列反应不能正向进行的是（　　）。

A　$Sn^{4+} + Sn = 2Sn^{2+}$　　B　$2Fe^{3+} + Fe = 3Fe^{2+}$

C　$Cu^{2+} + Cu = 2Cu^+$　　D　$Hg^{2+} + Hg = Hg_2^{2+}$

13. 要洗净长期盛放过高锰酸钾试液的试剂瓶，应选用（　　）。

A　浓硫酸　　B　硝酸　　C　稀盐酸　　D　浓盐酸

14. 四位同学给出了四种酸性溶液中共存离子（离子浓度均为常量）的定性分析报告，其中可能正确的是（　　）。

A　$K^+$，$NO_2^-$，$MnO_4^-$，$CrO_4^{2-}$　　B　$Fe^{2+}$，$Mn^{2+}$，$SO_4^{2-}$，$Cl^-$

C　$Fe^{3+}$，$Co^{3+}$，$NO_3^-$，$Cl^-$　　D　$K^+$，$Na^+$，$Br^-$，$Cr_2O_7^{2-}$

15. 将 $H_2O_2$ 加入 $H_2SO_4$ 酸化的 $KMnO_4$ 溶液时，$H_2O_2$ 起的作用是（　　）。

A　氧化剂　　B　还原剂　　C　催化剂　　D　不反应

16. 金能够溶于下列何种溶液中（　　）。

A　浓 $H_2SO_4$　　B　浓 $HNO_3$　　C　浓 HCl　　D　王水

17. 下列物质中哪个是超氧化物（　　）。

A　$Na_2O_2$　　B　$BaO_2$　　C　$KO_2$　　D　$SO_3$

18. $H_2S$ 与 $SO_2$ 反应的主要产物是（　　）。

A　$H_2S_2O_3$　　B　S　　C　$H_2S_2O_4$　　D　$H_2SO_3$

19. 工业上制取 $SO_2$ 主要采用下列方法中的（　　）。

A　焙烧 $FeS_2$　　B　单质硫在空气中燃烧

C　亚硫酸盐与酸反应　　D　浓硫酸与铜反应

20. 下列含氧酸中不是一元酸的是（　　）。

A　$CH_3COOH$　　B　$H_3PO_2$　　C　$HNO_2$　　D　$H_3PO_3$

21. 可用于解释 $HNO_3$ 比 $HNO_2$ 的酸性强的理论是（　　）。

A　鲍林规则　　B　价键理论

C　杂化轨道理论　　D　分子轨道理论

22. 常温下能与水发生歧化反应的物质是（　　）。

A　$Cl_2$　　B　$F_2$　　C　Si　　D　C

23. 镧系元素常见的氧化数是（　　）。

A　+1　　B　+2　　C　+3　　D　+4

24. 下述含有非金属“X”的酸中，电离常数最大的是（　　）。

A　$HXO_4$　　B　$HXO_3$　　C　$HXO_2$　　D　HXO

25. 下列物质中哪个物质属于氢化物（　　）。

A　HCl　　B　$H_2O$　　C　NaH　　D　HF

26. $CaH_2$ 与水反应的产物中有（　　）。

A　$O_2$　　B　$H_2$　　C　Ca　　D　$H_2O_2$

27. 下列递变规律中，错误的是（　　）。

A　酸性：HClO > HBrO > HIO

B　酸性：$HClO_4 > HClO_3 > HClO$

C　氧化性：$HClO_4 > HClO_3 > HClO$

D　稳定性：$HClO_4 > HClO_3 > HClO$

28. 下列卤化物中哪个熔点最低（　　）。

A　NaF　　B　NaCl　　C　NaBr　　D　NaI

29. 下列含氧酸中，三元酸是（　　）。

A　$H_3PO_4$　　B　$H_3PO_2$　　C　$H_3PO_3$　　D　$H_3BO_3$

30. 下列卤化物中属分子型的化合物是（　　）。

A $NaCl$　B $MgCl_2$　C $FeCl_3$　D HF

31. 水煤气主要是下列哪种混合物（　　）。

A $CO+N_2$　B $CO+H_2$　C $CO+O_2$　D $CO+H_2O$

32. $SiCl_4$ 在潮湿空气中冒“白烟”，这是因为（　　）。

A $SiCl_4$ 不稳定而分解为 $Cl_2$ 和 Si

B $SiCl_4$ 发生水解，生成 $SiO_2$ 和 HCl 气体

C $SiCl_4$ 发生水解，生成 $H_4SiO_4$ 和 HCl 气体

D $SiCl_4$ 化学活性很大，被 $O_2$ 氧化为 $SiO_2$ 和 $Cl_2O$

33. 分子筛是一类多孔性的（　　）。

A 碱金属硅酸盐　B 碱金属铝酸盐

C 铝硅酸盐　D 硅烷衍生物

34. 下列各对元素中化学性质最相似的（　　）。

A Na，Mg　B Al，Si　C Be，Al　D H，Li

35. 电解食盐水溶液，在阴、阳电极上分别产生的是（　　）。

A 金属钠，氯气　B 氢气，氯气

C 氢氧化钠，氯气　D 氢氧化钠，氧气

36. 将 $BiCl_3$ 放在水中其产物是（　　）。

A $Bi(OH)_3$　B $Bi(OH)_2Cl$

C $Bi(OH)Cl_2$　D BiOCl

37. 下列各组离子中，用浓 NaOH 溶液处理后能进行分离的一组是（　　）。

A $Cu^{2+}$、$Cr^{3+}$　B $Zn^{2+}$、$Al^{3+}$

C $Cr^{3+}$、$Fe^{3+}$　D $Cu^{2+}$、$Zn^{2+}$

38. 将 $SbCl_3$ 放在水中其产物是（　　）。

A $Sb(OH)_3$　B $Sb^{3+}$　C $Sb(OH)_2Cl$　D SbOCl

39. 下列合金材料中可用作储氢材料的是（　　）。

A $LaNi_5$　B Cu-Zn-Al　C TiC　D $Fe_3C$

40. 下列叙述中错误的是（　　）。

A 氢原子可获得一个电子形成含 $H^-$ 的离子型化合物

B 氢与非金属形成的二元化合物均为共价型

C 氢原子与电负性大的元素间都可形成氢键

D 在某些化合物中，氢原子可以形成氢桥

41. 氢气与下列物质反应，氢气不作为还原剂的是（　　）。

A 单质硫　B 金属锂

C 四氯化钛　D 乙烯

42. 下列氯化物在室温下不水解的是（　　）。

A $PCl_3$　B $SnCl_2$　C $AlCl_3$　D $CCl_4$

43. 下列离子的碱强度最大的是（　　）。

A $ClO^-$　B $ClO_2^-$　C $ClO_3^-$　D $ClO_4^-$

44. 下列氯化物中哪个水解度最大（　　）。

A $MgCl_2$　B $BeCl_2$　C $SbCl_3$　D $FeCl_2$

45. 加热就能生成少量氯气的一组物质是（　　）。

A NaCl 和 $H_2SO_4$　B NaCl 和 $MnO_2$

C HCl 和 $Br_2$　D HCl 和 $KMnO_4$

46. 下列物质中哪个是酸性氧化物（　　）。

A $Na_2O$　B CaO　C FeO　D $NO_2$

47. 已知氯的第一电离能为 $1255kJ \cdot mol^{-1}$，下面热化学方程式中正确的是（　　）。

A $1/2Cl_2(g) = Cl^+(g) + e \quad I = 1255kJ \cdot mol^{-1}$

B $Cl_2(g) = 2Cl^+(g) + e \quad I = 2510kJ \cdot mol^{-1}$

C $Cl(g) = Cl^+(aq) + e \quad I = 1255kJ \cdot mol^{-1}$

D $Cl(g) = Cl^+(g) + e \quad I = 1255kJ \cdot mol^{-1}$

48. 下列氧化物中哪个熔点最高（　　）。

A $Na_2O$　B MgO　C $CO_2$　D $SO_2$

49. 在下列无机含氧酸中，其酸性强弱次序正确的（　　）。

A $H_2SO_4 > HClO_4 > H_3PO_4 > H_2SiO_3$

B $H_2SO_4 > HClO_4 > H_2SiO_3 > H_3PO_4$

C $HClO_4 > H_2SO_4 > H_3PO_4 > H_2SiO_3$

D $HClO_4 > H_3PO_4 > H_2SiO_3 > H_2SO_4$

50. $PCl_3$ 和水反应的产物是（　　）。

A $POCl_3$ 和 HCl　B $H_3PO_3$ 和 HCl

C $H_3PO_4$ 和 HCl　D $PH_3$ 和 HClO

51. 下列氧化物中哪个熔点最低（　　）。

A CaO　B MgO　C $CO_2$　D $SO_2$

52. 下列碳酸盐的热稳定性顺序正确的是（　　）。

A $CaCO_3 > K_2CO_3 > ZnCO_3 > (NH_4)_2CO_3$

B $ZnCO_3 > K_2CO_3 > CaCO_3 > (NH_4)_2CO_3$

C $K_2CO_3 > CaCO_3 > ZnCO_3 > (NH_4)_2CO_3$

D $CaCO_3 > K_2CO_3 > (NH_4)_2CO_3 > ZnCO_3$

53. 下列化合物中酸性最强的是（　　）。

A $H_2SiO_3$　B $H_3PO_4$　C $H_2SO_4$　D $HClO_4$

54. 下列物质分子中含有氢桥键的是（　　）。

A $B_2H_6$　B NaH　C $SiH_4$　D $C_2H_4$

55. 常用作耐火材料的氧化物是（　　）。

A 氧化锂　B 氧化镁　C 氧化钙　D 氧化钡

56. 下列氢氧化物中，既能溶于过量 NaOH 溶液，又能溶于氨水的是（　　）。

A $Ni(OH)_2$　B $Zn(OH)_2$

C $Fe(OH)_3$　D $Al(OH)_3$

57. 从矿石中湿法提取金的试液是（　　）。

A $Na_2S_2O_3$　B 浓 $HNO_3$　C 王水　D NaCN

58. 下列离子能与$I^-$发生氧化还原反应的是（　　）。

A　$Pb^{2+}$　　B　$Hg^{2+}$　　C　$Cu^{2+}$　　D　$Sn^{4+}$

59. 下列化合物中酸性最弱的是（　　）。

A　$HClO_4$　　B　$H_2SO_4$　　C　$HClO_2$　　D　HClO

60. 欲使软锰矿（$MnO_2$）转变为$K_2MnO_4$应选择的试剂是（　　）。

A　浓$HNO_3$　　B　$KClO_3(s)+KOH(s)$

C　$Cl_2$　　D　$O_2$

61. 下列各对原子中，未成对电子数最多的是（　　）。

A　Cr 和 Mn　　B　Zn 和 Cu　　C　V 和 Ti　　D　P 和 Cl

62. 下列离子在酸性溶液中还原能力最强的是（　　）。

A　$Co^{2+}$　　B　$Ni^{2+}$　　C　$Fe^{2+}$　　D　$Mn^{2+}$

63. 下列关于含氧酸酸性的比较结果中正确的是（　　）。

A　$HNO_3>HNO_2$　　B　$H_3PO_4<H_3AsO_3$

C　$H[BF_4]<H_3BO_3$　　D　$H_2SO_4>HClO_4$

64. 下列含氧酸盐中热稳定性最好的是（　　）。

A　$Na_2CO_3$　　B　$MgCO_3$　　C　$ZnCO_3$　　D　$(NH_4)_2CO_3$

65. 下列各组物质的性质递变顺序正确的是（　　）。

A　$FeCl_2<FeCl_3$（熔点）　　B　Pb(Ⅱ)>Pb(Ⅳ)(稳定性)

C　$Si<P_4$（硬度）　　D　Na>Al（密度）

66. 将1mol $P_4O_{10}$转变为正磷酸需（　　）mol 水。

A　2　　B　4　　C　6　　D　8

67. 下列关于$PH_3$的叙述中，错误的是（　　）。

A　它是一个平面分子　　B　它能通过$Ca_3P_2$水解制得

C　在室温下它是气体　　D　它是极性分子

68. 在下述溶解度大小的关系中，不正确的是（　　）。

A　AgF>AgCl　　B　$Ca(H_2PO_4)_2>CaHPO_4$

C　$NaHCO_3>Na_2CO_3$　　D　$Ba(OH)_2>Mg(OH)_2$

69. 石墨能够导电的原因是（　　）。

A　石墨是离子型晶体　　B　石墨晶体的层与层之间存在自由电子

C　石墨是金属型晶体　　D　石墨晶体的层内存在大π键

70. 下列灭火器中，最适于扑灭电器失火的是（　　）。

A　$CO_2$灭火器　　B　$CCl_4$灭火器

C　泡沫灭火器　　D　干粉灭火器

71. ⅥB族元素Cr、Mo、W三元素中，Mo和W之间的相似性大于它们与Cr之间的相似性，其原因是（　　）。

A　惰性电子对效应　　B　钻穿效应

C　屏蔽效应　　D　镧系收缩

72. 在Cr、S、$Mn^{2+}$、$Fe^{2+}$四种微粒中，未成对电子数由多到少的顺序是（　　）。

A　$Cr>Mn^{2+}>Fe^{2+}>S$　　B　$Mn^{2+}>Cr>Fe^{2+}>S$

C　$Cr > Mn^{2+} > S > Fe^{2+}$　　D　$S > Fe^{2+} > Mn^{2+} > Cr$

73. 下列化合物中，与盐酸作用没有氯气放出的是（　　）。

A　$Pb_2O_3$　　B　$Fe_2O_3$　　C　$Co_2O_3$　　D　$Ni_2O_3$

74. 某金属离子在八面体弱场中磁矩为5. 9 B. M.，在八面体强场中的磁矩不为零，则该离子可能是（　　）。

A　$Fe^{2+}$　　B　$Fe^{3+}$　　C　$Co^{2+}$　　D　$Co^{3+}$

75. 在氯的含氧酸中，酸性强弱次序正确的是（　　）。

A　$HClO > HClO_2 > HClO_3 > HClO_4$　　B　$HClO_3 > HClO_4 > HClO > HClO_2$

C　$HClO_4 > HClO_3 > HClO_2 > HClO$　　D　$HClO_2 > HClO_3 > HClO_4 > HClO$

76. 下列卤化物中，共价性最强的是（　　）。

A　LiI　　B　$BeI_2$　　C　RbCl　　D　CsF

77. $H_2S$ 水溶液久置后出现浑浊，其原因是（　　）。

A　见光分解　　B　受 $CO_2$ 影响　　C　形成多硫化物　　D　被空气氧化

78. 四个学生对一无色酸性未知溶液分别进行定性分析，报告检出离子如下，其中可能正确的是（　　）。

A　$PO_4^{3-}$，$SO_3^{2-}$，$Cl^-$，$NO_2^-$，$Na^+$

B　$PO_4^{3-}$，$SO_4^{2-}$，$Cl^-$，$NO_3^-$，$Na^+$

C　$PO_4^{3-}$，$S^{2-}$，$Cl^-$，$NO_2^-$，$Na^+$

D　$PO_4^{3-}$，$SO_3^{2-}$，$Cl^-$，$NO_3^-$，$Na^+$

79. 下列含氧酸根在酸性介质中氧化性最强的是（　　）。

A　$MnO_4^-$　　B　$Cr_2O_7^{2-}$　　C　$S_2O_8^{2-}$　　D　$ClO_4^-$

80. 1mol 下列各物质溶于 1L 水中，所得溶液的 $H^+$ 浓度最高的是（　　）。

A　$SO_3$　　B　$P_4O_{10}$　　C　HF　　D　$MgH_2$

81. 铝热法冶金的最重要依据是（　　）。

A　铝的亲氧能力　　B　铝是活泼金属

C　氧化铝有很高的生成焓　　D　铝的还原能力很强

82. 金属的化学活泼性随原子序数增加而增强，但下列哪一族例外（　　）。

A　ⅡA　　B　ⅢB　　C　ⅠB　　D　ⅢA

83. $BF_3$ 与 $NH_3$ 化合是它们之间形成（　　）。

A　氢键　　B　配位键　　C　大 π 键　　D　分子间力

84. 铍和铝是具有对角线相似性的一对元素，但下列相似性描述中不恰当的是（　　）。

A　氧化物都具有高熔点　　B　氯化物都是共价型化合物

C　能生成六配位的配合物　　D　既溶于酸又溶于碱

85. 某淡黄色固体含23%（质量分数）硼（B 的相对原子质量为 10. 81）和77%（质量分数）氯，它是从三氯化硼制得的。将 0. 0516g 此试样在69℃蒸发，蒸气在 2. 96kPa 时占有体积 $268cm^3$，试推断该化合物的化学式是（　　）。

A　$B_4Cl_4$　　B　$B_8Cl_8$　　C　$B_{12}Cl_{12}$　　D　$B_{16}Cl_{16}$

## 二、填空题

1. 按成键类型，氢化物被分为三类，分别是________、________、________。

2. 向 $FeCl_3$ 溶液中加入 $Na_2CO_3$，得到的是________、________、________。
3. 1mol $CaH_2$ 溶于水，得到________ mol 氢气，在常温、常压气体体积为________ L。
4. 金属卤化物水解，一般生成________和________；非金属卤化物水解，一般生成________和________。
5. 常见 Cl 元素的含氧酸有 4 种，它们是________，其中酸性最强的是________，氧化性最强的是________，它们的 Na 盐中，稳定性最好是________。
6. 工业上，制备活泼金属常用电解________或________的方法。还原法制备金属的常用还原剂包括________、________、________等。
7. 对比 HF、$H_2S$、HI 和 $H_2Se$ 的酸性，其中最强的酸是________，最弱的酸是________。
8. 写出制备氯气实验室制法与工业制法两个反应方程式，实验室制法________；工业制法________。
9. 根据离子极化理论可推测 $AuCl_3$ 的热稳定性比 AuCl 的热稳定性________，$PbCl_2$ 的热稳定性比 $PbCl_4$ 的热稳定性________。
10. 氟化铝的熔点比溴化铝的________，其中________较易溶于苯中。

## 三、解释下列现象

1. LiCl 能溶于有机溶剂，而 NaCl 不溶。
2. 碘难溶于水，却易溶于碘化钾溶液。
3. 硅单质的结构类似于金刚石，但其熔点、硬度却比金刚石差得多。
4. 在实验室中不能长时间地保存 $H_2S$、$Na_2S$、$Na_2SO_3$ 的水溶液。
5. 在水中，AgF 的溶解度大于 AgCl，而 NaF 的溶解度小于 NaCl。
6. $Al_2S_3$ 和 $Al_2(CO_3)_3$ 不能用湿法制得。
7. $H_3BO_3$ 是一元酸，$H_3PO_3$ 是二元酸。
8. 不能用加热 $AlCl_3 \cdot 6H_2O$ 的方法制备无水 $AlCl_3$。
9. 向烧红的炭火炉中泼少量水，瞬间炉火烧得更旺，随后火势减弱。
10. 磷酸 $H_3PO_4$ 中 P 的氧化数为 +5，亚磷酸 $H_3PO_3$ 中 P 的氧化数为 +3。磷酸和亚磷酸都是中强酸。

## 四、问答题

1. 在 101.3kPa、25℃时，1L 水可溶解 0.9L 体积的 $CO_2$ 气体。假定 $CO_2$ 在水中的溶解度与气相中 $CO_2$ 的分压成正比，并且溶于水后全部转化为 $H_2CO_3$。计算雨水降落过程中被 $CO_2$ 饱和后的 pH。

（空气中 $CO_2$ 体积分数为 0.03%，$H_2CO_3$ 的 $K_{a1}^{\ominus}=4.2\times10^{-7}$，$K_{a2}^{\ominus}=4.7\times10^{-11}$）

2. 室温下实验室用盐酸和 $MnO_2$ 制 $Cl_2$ 时，必须用浓盐酸。通过计算说明原因。

（已知：$\varphi^{\ominus}(MnO_2/Mn^{2+})=1.21V$，$\varphi^{\ominus}(Cl_2/Cl^-)=1.36V$）

3. 碳酸钙的分解温度为 910℃，但在空气中，在 530℃即开始分解。试通过热力学计算解释之。

（已知：25℃时，$CaCO_3 \xlongequal{} CaO + CO_2$，$\Delta H^{\ominus}=179.2kJ\cdot mol^{-1}$，$\Delta S^{\ominus}=160.2$

$J \cdot mol^{-1} \cdot K^{-1}$)

4. 在中性或酸性介质中，$Co^{3+}$ 可将 $H_2O$ 氧化为 $O_2$，但在碱性介质中，空气中的 $O_2$ 可将 $Co^{2+}$ 氧化为 $Co^{3+}$。试通过电化学计算解释之。
（已知：$\varphi^{\ominus}(Co^{3+}/Co^{2+}) = 1.87V$，$\varphi^{\ominus}(O_2/H_2O) = 1.23V$，$K_{sp}^{\ominus}[Co(OH)_3] = 1.6 \times 10^{-44}$，$K_{sp}^{\ominus}[Co(OH)_2] = 1.6 \times 10^{-15}$）

5. 在下面框图中，B 为黄绿色气体。试确定 A ~ G 各是什么物质，并写出反应①、②和③的方程式。

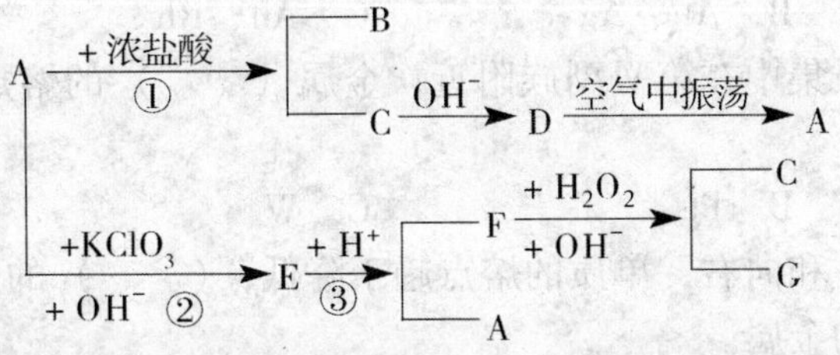


6. 氧化物 A 与浓盐酸反应溶液 B 和气体 C，C 通入 KI 溶液后有黑紫色晶体析出。取 3 份 B 溶液，第一份加入 KOH 溶液，生成粉红色沉淀；第二份加入浓氨水，得到土黄色溶液，放置则变为红褐色；第三份加入 KSCN 及少量丙酮时成蓝色溶液。写出有关反应式。

# 第6、7章习题

1. 下列气体为稀有气体的是（　　）。

A　$H_2$　　B　$O_2$　　C　He　　D　$Cl_2$

2. 能以单质存在于自然界中两种金属是（　　）。

A　Pt、Au　　B　Au、Ag　　C　Au、Rh　　D　Hg、Ru

3. 熔点较高的金属单质集中在第Ⅵ副族附近；金属（　　）的熔点为3410℃，是熔点最高的金属。

A　Au　　B　Pt　　C　W　　D　Y

4. 第Ⅵ副族的两侧向左和向右，单质的熔点趋于降低；（　　）的熔点为－38.842℃，是常温下唯一为液态的金属。

A　Hg　　B　Ta　　C　Ag　　D　Re

5. 硬度较大的金属也位于第Ⅵ副族附近，（　　）是硬度最大的金属（莫氏硬度为9.0），而位于第Ⅵ副族两侧的单质的硬度趋于减小。

A　Au　　B　Pt　　C　Cr　　D　Zn

6. 在工程上，可按金属的物理性质不同来划分金属。一般将密度小于（　　）的称为轻金属。

A　$5g \cdot cm^{-3}$　　B　$5.5g \cdot cm^{-3}$　　C　$6.4g \cdot cm^{-3}$　　D　$6.0g \cdot cm^{-3}$

7. 从第Ⅱ主族的碱土金属开始向右进入d区的副族金属，由于原子半径的逐渐减小，参与成键的价电子数的逐渐增加，以及原子核对外层电子作用力的逐渐增强，金属键的键能将逐渐（　　），因而熔点、沸点等逐渐（　　）。

A　增大，增高　　B　增大，降低　　C　减少，增高　　D　减少，降低

8. 金属中杂质的存在将使金属的电导率大为降低；温度的升高，通常能使金属的电导率下降，（　　）可以很好解释金属的导电性能。

A　金属键理论　　B　化合价理论　　C　分子晶体理论　　D　原子键理论

9. 一些不活泼的金属如铂、金需用王水溶解，铂与王水反应的平衡方程式中Pt前面的系数是（　　）。

A　4　　B　3　　C　2　　D　5

10. 在同一主族中自上而下，虽然核电荷数增加，但原子半径也增大，金属单质的还原性一般（　　）；而副族的情况较为复杂，单质的还原性一般（　　）。

A　增强，减弱　　B　增强，增强　　C　减弱，减弱　　D　减弱，增强

11. （　　）是在2000℃以上时唯一不被空气氧化的金属。

A　铱　　B　铂　　C　铑　　D　镍

12. 适合较低温度（0～300℃）测量的金属或合金是（　　）。

A　铜和康铜合金　　B　铂铑合金和铑

C　铂铑合金和铂　　D　镍铬和镍铝合金

13. 热的激发也可使某些s区金属逸出电子，所以阴极常由耐高温的金属如钨、钼（掺有

少量碳和硅等杂质）等制造的。但为了使热电子发射的温度不致太高而损耗阴极和耗费电能，常在阴极金属丝上涂覆一层碳酸钡（实际上常用碳酸钡和碳酸锶或碳酸钙的混合物），因为，当通电加热阴极时，碳酸盐将发生（　　）。

A　氧化　　B　还原　　C　分解　　D　歧化

14. 一般金属材料的电导率将随温度的下降而增大，而对某些纯金属或合金等有所例外，它们在某一特定的温度附近，其电导率将突然增至（　　），这种现象称为超导电性。

A　无穷小　　B　无穷大　　C　0　　D　100

15. 除温度对超导电性有影响外，外加磁场和通过电流的强度也会影响材料的超导电性。将处于超导态的材料置于一定强度的磁场中时，其磁感应强度将为（　　）。

A　10　　B　1　　C　0　　D　8

16. 稀有气体、卤素（氧族和氮族也基本如此）的熔点、沸点从上到下逐渐（　　），这与同族元素单质从上到下分子体积增大，从而色散力（　　）的方向相一致。

A　升高，增大　　B　升高，降低　　C　降低，增大　　D　降低，降低

17. 离子的电荷数越多，极化力越（　　）；离子的半径越小，极化力越（　　）。

A　强，弱　　B　强，强　　C　弱，强　　D　弱，弱

18. 随离子正电荷数的减少或负电荷数的增加，离子的变形性（　　）。随离子半径的增加，离子变形性（　　）。

A　增大，增大　　B　增大，减小

C　减小，增大　　D　减小，减小

19. $Si^{4+}$、$Al^{3+}$、$Mg^{2+}$、$Na^{+}$、$F^{-}$、$O^{2-}$的变形性正确的排列顺序是（　　）。

A　$Si^{4+} < Al^{3+} < Mg^{2+} < Na^{+} < F^{-} < O^{2-}$　　B　$Si^{4+} < Mg^{2+} < Al^{3+} < Na^{+} < F^{-} < O^{2-}$

C　$Si^{4+} < Al^{3+} < Na^{+} < Mg^{2+} < F^{-} < O^{2-}$　　D　$O^{2-} < Al^{3+} < Mg^{2+} < Na^{+} < F^{-} < Si^{4+}$

20. $F^{-}$、$Cl^{-}$、$Br^{-}$、$I^{-}$变形性的正确顺序是（　　）。

A　$F^{-} < Cl^{-} < Br^{-} < I^{-}$　　B　$F^{-} < Br^{-} < Cl^{-} < I^{-}$

C　$F^{-} < Cl^{-} < I^{-} < Br^{-}$　　D　$I^{-} < Cl^{-} < Br^{-} < F^{-}$

21. 硫单质能被浓硝酸氧化生成（　　）。

A　$SO_2$，$NO_2$，$H_2O$　　B　$H_2SO_4$，NO

C　$SO_3$，$NO_2$，$H_2O$　　D　$H_2SO_4$，$NO_2$

22. 对于氢气氧化还原性，下列描述正确的是（　　）。

A　只有还原性　　B　只有氧化性

C　既有氧化性，又有还原性　　D　既无氧化性也无还原性

23. 氢化钙可用作有效的干燥剂和脱水剂，这是利用氢化钙的（　　）。

A　还原性　　B　氧化性　　C　物理吸附性　　D　化学吸附性

24. 氯气与水作用生成盐酸和次氯酸，是典型的（　　）反应。

A　中和反应　　B　置换反应　　C　歧化反应　　D　沉淀反应

25. $KMnO_4$ 是一种常用的氧化剂，其氧化性的强弱与还原产物都与介质的酸度密切相关，在酸性介质中它是很强的氧化剂，氧化能力随介质酸性的（　　）而（　　），还原产物也（　　）。

A　增强，减弱，相同　　B　减弱，减弱，相同

C　增强，减弱，不同　　　　　　　　D　减弱，减弱，不同

26. 亚硝酸盐在酸性介质中主要表现为（　）。

A　氧化性　　　　　　　　　　　　B　还原性

C　氧化性、还原性　　　　　　　　D　既没有氧化性也没有还原性

27. 周期系各族元素最高价态的氧化物及其水合物，从左到右（同周期）酸性（　　），碱性（　　）。

A　增强，减弱　　　　　　　　　　B　减弱，减弱

C　增强，不变　　　　　　　　　　D　没有关系

28. 周期系各族元素最高价态的氧化物及其水合物，自上而下（同族）酸性（　　），碱性（　　）。

A　没有关系　　　　　　　　　　　B　减弱，减弱

C　增强，不变　　　　　　　　　　D　减弱，增强

29. 同一元素形成不同价态的氧化物及其水合物时，一般高价态的酸性比低价态的酸性要（　　）。

A　强　　　　B　弱　　　　C　一样　　　　D　无法比较

30. $HClO$、$HClO_2$、$HClO_3$、$HClO_4$ 四种物质的酸性由弱到强的顺序是（　）。

A　$HClO$、$HClO_2$、$HClO_3$、$HClO_4$　　　　B　$HClO_2$、$HClO$、$HClO_3$、$HClO_4$

C　$HClO$、$HClO_3$、$HClO_2$、$HClO_4$　　　　D　$HClO_4$、$HClO$、$HClO_2$、$HClO_3$

31. $Mn(OH)_2$、$Mn(OH)_3$、$Mn(OH)_4$、$H_2MnO_4$、$HMnO_4$ 的酸性由弱到强的顺序是(　　)。

A　$Mn(OH)_2 < Mn(OH)_3 < Mn(OH)_4 < H_2MnO_4 < HMnO_4$

B　$Mn(OH)_2 < Mn(OH)_3 < Mn(OH)_4 < HMnO_4 < H_2MnO_4$

C　$Mn(OH)_2 < Mn(OH)_4 < Mn(OH)_3 < H_2MnO_4 < HMnO_4$

D　$Mn(OH)_2 < Mn(OH)_3 < H_2MnO_4 < Mn(OH)_4 < HMnO_4$

32. 金属（　　）的氯化物在水中解离并水合，但不与水进一步发生反应，水溶液的 pH 值并不改变。

A　钡　　　　B　铁　　　　C　铝　　　　D　锌

33. 平常所说的水玻璃，就是指（　　）的水溶液。

A　硅酸镁　　　　B　硅酸钾　　　　C　硅酸钠　　　　D　硅酸钙

34. 半导体的导电是借（　　）载流子的迁移来实现的。

A　自由电子　　　　B　电子　　　　C　空穴　　　　D　电子和空穴

35. 非本征半导体（即杂质半导体）的电导率比不含杂质的本征半导体的要（　　）。

A　高　　　　B　低　　　　C　无法判断　　　　D　一样

36. 普通玻璃（又称为钠玻璃）是用石英砂、纯碱和石灰石共熔而制得的一种无色透明的熔体，这种熔体不是晶体，称作玻璃态物质，它（　　）。

A　熔点为45℃　　　　　　　　　　B　熔点为160℃

C　熔点为1500℃　　　　　　　　　D　没有一定的熔点

37. 耐火材料一般是指耐火温度不低于（　　），并在高温下能耐气体、熔融金属、熔融炉渣等物质侵蚀，而且有一定机械强度的无机非金属固体材料。

A 1580℃ B 1930℃ C 熔点为1240℃ D 800℃

38. Fe及FeO有加速CO分解（$2CO = CO_2 + C$）的催化作用，使耐火材料间隙中发生碳的沉积，会导致耐火材料强度下降而破碎。因此，这种抗渗碳砖耐火材料要求铁的氧化物的质量分数在（  ）以下。

A 5% B 4% C 3% D 1%

39. 分子筛的吸附有高选择性，它能阻止（  ）分子筛筛孔的小分子通过。

A 小于 B 大于 C 等于 D 不小于

40. 高分子化合物的相对分子质量虽然很大，但组成并不复杂，它们的分子往往都是由特定的结构单元通过（  ）多次重复连接而成的。

A 离子键 B 共价键 C 分子间力 D 范德华力

41. 聚氯乙烯的相对分子质量为（  ）万。

A 5～15 B 10～20 C 30～40 D 几百

42. 聚合度是衡量高分子化合物分子大小的一个指标，高分子化合物的聚合度通常都在（  ）以上。

A 1000 B 5000 C 500 D 10

43. 一般说来，分子链之间的作用力较大且链节旋转又较困难时，则高聚物的刚性（  ）。

A 较大 B 较小 C 不变 D 无规律

44. 高分子链中引入强极性基团，分子链间形成氢键或交联，以及聚合物的结晶度的提高等，都会使分子链间的作用力（  ），从而导致了$T_g$的（  ）。

A 增大，升高 B 增大，降低
C 减小，升高 D 增大，不变化

45. 若在高聚物分子链中引入较多的（  ）结构，可提高其热稳定性。

A 双键 B 羟基 C 醛基 D 芳环、杂环

46. 硅橡胶以硅氧链为主链，由于Si—O键能（$368kJ \cdot mol^{-1}$）较大，它有许多好的性能，但是它的（  ）较差。

A 耐热性 B 耐老化性 C 电绝缘性能 D 机械性能

47. 所谓纳米材料，是指由纳米颗粒构成的固体材料，其中纳米颗粒的尺寸最多不超过（  ）。

A 100nm B 1000nm C 100μm D 200nm

48. （  ）年美国总统克林顿在加州理工学院正式宣布一项新的国家研究计划——国家纳米技术计划（NNI）。

A 2000 B 1999 C 1997 D 1995

49. （  ）年，著名的诺贝尔奖获得者 Richard P. Feynman，在美国物理学会年会上做了一次主题为“窥究到底，空间还多得很!”的演讲，他以大英百科全书可以写在一根针头上为例，揭示了微小世界的理念，并预言如果我们对物体微小规模上的排列加以控制的话，就能使物体得到大量的异乎寻常的特性。

A 1959 B 1962 C 1971 D 1965

50. 一次能源也称天然能源。下面所列出的（  ）为一次能源。

A 原煤　　B 洗煤　　C 焦炭　　D 汽油

51. 二次能源也称人工能源。下面所列出的（　　）是二次能源。

A 原油　　B 天然气　　C 泥炭　　D 焦炭

52. 下面（　　）不是常规能源。

A 石油　　B 天然气　　C 煤　　D 生物能

53. 下面（　　）不是新能源。

A 太阳能　　B 地热能　　C 核能　　D 水

54. 由环境污染引起的温室效应是指地球表面变热的现象，温室效应主要是由于现代化工业社会过多燃烧煤炭、石油和天然气，这些燃料燃烧后放出大量的（　　）气体进入大气造成的。

A 二氧化碳　　B 氨气　　C 三氧化硫　　D 二氧化硫

55. 对于大气臭氧层破坏的原因，大多数人认为，人类过多地使用（　　）化学物质（用CFCs表示）是破坏臭氧层的主要原因。

A 二氧化碳　　B 氨气　　C 碳氢化合物　　D 氯氟烃类

56. 某钢质蒸汽锅炉重900kg，锅炉内装水400kg，若向锅炉和水的传热效率为70.0%，欲使其由10℃升温至100℃，需供（　　）热能。

（已知：钢和水的比热容分别是0.460kJ·$kg^{-1}$·$K^{-1}$和4.189kJ·$kg^{-1}$·$K^{-1}$）

A 150624kJ　　B 37260kJ　　C 187884kJ　　D 167360kJ

57. 对于56题，若1.00kg烟煤燃烧放热为28000kJ，则需此煤（　　）。

A 9.59kg　　B 6.71kg　　C 22.37kg　　D 8.26kg

58. 假设热的利用率为50.5%，燃烧200$dm^3$ 甲烷 $CH_4$（标准状态下）能使（　　）水从15℃升温至100℃。

（已知：甲烷燃烧热为890.0kJ·$mol^{-1}$）

A 9.5kg　　B 11.2kg　　C 46.7kg　　D 63.4kg

59. 5.00g焦炭燃烧使1.00kg的水从10℃升温至47℃，则1kg此焦炭的燃烧热值（　　）。

A $1.67 \times 10^5$kJ　　B $3.94 \times 10^4$kJ

C $3.09 \times 10^4$kJ　　D $1.55 \times 10^5$kJ

60. 原电池的开路电压（$U_K$）、工作电压（$U_G$）与电动势（$E$）数值大小的顺序为(　　)。

A $U_K > U_G > E$　　B $U_K < U_G < E$

C $E > U_K > U_G$　　D $E < U_K < U_G$

61. 焦炉气是煤干馏的重要产物，所含可燃气的热值高，其中可燃组分以（　　）和（　　）为最多。

A CO、$H_2S$　　B $CH_4$、$H_2$　　C $H_2S$、$H_2$　　D $H_2$、CO

62. 生物质在部分空气存在下进行有氧气化，所得产物气体组分中最多的是（　　）。

A CO、$N_2$　　B $CH_4$、$CO_2$　　C $H_2S$、$H_2$　　D $H_2S$、CO

63. 下列物质中不属于生物质能的是（　　）。

A 绿色植物　　B 化石燃料　　C 生活垃圾　　D 放射物质

64. 下列各叙述中不适用于氢能的是（　　）。

A　单位体积的热值高　　B　燃烧产物无污染

C　易于点燃　　D　资源丰富，取之不尽，用之不竭

65. 与一般的化学电源一样，燃料电池中氧化剂电极为正极，还原剂电极为负极，可作为正极的物质是（　　），可作为负极的物质是（　　）。

A　氢气、锂　　B　锂、氢气　　C　镁、氢气　　D　氧气、氢气

66. 太阳能电池材料有多晶硅、单晶硅、非晶硅、砷化镓等，其理论效率最低的是(　　)。

A　多晶硅　　B　单晶硅　　C　非晶硅　　D　砷化镓

67. 国际上（包括我国）已使用无铅汽油，油中的抗震剂多用（　　）。

A　二甲醚　　B　苯酚　　C　正丁醇　　D　甲基叔丁基醚

E　丁酮

68. 下列叙述中不适用于沼气的是（　　）。

A　清洁能源　　B　二次能源

C　会从沼泽中释放　　D　光合微生物发酵的产物

69. 煤的气化是在控制下将氧或含氧化合物（如 $H_2O$，$CO_2$ 等）通入高温煤层或焦炭中，发生有机物的部分氧化。其主要可燃成分是（　　）和（　　）。

A　CO、$H_2$　　B　$CH_4$、CO　　C　$H_2S$、$H_2$　　D　$H_2$、$CH_4$

70. 沼气发酵随原料和条件的不同，所得沼气的成分也有所变化，各成分中最主要的是（　　）（约10%）和（　　）（约30%）。

A　CO、$N_2$　　B　$CH_4$、$CO_2$　　C　$H_2S$、$N_2$　　D　$H_2O$、CO

71. 下列操作中不属于生物质液化范畴的是（　　）。

A　生物质干馏的挥发分合成汽油　　B　生物质干馏的液体产物精馏

C　植物种子榨油　　D　生物质厌氧发酵得沼气和沼液

72. 太阳能是指（　　）的能量。

A　由太阳发出的　　B　由太阳发出并辐射给地球

C　由太阳发出并由地球表面接受　　D　太阳照射到地球表面并由地球反射

73. 电解制氢在 NaOH 或 KOH 水溶液中进行，氢氧化物的作用是（　　）。

A　参与电解反应、提高导电性　　B　中和生成的 $H^+$

C　稳定电解电压　　D　沉淀由 $CO_2$ 生成的 $NaCO_3$

74. 碱性镉－镍和铁－镍蓄电池均以 NaOH 或 KOH 溶液为电解质，其作用为（　　）。

A　参加电池反应　　B　延长电池寿命

C　中和生成的 $H^+$　　D　提高电导率

75. 原油蒸馏中未能液化的成分称为石油气，它的主要成分为（　　）(除空气中的 $N_2$ 外)。

A　$C_5$ 以下的烷烃、烯烃　　B　$C_5$ 以上的烷烃、烯烃

C　CO　　D　$H_2$

76. 煤焦油是黑色黏稠油状流体，成分十分复杂，它们是医药、农药、染料、助剂的原料，其组分中基本是不含（　　）的。

A　乙烯　　B　苯　　C　酚　　D　萘

77. 下列能量形式转换不能直接实现的是（　　）。

A　核能→电能　　B　电能→机械能

C　电能→热能　　D　太阳能→电能

78. 下列金属中硬度最大的是（　　）。

A　K　　B　Cu　　C　Cr　　D　Zn

79. 下列金属中，熔点最高的是（　　）。

A　Fe　　B　W　　C　Ni　　D　Mo

80. 属于铁磁性的金属是（　　）。

A　Mn　　B　Ti　　C　Pb　　D　Co

81. 下列氧化物中常用 $H_2$ 还原的是（　　）。

A　Ti，Zr　　B　Cu，Ag　　C　V，Cr　　D　W，Mo

82. 工业上常用碳作还原剂还原所得的金属是（　　）。

A　K　　B　Mg　　C　Na　　D　Co

83. 适合电解精炼的金属是（　　）。

A　Ag　　B　Mg　　C　Ti　　D　Na

84. 炼钢过程是铁的（　　）。

A　先氧化，后还原　　B　先还原，后氧化

C　氧化过程　　D　还原过程

85. 渗碳体 $Fe_3C$　属于（　　）。

A　间隙固溶体　　B　取代固溶体

C　金属化合物　　D　机械混合物

86. 不属于铝和铝合金的特点的是（　　）。

A　在地壳中含量高　　B　密度大　　C　耐蚀性好　　D　强度高

87. 对半导体硅实施掺杂，则掺杂的硅属于（　　）。

A　n-型　　B　p-型　　C　取决于掺杂元素　　D　无法确定

88. 合成高技术晶体 BGO 的非关键技术是（　　）。

A　高纯原料　　B　精确配方

C　恒定温度　　D　短的反应时间

89. 陶瓷传感器目前的研究热点是（　　）。

A　显示化　　B　机械化　　C　集成化　　D　自动化

90. 水泥中最主要的成分是（　　）。

A　硅酸二钙　　B　硅酸三钙　　C　铝酸三钙　　D　铁铝酸四钙

91. 不属于氧化铝陶瓷特性的是（　　）。

A　易碎裂　　B　耐热　　C　抗氧化　　D　可加工磁性材料

92. 不属于线型高聚物的特性是（　　）。

A　塑性好　　B　弹性佳

C　在溶剂中溶解或“溶胀”　　D　加热到某一温度熔化前已分解

93. 高分子的柔顺性影响因素不正确的叙述是（　　）。

A　C—C 链比 C—O、Si—O 链好　　B　参与内旋转的单链数越多越好

C　交联度越大越好　　D　温度越高越好

94. 下列高聚物中，结晶性较好的是（　　）。

A　聚乙烯　　B　聚苯乙烯

C　聚甲基丙烯酸甲酯　　D　聚四氟乙烯

95. 不属于聚甲醛的特性是（　　）。

A　力学性能与铜、锌相似　　B　自润滑性好

C　耐酸碱　　D　耐磨性好

96. 颗粒复合材料中颗粒增强材料的最佳粒径是（　　）。

A　>0.1μm　　B　<0.01μm

C　0.01~0.1μm 之间　　D　上述粒径均可

97. 胰岛素属于（　　）。

A　核酸　　B　简单蛋白

C　结合蛋白　　D　药用植物有效成分

98. 精氨酸属于（　　）。

A　芳香族氨基酸　　B　酸性氨基酸　　C　碱性氨基酸　　D　中性氨基酸

99. 在 pH = 6 的溶液中进行电泳试验，向阳极移动的是（　　）。

A　天冬酰胺（pI5.41）　　B　丙氨酸（pI6.02）

C　精氨酸（pI10.76）　　D　赖氨酸（pI9.74）

100. 组成蛋白质的基本氨基酸有（　　）。

A　180 多种　　B　90 种　　C　30 种　　D　20 种

101. 蛋白质的一级结构是指（　　）。

A　α-螺旋　　B　β-折叠

C　多肽链共价主链的氨基酸顺序　　D　亚基之间的空间关系

102. 酶属于结合蛋白时，其活性（　　）。

A　只与蛋白质部分有关

B　只与非蛋白质部分有关

C　有时与蛋白质部分有关，有时与非蛋白质部分有关

D　与蛋白质部分和非蛋白质部分均有关

103. 抗体是抗原影响下机体产生的（　　）。

A　多糖　　B　蛋白质　　C　脂肪　　D　核酸

104. 某蛋白质 1g 溶于水，制成 $100cm^3$ 溶液，25℃的渗透压为 400Pa，则蛋白质的相对分子质量为（　　）。

A　$6.2\times10^4$　　B　$6.2\times10^5$　　C　$7.5\times10^6$　　D　$7.5\times10^4$

105. DNA 分子中（　　）。

A　A + G ═ C + T　　B　A + T ═ G + C　　C　A ═ U　　D　A ═ C

106. 蛋白质生物合成中传递遗传信息的 RNA 为（　　）。

A　rRNA　　B　tRNA　　C　mRNA　　D　nRN

107. 合成肽链：TrP − Tyr − Ile − Lys − Glu − Ala 的 mRNA 是（　　）。

A　ACC—ATG—TAA—TTT—CTC—CGT

B　UGG—UAC—AUU—AAA—GAG—GCA

C　UGG—UAU—AUU—AAG—CAG—CGA

D　UGG—UAC—AUC—AAU—GAG—GCA

108. DNA所携带的遗传信息可使遗传性状（　　）。

A　不随机体内部环境的变化而变化　　B　不随机体外部环境的变化而变化

C　不按一定时间程序进行展现　　D　随机体内外环境的变化而调整展现

109. 水飞蓟素的主要生理作用是（　　）。

A　保肝　　B　止痛　　C　抗菌　　D　降压

110. "me too" 药物（　　）。

A　是仿制药物　　B　是模仿药物

C　是受到专利权限的药物　　D　是较难开发的一类药物

111. 下列叙述中不属于药物设计的是（　　）。

A　探索酶抑制剂、受体激动剂与拮抗剂

B　研究破坏癌细胞核酸的药物

C　计算机进行药物构象及作用部位的推测

D　从药用植物中筛选有效成分

112. 影响铁吸收的不利因素是（　　）。

A　胃酸　　B　机体缺铜　　C　胆汁　　D　维生素

113. 营养性侏儒症是由于机体缺少微量元素（　　）。

A　铜　　B　钒　　C　锌　　D　硒

114. 人体缺铬可引起（　　）。

A　糖尿病　　B　大骨节病　　C　呆小症　　D　佝偻病

115. 婴儿手足搐搦症，应当补充（　　）。

A　碘　　B　钠　　C　钙　　D　铁

116. 与造血功能无关的微量元素为（　　）。

A　Fe　　B　Cu　　C　Cr　　D　Co

117. 氟过量摄入，会引起（　　）。

A　氟骨病　　B　斑釉牙　　C　克山病　　D　佝偻病

118. 配合物人体红血素中的中心离子是（　　）。

A　$Co^{3+}$　　B　$Pt^{2+}$　　C　$Mg^{2+}$　　D　$Fe^{2+}$

119. 进行仿生反应的固定化细胞反应器，通常是利用细胞中的（　　）。

A　核酸　　B　多酶体系　　C　叶绿素　　D　ATP

120. 诊断糖尿病的葡萄糖酶传感器的生物反应信息是（　　）。

A　电位变化　　B　电流变化　　C　光的产生　　D　热量的变化

121. 血浆用硫酸消化，使有机氮全部转变为硫酸铵，再用铵显色剂比色法测得总氮量为 $1305mg/100cm^3$，采用蛋白试剂沉淀血浆中的蛋白后，测得非蛋白氮为 $25mg/cm^3$，求出血浆中蛋白总量为（　　）。

A　$8g/100cm^3$　　B　$9g/100cm^3$　　C　$8.5g/100cm^3$　　D　$7g/100cm^3$

122. 下列物质中（　　）不属于工业生产中排出的有害气体。

A 二氧化硫 B 氯氧化物 C 一氧化碳 D 二氧化碳

123. 大气的主要污染物有固体颗粒状污染物和气体状污染物两类，其中颗粒状的污染物有许多种类，飘尘的粒径一般是（ ）。

A >10μm B <10μm C >100μm D <15μm

124. 大气的主要污染物有固体颗粒状污染物和气体状污染物两类，其中颗粒状的污染物有许多种类，降尘的粒径一般是（ ）。

A >10μm B <10μm C >100μm D <15μm

125. 对于大气污染综合防治，不对的说法是（ ）。

A 减少污染物排放 B 治理所有污染源

C 种植树木草坪 D 充分利用大气自净能力

126. 1952 年英国发生伦敦烟雾事件，主要污染物是（ ），造成数千人死亡。

A 二氧化硫和粉尘 B 二氧化硫和一氧化碳

C 碳氢化合物 D 二氧化氮和二氧化硫

127. 1930 年比利时发生马斯河谷事件，主要污染物是（ ），造成数十人死亡。

A 二氧化硫和粉尘 B 二氧化硫和氟化物

C 碳氢化合物 D 二氧化氮和二氧化硫

128. 不属于放射性污染源的是（ ）。

A 原子能工业排放的废物 B 核武器试验的沉降物

C 医疗放射性 D 生活垃圾

129. 在工业区或城镇上空，由于生产和生活废热的大量排放，其中心地区的气温可比周围地区温度年平均高出 0.5 ~ 1.5℃，这种现象在气象学中称为（ ）。

A 辐射逆温 B 温室效应

C 下层逆温 D 热岛效应

130. 酸雨通常指 pH 值低于（ ）的降水。

A 5.6 B 4.3 C 5.8 D 7

131. 酸雨中绝大部分是（ ）。

A 硫酸和硝酸 B 硫酸和盐酸

C 盐酸和硝酸 D 硫酸

132. 光化学烟雾是（ ）所形成的烟雾污染现象。

A 一次污染物 B 二次污染物

C 一次污染物和二次污染物 D 二氧化氮气体

133. 光化学烟雾主要发生在阳光强烈的（ ）。

A 夏、秋季节 B 春、秋季节

C 春、夏季节 D 夏、冬季节

134. 1943 年，美国洛杉矶市发生了世界上最早的光化学烟雾事件，其主要原因是（ ）。

A 汽车尾气 B 锅炉排放的烟气

C 电厂排放的烟气 D 钢厂排放的烟气

135. 1930 年 12 月 1 ~ 5 日，（ ）马斯河谷工业区内 13 个工厂排放的大量烟雾弥漫在河谷上空无法扩散，使河谷工业区有上千人发生胸疼、咳嗽、流泪、咽痛、呼吸困难等，一周内有60多人死亡，许多家畜也纷纷死去，这是20世纪最早记录下的大气污染事件。

A 荷兰　　B 比利时　　C 瑞士　　D 卢森堡

136. 1948年10月26～31日美国宾夕法尼亚州多诺拉镇发生的多诺拉事件，造成6000人发病。其最主要的污染物是（　）。

A 二氧化氮　　B 一氧化碳　　C 二氧化硫　　D 碳氢化合物

137. 1952年12月5～8日，伦敦城市所发生的伦敦烟雾事件主要污染物是（　）。

A 二氧化氮　　B 一氧化碳　　C 碳氢化合物　　D 煤烟粉尘

138. 从1949年起，位于日本熊本县水俣镇的日本氮肥公司开始制造氯乙烯和醋酸乙烯，1954年，水俣湾开始出现一种病因不明的怪病，叫"水俣病"，这就是著名的日本水俣病事件，其主要的污染物是（　）。

A 铅　　B 汞　　C 氯乙烯　　D 醋酸乙烯

139. 在日本富山骨痛病事件中，主要污染物是（　）。

A 铅　　B 汞　　C 镉　　D 锌

140. 日本米糠油事件主要是在米糠油中混入了（　）。

A 苯　　B 甲苯　　C 多氯联苯　　D 二甲苯

141. 耗氧有机物对水体的污染程度，一般用5天的生物化学需氧量（$BOD_5$）作为指标，当其值为（　）时，表明水质很差，鱼类将窒息死亡不能存活。

A $>10mg \cdot dm^{-3}$　　B $<10mg \cdot dm^{-3}$

C $>7.5mg \cdot dm^{-3}$　　D $<7.5mg \cdot dm^{-3}$

142. 属于生理、物理性污染的水体污染，指出下列不属于其衡量指标的是（　）。

A 透明度　　B 浊度　　C 色度　　D 硬度

143. 对于属于化学污染的水体污染，指出下列不属于其衡量指标的是（　）。

A 溶解氧　　B 浊度　　C pH值　　D 硬度

144. 对于属于生物性污染的水体污染，指出下列属于其衡量指标的是（　）。

A 溶解氧　　B 浊度　　C 细菌总数　　D 硬度

145. 水体遭到酸碱污染后，水的酸碱度会发生变化，当pH小于（　）时，水中的微生物生长就开始受到抑制，致使水体自净能力受到阻碍。

A 6.5　　B 5.5　　C 5　　D 7

146. 水体遭到酸碱污染后，水的酸碱度会发生变化，当pH大于（　）时，水中的微生物生长就开始受到抑制，致使水体自净能力受到阻碍。

A 6.5　　B 8.5　　C 9.5　　D 7

147. 世界卫生组织规定饮用水标准中，pH为（　）。

A 7.0～8.5　　B 7～9.5　　C 8.5～9.5　　D 7～7.5

148. 我国渔业用水的标准对淡水域规定pH为（　）。

A 7.0～8.5　　B 7～9.5　　C 5.5～7.0　　D 6.5～8.5

149. 我国渔业用水的标准对海水规定pH为（　）。

A 7.0～8.5　　B 7～9.5　　C 5.5～7.0　　D 6.5～8.5

150. 农田灌溉用水标准pH为（　）。

A　7.0～8.5　　B　7～9.5　　C　5.5～7.0　　D　5.1～8.5

151. 饮用水中含氰（以 $CN^-$ 计）不得超过（　　）。

A　0.015μg·$dm^{-3}$　　B　0.02μg·$dm^{-3}$　　C　0.01μg·$dm^{-3}$　　D　0.025μg·$dm^{-3}$

152. 经常接触高浓度铅的人，当血中铅浓度超过（　　）时就会出现头晕、头痛、记忆力减退、饮食不振和腹痛等症象。

A　300μg·$dm^{-3}$　　B　400μg·$dm^{-3}$

C　450μg·$dm^{-3}$　　D　500μg·$dm^{-3}$

153. 滴滴涕（DDT）是有机氯农药之一，由于其有较为稳定的物理化学性质，而造成了严重的环境残留问题，我国政府从（　　）年明令全部禁止使用 DDT。

A　1985　　B　1990　　C　1987　　D　1991

154. 如果要使残留在土壤中的 DDT95% 发生分解，一般条件需要（　　）年。

A　5　　B　10　　C　8　　D　12

155. 当水体中酚的浓度为（　　）时，鱼肉产生酚味。

A　0.01μg·$dm^{-3}$　　B　0.05～0.1μg·$dm^{-3}$

C　0.1～1μg·$dm^{-3}$　　D　1～1.05μg·$dm^{-3}$

156. 水体中有一类属于耗氧有机物，下列（　　）废水不含有该污染物。

A　电镀厂　　B　食品　　C　造纸　　D　制药

157. 天然水体中溶解氧含量一般为（　　）mg·$dm^{-3}$。

A　5～10　　B　3～7　　C　8～15　　D　5～15

158. 蛋白质在水中的分解过程为（　　）。

A　蛋白质-肽-氨基酸-胺及氨　　B　蛋白质-氨基酸-肽-胺及氨

C　蛋白质-肽-胺及氨-氨基酸　　D　蛋白质-胺及氨-氨基酸-肽

159. 蛋白质在水中的分解，最终所得产物是（　　）。

A　肽　　B　氨基酸　　C　赖氨酸　　D　硝酸盐

160. （　　）污染能够造成水体的富营养化。

A　耗氧有机物　　B　含氮、磷有机物

C　有毒有机物　　D　重金属污染物

161. 污染水体的一些放射性物质，从水和食物进入人体后，可引起一些疾病，下列（　　）病不是由放射性物质引起的。

A　白血病　　B　骨癌　　C　甲状腺　　D　“痛痛病”

162. 在下列处理水污染的方法中，不属于物理方法的是（　　）。

A　沉淀法　　B　筛滤法　　C　气浮法　　D　吸附法

163. 在下列处理水污染的方法中，不属于化学方法的是（　　）。

A　气浮法　　B　沉淀法　　C　氧化还原法　　D　中和法

164. 一级处理是由筛滤、重力沉淀和浮选等物理方法串联组成，主要是除去废水中大部分粒径在（　　）以上的大颗粒物质。

A　0.2mm　　B　0.1mm　　C　0.05mm　　D　0.25mm

165. 三级处理废水一般用（　　）。

A　气浮法　　B　筛滤法　　C　中和法　　D　反渗透法

166. 由于亚硝基胺是一类很强的致癌物质，必须控制肉制品中硝酸盐和亚硝酸盐的添加量。GB 2760—2007 规定，食品中亚硝酸盐的最大加入量不得超过（　　）。

A $0.5g \cdot kg^{-1}$　　B $0.1g \cdot kg^{-1}$　　C $0.3g \cdot kg^{-1}$　　D $0.05g \cdot kg^{-1}$

167. 由于亚硝基胺是一类很强的致癌物质，必须控制肉制品中硝酸盐和亚硝酸盐的添加量。GB 2760—2007 规定残留量不得超过（　　）。

A $0.01g \cdot kg^{-1}$　　B $0.15g \cdot kg^{-1}$　　C $0.05g \cdot kg^{-1}$　　D $0.1g \cdot kg^{-1}$

168. 可再生能源一般是指随着人类的开发利用不会日益减少的能源，下列（　）是可再生能源。

A 太阳能　　B 水能　　C 生物能　　D 核燃料

169. 在下面所列出的能源中，（　　）是非再生能源。

A 太阳能　　B 水能　　C 生物能　　D 核燃料

170. 根据能源结构或消费额进行分类，可分为主要能源和辅助能源，（　　）是主要能源。

A 太阳能　　B 水能　　C 生物能　　D 风能

171. 根据能源结构或消费额进行分类，可分为主要能源和辅助能源，（　　）不是主要能源。

A 化石能源　　B 水能　　C 核裂变能　　D 风能

172. 如果将纯氧和蒸气在加压下通过灼热的煤，可使煤中的苯酚等挥发出来，并生成一种气态燃料混合物，称为合成气，其中 $CO_2$ 体积分数为（　　）%。

A 40　　B 20　　C 15　　D 30

173. 如果将纯氧和蒸气在加压下通过灼热的煤，可使煤中的苯酚等挥发出来，并生成一种气态燃料混合物，称为合成气，其中 $CH_4$ 体积分数为（　　）%。

A 40　　B 20　　C 15　　D 30

174. 如果将纯氧和蒸气在加压下通过灼热的煤，可使煤中的苯酚等挥发出来，并生成一种气态燃料混合物，称为合成气，其中 CO 体积分数为（　　）%。

A 40　　B 15　　C 20　　D 30

175. 如果将纯氧和蒸气在加压下通过灼热的煤，可使煤中的苯酚等挥发出来，并生成一种气态燃料混合物，称为合成气，其中 $H_2$ 体积分数为（　　）%。

A 40　　B 15　　C 20　　D 30

176. 下列（　　）不是由太阳能转换来的。

A 太阳能　　B 水能　　C 核能　　D 波浪能

177. 理论计算表明，太阳每秒钟辐射到地球上的能量相当于（　　）多万吨煤燃烧时放出的热量。

A 500　　B 800　　C 1000　　D 700

178. （　　）太阳电池简称“α-Si 太阳电池”，世界上普遍认为，它将是人们最理想的一种廉价太阳电池。

A 单晶硅　　B 多晶硅　　C 非晶硅　　D 多元化合物

179. 除核燃料外，（　　）的发热值是所有化石燃料、化工燃料和生物燃料中最高的。

A 氢　　B 煤　　C 石油　　D 焦炭

180. 在下列金属中（　　）不属于黑色金属。

A　铁　　B　锰　　C　铬　　D　锡

181. 传统的陶瓷材料是以（　　）的氧化物为主的硅酸盐材料。

A　硅和铝　　B　硅和锆　　C　铝和锆　　D　铝和钇

182. 下列（　　）不属于高分子材料。

A　塑料　　B　合成纤维　　C　合成橡胶　　D　陶瓷

183. 轻金属一般指密度在（　　）$kg \cdot dm^{-3}$以下的有色金属。

A　5.0　　B　4.5　　C　5.5　　D　3.8

184. 下列金属中，（　　）是属于贵重金属。

A　钾　　B　锶　　C　铑　　D　钡

185. 准金属是指物理性质介于金属与非金属之间的金属。下列金属中（　　）是准金属。

A　钾　　B　锶　　C　铑　　D　硒

186. 在下列金属中，（　　）是稀有金属。

A　钾　　B　锶　　C　铑　　D　锂

187. 下列金属中，（　　）比水重。

A　钾　　B　钠　　C　锂　　D　钙

188. 下列金属中，（　　）在手上受热就能熔化。

A　钾　　B　锶　　C　铯　　D　铑

189. 工业上一般用（　　）分解钛铁矿，最终获得金属钛。

A　硫酸　　B　盐酸　　C　硝酸　　D　磷酸

190. 每1kg氢气燃烧产生的热能是煤的（　　）倍以上。

A　4　　B　5　　C　6　　D　7

191. 黏土的化学组成为（　　）。

A　$Al_2O_3 \cdot 2SiO_2 \cdot 2H_2O$　　B　$CaO \cdot 2SiO_2 \cdot 2H_2O$

C　$Na_2O \cdot 2SiO_2 \cdot 2H_2O$　　D　$Al_2O_3 \cdot 2CaO \cdot 2H_2O$

192. 半导体的种类很多，但是对于（　　）不存在。

A　元素半导体　　B　化合物半导体

C　有机半导体　　D　无机半导体

193. 制备水泥的混合材料的加入量不超过（　　）时，则称为普通水泥。

A　17%　　B　15%　　C　18%　　D　20%

194. 从高纯度的二氧化硅或石英玻璃融体中，拉出直径约（　　）μm的细丝，称为石英玻璃纤维。

A　200　　B　150　　C　100　　D　180

195. 在下列高分子中，（　　）属于线型结构高分子。

A　环氧树脂　　B　硫化橡胶　　C　酚醛　　D　聚丙烯

196. 在下列高分子中，（　　）属于体型结构高分子。

A　环氧树脂　　B　天然橡胶　　C　聚乙烯　　D　聚丙烯

197. 晶态结构高分子的耐热性和机械强度一般要比非晶态高分子（　　），而且还有一定的熔点。

A 高　B 低　C 一样　D 无法比较

198. 在交流电场作用下，（　　）有一定的导电性。

A 聚氯乙烯　B 聚四氟乙烯

C 聚乙烯　D 聚苯乙烯

199. 电泳是用于（　　）方面的技术。

A 利用电势将混合的电荷粒子分离

B 使电流通过化合物的溶液来降解化合物

C 用电流高温分解有机化合物

D 用电火花冷凝气溶胶

200. 传统陶瓷材料主要是（　　）。

A 烧结体　B 单晶　C 纤维　D 粉末

# 习题答案

## 第1章 习题答案

### 一、选择题

| | | | | | | | | | |
|---|---|---|---|---|---|---|---|---|---|
| 1. B | 2. A | 3. A | 4. D | 5. D | 6. B | 7. D | 8. D | 9. A | 10. A |
| 11. A | 12. D | 13. D | 14. A | 15. B | 16. C | 17. A | 18. A | 19. D | 20. A |
| 21. C | 22. C | 23. C | 24. A | 25. B | 26. B | 27. B | 28. D | 29. B | 30. C |
| 31. A | 32. B | 33. C | 34. C | 35. D | 36. D | 37. C | 38. C | 39. D | 40. D |
| 41. D | 42. A | 43. B | 44. C | 45. C | 46. D | 47. A | 48. A | 49. D | 50. B |
| 51. C | 52. B | 53. C | 54. D | 55. B | 56. D | 57. D | 58. C | 59. A | 60. B |
| 61. B | 62. D | 63. B | 64. B | 65. C | 66. D | 67. C | 68. A | 69. C | 70. A |
| 71. C | 72. A | 73. C | 74. D | 75. D | 76. B | 77. D | 78. B | 79. B | 80. C |

### 二、填空题

1. 68，136，204
2. 38，114，267
3. −285.8，142.9，0.011，0.088
4. 基元，之和，反应级数
5. 三，不一定，3，1/27
6. 增大，增大，吸，减小
7. 增大，增加，向左，不
8. 增加，向右，增大，增大
9. 1.1，小于
10. $mol \cdot dm^{-3} \cdot s^{-1}$，$dm^3 \cdot mol^{-1} \cdot s^{-1}$

### 三、计算题

1. 39.5kPa，61.8kPa；39%，61%
2. $1.96 \times 10^4$kJ
3. $-1117.6kJ \cdot mol^{-1}$
4. $-12.4kJ \cdot mol^{-1}$

5. $<191℃$

6. $-146kJ\cdot mol^{-1}$，$-126J\cdot mol^{-1}\cdot K^{-1}$

7. $48.6kJ\cdot mol^{-1}$

8. $1.4\times10^{10}$

9. $8.9\times10^{-19}Pa$，903K

10. $1.76\times10^{-4}$

# 第2章　习题答案

## 一、选择题

| | | | | | | | | | |
|---|---|---|---|---|---|---|---|---|---|
| 1. C | 2. D | 3. A | 4. B | 5. D | 6. C | 7. A | 8. C | 9. D | 10. C |
| 11. A | 12. C | 13. B | 14. A | 15. C | 16. B | 17. B | 18. A | 19. C | 20. D |
| 21. C | 22. B | 23. B | 24. B | 25. D | 26. B | 27. C | 28. B | 29. B | 30. C |
| 31. D | 32. B | 33. C | 34. D | 35. B | 36. C | 37. B | 38. B | 39. D | 40. D |
| 41. C | 42. B | 43. A | 44. B | 45. A | 46. C | 47. B | 48. C | 49. A | 50. B |
| 51. D | 52. A | 53. C | 54. B | 55. C | 56. D | 57. A | 58. A | 59. C | 60. D |
| 61. D | 62. D | 63. D | 64. B | 65. B | 66. B | 67. B | 68. B | 69. D | 70. A |
| 71. A | 72. C | 73. B | 74. D | 75. B | 76. D | 77. B | 78. A | 79. B | 80. D |

## 二、填空题

1. 碱，酸，$HCO_3^-$，两性物质，$H_3PO_4$，$HPO_4^-$

2. $OH^-$，$H_3O^+$

3. $1.0\times10^{-6}$，大，大，不变

4. 不等，相等，不同

5. 酸，9.24

6. $3.6\times10^{-5}$

7. $Sn(OH)_2$，$Al(OH)_3$，AgOH

8. $1.26\times10^{7}$

## 三、计算题

1. 4.16

2. 3.27g

3. （1）pH 值由 10.25 变为 10.15

   （2）无 $Ca(OH)_2$ 沉淀

   （3）残留的 $Ca^{2+}$ 离子浓度为 $3.6\times10^{-9}mol\cdot dm^{-3}$

4. 696kPa

5. 0.061mol · $dm^{-3}$，$3.2\times10^{-7}$mol · $dm^{-3}$

6. $c(Cl^-)$ = 0.005mol · $dm^{-3}$，$c(Ag^+)$ = $2.0\times10^{-8}$mol · $dm^{-3}$，$c(Br^-)$ = $2.5\times10^{-5}$ mol · $dm^{-3}$

7. $C_8H_{16}O_4$

8. $c(H^+)$ = $1.32\times10^{-3}$mol · $dm^{-3}$，$c(Ac^-)$ = $1.32\times10^{-3}$mol · $dm^{-3}$，$c(CN^-)$ = $4.70\times10^{-8}$mol · $dm^{-3}$

9. 用 HAc 与 NaAc 混合，体积比为 2∶1

用 HCl 与 NaAc 混合，体积比为 2∶3

用 NaOH 与 HAc 混合，体积比为 1∶3

10. 0.202mol · $dm^{-3}$

# 第 3 章　习题答案

## 一、选择题

| | | | | | | | | | |
|---|---|---|---|---|---|---|---|---|---|
| 1. B | 2. C | 3. D | 4. B | 5. C | 6. A | 7. A | 8. A | 9. D | 10. A |
| 11. D | 12. A | 13. B | 14. B | 15. C | 16. D | 17. B | 18. D | 19. C | 20. C |
| 21. A | 22. C | 23. B | 24. B | 25. A | 26. D | 27. C | 28. D | 29. A | 30. A |
| 31. D | 32. C | 33. A | 34. A | 35. D | 36. A | 37. B | 38. A | 39. D | 40. A |
| 41. D | 42. D | 43. D | 44. A | 45. A | 46. D | 47. C | 48. B | 49. B | 50. A |
| 51. A | 52. C | 53. D | 54. B | 55. C | 56. C | 57. B | 58. C | 59. B | 60. D |
| 61. B | 62. D | 63. B | 64. C | 65. A | 66. C | 67. A | 68. B | 69. D | 70. A |
| 71. C | 72. B | 73. B | 74. C | 75. A | 76. A | 77. D | 78. B | 79. D | 80. D |
| 81. B | 82. A | 83. C | 84. B | 85. A | 86. C | 87. C | 88. A | 89. B | 90. D |
| 91. D | 92. C | 93. C | 94. C | 95. B | 96. A | 97. D | 98. A | | |

## 二、填空题

1. 增大，减小

2. 正，负

3. $(-)Pt(s)|H_2(p)|H^+(c_1)\parallel Zn^{2+}(c_2)|Zn(s)(+)$

4. 小，小

5. ①，④，②，③

6. （1）增大，（2）不变，（3）减小，（4）减小

7. $Ag^+ + e = Ag$，$2Hg + 2Cl^- = Hg_2Cl_2 + 2e$

8. 电极电势代数值的大小；当 $\varphi_{正} > \varphi_{负}$ 时，氧化还原反应向右进行，标准状况下用 $\varphi^{\ominus}$，当离子浓度偏离标态太大时用 $\varphi$；$\lg K^{\ominus} = \dfrac{nE^{\ominus}}{0.0592}$

9. 负极，正极，还原反应，氧化反应，把化学能转变成电能

10. 正极，负极，氧化，氧化能力，还原，还原能力

## 三、计算题

1. 1.507V，1.128V
2. −0.4503V
3. −0.257V
4. 该原电池正极反应为：$I_2 + 2e^- = 2I^-$，负极反应为：$Cd^{2+} + 2e^- = Cd$；
   电池符号：$(-)Cd(s) \mid Cd^{2+}(1.0mol \cdot L^{-1}) \parallel I^-(1.0mol \cdot L^{-1}) \mid I_2(s) \mid Pt(s)(+)$；
   0.9376V；$-180.93kJ \cdot mol^{-1}$；$4.79 \times 10^{31}$
5. pH > 4.66
6. 电池符号：$(-)Pt(s) \mid Cl_2(p) \mid Cl^-(c_1) \parallel Cr_2O_7^{2-}(c_2), Cr^{3+}(c_3), H^+(c_4) \mid Pt(s)(+)$；
   −0.0283V；$1.6 \times 10^4 J \cdot mol^{-1}$
7. 0.758V
8. $1.9 \times 10^{21}$
9. $NO_3^- + H_2O + 2e^- = NO_2^- + 2OH^-$，$NO_3^- + 3H^+ + 2e^- = HNO_2 + H_2O$，0.94V；
10. 1.229V，237.18kJ，82.98%

# 第4章 习题答案

## 一、选择题

| | | | | | | | | | |
|---|---|---|---|---|---|---|---|---|---|
| 1. A | 2. B | 3. A | 4. C | 5. C | 6. C | 7. D | 8. A | 9. B | 10. B |
| 11. A | 12. B | 13. C | 14. B | 15. C | 16. B | 17. D | 18. B | 19. C | 20. D |
| 21. B | 22. A | 23. D | 24. A | 25. C | 26. D | 27. C | 28. D | 29. B | 30. D |
| 31. A | 32. D | 33. A | 34. A | 35. C | 36. D | 37. D | 38. A | 39. B | 40. C |
| 41. B | 42. C | 43. D | 44. B | 45. B | 46. C | 47. A | 48. A | 49. A | 50. C |
| 51. D | 52. A | 53. A | 54. B | 55. C | 56. A | 57. B | 58. D | 59. B | 60. C |
| 61. A | 62. B | 63. C | 64. D | 65. C | 66. C | 67. D | 68. B | 69. B | 70. A |
| 71. D | 72. D | 73. B | 74. C | 75. C | 76. B | 77. B | 78. B | 79. D | 80. A |
| 81. D | 82. B | 83. B | 84. C | | | | | | |

## 二、填空题

1. Li，He
2. Ti，$Ti^{3+}$，$O^{2-}$，$Na^+$
3. $[Kr]4d^{10}5s^1$，五，ⅠB；$[Kr]4d^{10}$
4. $1s^2 2s^2 2p^6 3s^2 3p^6 3d^{10} 4s^2 4p^6 4d^{10} 4f^{14} 5s^2 5p^6 5d^{10} 5f^{14} 6s^2 6p^6 6d^{10} 7s^2 7p^1$，
   第七周期，ⅠA族元素
5. 5，2，0（或1，2），+1/2（或−1/2）

6. 镧系收缩

## 三、问答题

1. 见下表：

| 原子序数 | 元素名称 | 元素符号 | 电子排布式 | 周期 | 族 |
|---|---|---|---|---|---|
| 24 | 铬 | Cr | $[Ar]\ 3d^5 4s^1$ | 四 | ⅥB |
| 47 | 银 | Ag | $[Kr]\ 4d^{10} 5s^1$ | 五 | ⅠB |

2. （1）元素 A 的核外电子排布式为：$1s^2 2s^2 2p^6 3s^2 3p^6 3d^{10} 4s^2 4p^6 4d^{10} 5s^1$

A 的价层电子构型为：$4d^{10} 5s^1$

元素 B 的核外电子排布式为：$1s^2 2s^2 2p^6 3s^2 3p^6 3d^{10} 4s^2 4p^6 4d^{10} 5s^2 5p^5$

B 的价层电子构型为：$5s^2 5p^5$

（2）元素 A 处于第五周期ⅠB 族，是金属元素；

元素 B 处于第五周期ⅦA 族，是非金属元素；

（3）AB 的化学式为：AgI。

3. 电负性最大是氟；电负性最小的是铯和钫；电负性变化的整体趋势是：从左到右逐渐增大；从上到下逐渐减小；但这一趋势对于位于周期表 d 区后半段和 p 区某些元素是不符合的。这是因为在此区域尽管核电荷数增大，原子半径却增加得很少，有效核电荷数增大。

4. 因为 D 为所有元素中电负性第二大的元素，所以 D 为元素 O；B 为第四周期 d 区元素，最高氧化数为 7，则 B 为元素 Mn；C 和 B 是同周期的元素，具有相同的最高氧化数，故 C 是元素 Br；而 A 为第四周期元素，与 D 可形成 1∶1 和 1∶2 原子比的化合物，O 有 −1、−2 价，所以 A 应是 +2 价的元素，则 A 应是 Ca。

按电负性由大至小排列四种元素为：D > C > B > A 或 O > Br > Mn > Ca。

5. 因为 C 有 3 个电子层，属于三周期，所以 A，B，C 应为第三周期的 Na、Mg、Al；根据第（2）点，D，E 为 −1 价非金属元素，D 是 Br，E 是 I；根据第（3）点，F 应是第四周期元素 Cr。其他有关问题列于下表：

| 序　号 | 元素符号 | 周期 | 族 | 价电子构型 |
|---|---|---|---|---|
| A | Na | 三 | ⅠA | $3s^1$ |
| B | Mg | 三 | ⅡA | $3s^2$ |
| C | Al | 三 | ⅢA | $3s^2 3p^1$ |
| D | Br | 四 | ⅦA | $4s^2 4p^5$ |
| E | I | 五 | ⅦA | $5s^2 5p^5$ |
| F | Cr | 四 | ⅥB | $3d^5 4s^1$ |

6. LiH 是 s-s σ 键；HCl 是 s-p σ 键；$Cl_2$ 是 p-pσ 键。

7. 取向力：HCl > HBr > HI，因为 HCl、HBr、HI 偶极矩依次减小，故取向力依次减小；

诱导力：HCl > HBr > HI，因为偶极矩越大，诱导力也越大；

色散力：HCl > HBr < HI，因为分子的极化率越大，变形性越大，色散力越大。

8. （1）这种说法很不全面，因为许多原子晶体的物质，如 $SiO_2$、SiC 等熔点都很高；此外，有一些金属如 W、Re 等熔点也都很高。

（2）不完全正确。以色散力为主的同类型物质沸点随着相对分子质量的增加而升高，但若还有其他作用力时情况则有不同，如 $H_2O$ 分子间还有氢键，沸点就比 $H_2S$ 高。

（3）不完全正确。只有将可溶性的离子型固体物质与水一起搅拌可以得到良导电性溶液，有的离子型固体物质是难溶的，由于它们的溶解度很小，则不能得到良导电性溶液，如 $Al_2O_3$。

9. （1）$1s^22s^22p^63s^23p^63d^{10}4s^24p^2$，Ge，锗，第四周期，ⅣA 族。

（2）该元素原子最外层各价电子的核外运动状态见下表：

| 最外层各价电子 | $n$ | $l$ | $m$ | $m_s$ |
|---|---|---|---|---|
| $4s^2$ | 4 | 0 | 0 | +1/2 |
| | 4 | 0 | 0 | −1/2 |
| $4p^2$ | 4 | 1 | +1 或 −1、0 | 都是 +1/2 |
| | 4 | 1 | 0 或 +1，−1 | 都是 −1/2 |

10. 元素的原子在化合物分子中把电子吸引向自己的能力称为元素的电负性。在周期表的同周期元素中从左至右电负性递增（因为半径递减，核对外层电子的有效核电荷递增）；同主族元素从上至下电负性递减（因为半径增大，核对外层电子的有效核电荷减小。但ⅢA、ⅣA 中第四周期元素的电负性有突升）；同副族元素从上至下电负性缺乏明显规律性（因为半径变化和有效核电荷变化的影响不一致，一般而言前期从上至下电负性减小，而后期从上至下电负性增大）。根据上述规律，Be、B、Mg、Al 按电负性减小的顺序排列如下：B > Be ≈ Al > Mg。其中 Be 和 Al 电负性相近，这是由于半径的增大抵消了有效核电荷增大的影响，这就是所谓“对角线规则”的表现。

11. 这些元素原子的最外层和次外层电子结构是 $(n-1)s^2(n-1)p^6(n-1)d^5ns^2$。在周期表中属于ⅦB 族，最高正价是 +7，它们都是金属元素，它们的元素符号及名称是 Mn（锰）、Tc（锝）、Re（铼）。

12. 电离了第一个电子后，各 $M(I)$ 的电子构型如下：

| 元　素 | Li | Be | B | C | N | O | F | Ne |
|---|---|---|---|---|---|---|---|---|
| $M(I)$ 构型 | $1s^2$ | $1s^22s^1$ | $1s^22s^2$ | $2s^22p^1$ | $2s^22p^2$ | $2s^22p^3$ | $2s^22p^4$ | $2s^22p^5$ |

总趋势：从左至右，由于核电荷数增加，核对外层电子的吸引力增强，第二电离能增大。但其中一些较稳定的电子构型，其第二电离能会偏高，而一些电离后变成较稳定的构型，第二电离能偏低，则出现不符合总趋势的状况。

（1）对于 Li，因为要电离的是内层的、处于全充满的稳定构型的 $1s^2$ 电子，所以第二电离能特别的大；而 Be 是电离 $2s^1$ 电子后变成较稳定的 $1s^2$ 构型，则第二电离能偏低。

（2）B 电离的是 $2s^2$ 较稳定的全充满构型电子，所以第二电离能偏高；而 C 电离的是高能 $2p^1$ 电子，变成 $2s^2$ 较稳定的构型，第二电离能偏低，所以不符合总趋势。

（3）O 为 $2p^3$ 较稳定的半充满构型，第二电离能偏高；而 F 为 $2p^4$ 构型，电离一个电子后变成 $2p^3$ 较稳定的半充满构型，第二电离能偏低，所以不符合总趋势。

13. 原子中能量相近的不同类型轨道通过叠加混杂而组成成键能力更强的新轨道，这个过程称为原子轨道的杂化；由轨道杂化所形成的新轨道叫杂化轨道。

杂化轨道所含原轨道成分完全相同的杂化称为等性杂化；由于孤对电子的存在而使各杂化轨道所含原轨道成分不完全相同的杂化称为不等性杂化。

主要杂化轨道类型及其空间构型有：

sp 杂化（直线形）；$sp^2$ 杂化（平面三角形）；$sp^3$ 杂化（四面体形）；$sp^3d$ 杂化（三角双锥形）；$sp^3d^2$ 杂化（八面体形）；$d^2sp^3$ 杂化（八面体形）；$dsp^2$ 杂化（平面四方形）；$sp^3d^3$ 杂化（五角双锥形）。

14. 由于化学键的键能通常都很大（共价键键能都在 200 ~ 400kJ · $mol^{-1}$），而氢键的键能较小，一般均小于 42kJ · $mol^{-1}$，两者不在一个数量级，所以氢键不归为化学键，而作为一种特殊的分子间力。

氢键通常可作如下表示：X—H···Y，其中 X—H 为共价键，H···Y 为氢键，X、Y 可以是相同的元素，也可以是不同的元素。由于氢原子很小，Y 的半径相对要大得多，当 H 原子与 Y 相吸引形成氢键后，若再与第二个 Y 结合，则 Y 与 Y 之间的排斥力将比 H···Y 间的吸引力要大，所以一个 H 原子只能与一个 Y 原子形成氢键，这就是氢键的饱和性。此外 X—H 的电偶矩和 Y 的相互作用只有当 X—H···Y 在同一条直线上时，吸引力才最大，而 X 与 Y 之间的排斥力才最小，氢键才最稳定。因此，在一定范围内，X—H···Y 尽可能保持直线，这就是氢键的方向性。

15. 由于 C 原子半径较小，当与 O 原子结合时 $p_\pi—p_\pi$ 键重叠较好，键能大，C ═O 双键的键能是 C—O 单键的键能的两倍多，所以 $CO_2$ 能形成稳定的直线形分子 O ═C ═O，在固态时即形成分子晶体。而 Si 的原子半径比 C 原子大得多，也比 O 原子的半径大得多，所以，当与 O 原子结合时 $p_\pi—p_\pi$ 键重叠不够大，导致 Si ═O 双键的键能不够大，只是 Si—O 单键键能的一倍多，因此 Si ═O 双键不够稳定，容易打开，$SiO_2$一个双键打开后形成两个 Si—O 单键，从能量上看是更有利的。再者由于 Si 中 3p 与 3d 的能量相近，在 Si 和 O 之间还可以形成 $d_\pi—p_\pi$ 键，从而增大了 Si—O 单键的键能，键长将缩短，Si—O 单键的键能比 C—O 单键的键能大得多。所以在固体 $SiO_2$ 中，每个 Si 原子都与四个 O 原子以共价单键相结合，每个 O 原子都与两个 Si 原子以共价单键相结合，形成一个巨大的分子 $SiO_2$ 原子晶体。

# 第 5 章　习题答案

## 一、选择题

| | | | | | | | | | |
|---|---|---|---|---|---|---|---|---|---|
| 1. A | 2. A | 3. A | 4. B | 5. D | 6. B | 7. B | 8. B | 9. A | 10. D |
| 11. A | 12. C | 13. D | 14. B | 15. B | 16. D | 17. C | 18. B | 19. A | 20. D |
| 21. A | 22. A | 23. C | 24. A | 25. C | 26. B | 27. C | 28. D | 29. A | 30. D |
| 31. B | 32. C | 33. C | 34. C | 35. B | 36. D | 37. C | 38. D | 39. A | 40. C |

41. B　42. D　43. A　44. C　45. D　46. D　47. D　48. B　49. C　50. B
51. C　52. C　53. D　54. A　55. B　56. B　57. D　58. C　59. D　60. B
61. A　62. C　63. A　64. A　65. B　66. C　67. A　68. C　69. D　70. B
71. D　72. A　73. B　74. B　75. C　76. B　77. D　78. B　79. C　80. A
81. C　82. C　83. B　84. C　85. A

## 二、填空题

1. 离子型，共价型，金属型
2. $Fe(OH)_3$，$CO_2$，NaCl
3. 2，49.6
4. 氢氧化物，氢卤酸，非金属含氧酸，氢卤酸
5. $HClO_n$（$n=1\sim4$），$HClO_4$，HClO，$NaClO_4$
6. 液态氧化物，熔盐；CO，C，$H_2$
7. HI，$H_2S$
8. $MnO_2+4HCl$（浓）$=\!=\!=MnCl_2+Cl_2+2H_2O$，
$2NaCl+2H_2O=\!=\!=NaOH+H_2+Cl_2$
9. 差，高
10. 高，溴化铝

## 三、解释下列现象

1. $Li^+$离子半径很小，电荷密度高，极化能力极强，Li—Cl 键倾向于共价型，因而 LiCl 为共价型化合物，所以溶于有机溶剂。NaCl 为典型的离子型化合物，易溶于极性溶剂，不溶于有机溶剂。
2. 碘为非极性分子，水是极性很强的溶剂，根据相似相溶的原则，碘难溶于水。在碘化钾溶液中，$I_2$ 与 $I^-$ 反应生成 $I_3^-$，因而溶解。
3. Si 和 C 单质都可采取 $sp^3$ 杂化，形成金刚石型结构。但 Si 的半径比 C 大得多，Si—Si 键较弱，键能低，因而单质硅的熔点、硬度比金刚石低得多。
4. 在水溶液中，$H_2S$、$Na_2S$ 和 $Na_2SO_3$ 的都是强还原剂，可被空气中的氧气氧化而变质。其反应分别为

$$2H_2S + O_2 =\!=\!= 2S + 2H_2O$$

$$2Na_2S + O_2 + 2H_2O =\!=\!= 2S + 4NaOH$$

$$Na_2S + (x-1)S =\!=\!= Na_2S_x$$

$$2Na_2SO_3 + O_2 =\!=\!= 2Na_2SO_4$$

5. 根据软硬酸碱理论，$Ag^+$为软酸，$Na^+$为硬酸，$F^-$为硬碱，$Cl^-$为交界碱。按照“软亲软，硬亲硬”的原则，软酸硬碱形成的 AgF 在水中不稳定，易电离而溶解；软酸交界碱形成的 AgCl 在水中稳定不易电离，难溶解。硬酸硬碱 NaF 在水中稳定，不易电离，溶解度较小；硬酸交界碱形成的 NaCl 在水中不稳定，易电离，溶解较大。

6. $Al^{3+}$和$S^{2-}$在水中的水解度均较大，$Al_2S_3$及$Al_2(CO_3)_3$，在水中完全水解，因而不适宜用湿法制备。

$$2Al^{3+} + 3S^{2-} + 6H_2O \xlongequal{} 2Al(OH)_3 + 3H_2S$$

$$2Al^{3+} + 3CO^{3-} + 3H_2O \xlongequal{} 2Al(OH)_3 + 3CO_2$$

7. $H_3BO_3$ 和 $H_3PO_3$ 分子的结构式如下

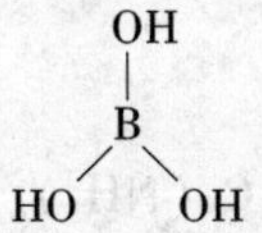 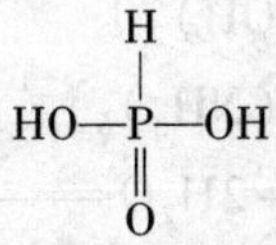

根据$H_3PO_3$分子的结构式，它可以电离出2个$H^+$离子，因而是二元酸。

$H_3BO_3$中B是缺电子原子，在水中，它加合一个$H_2O$分子中的$OH^-$，释放出1个$H^+$，$H_3BO_3 + H_2O = B(OH)_4^- + H^+$，它本身并不给出质子。因而$H_3BO_3$为一元酸。

8. $Al^{3+}$离子极化能力很强，加热$AlCl_3 \cdot 6H_2O$时发生水解，又因为HCl具有挥发性，水解反应进行得很彻底，得不到无水$AlCl_3$。

9. 炭火上泼少量水时，水变成蒸气，并与红热的炭反应，$C + H_2O = CO + H_2$，产生的$H_2$和CO易燃，在其产生的瞬间，炉火烧得更旺。但由于水使炉炭的温度降低，随后火势有所减弱。

10. $H_3PO_4$ 和 $H_3PO_3$ 分子的结构式如下

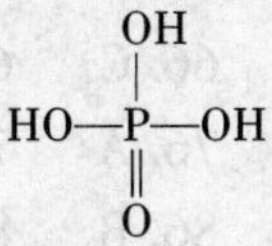 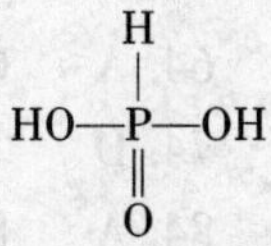

$H_3PO_4$中P的氧化数为+5，$H_3PO_3$中P的氧化数为+3。磷酸和亚磷酸分子中都有一个非羟基氧，根据鲍林规则，它们都属于中强酸。

## 四、问答题

1. pH = 5.70（碳酸浓度 = $1.1 \times 10^{-5} mol \cdot L^{-1}$）
2. 盐酸浓度至少大于$7.0 mol \cdot L^{-1}$。
3. 分解温度是指在标准状态下，碳酸钙分解反应自发进行的温度。根据热力学计算，标准状态下，分解反应自发进行的温度是846℃，在空气中，分解反应自发进行的温度是514℃。温度的差异缘于理论计算时把反应的焓变和熵变看做是常数。
4. 在酸性介质中，$Co^{3+}$以游离离子存在，$E^{\ominus} = \varphi^{\ominus}(Co^{3+}/Co^{2+}) - \varphi^{\ominus}(O_2/H_2O) = 1.87 - 1.23 > 0.2V$，$Co^{3+}$可将$H_2O$氧化为$O_2$。在碱性介质中，Co的离子以氢氧化物形式存在。$E^{\ominus} = \varphi^{\ominus}(O_2/H_2O) - \varphi^{\ominus}[Co(OH)_3/Co(OH)_2] = 1.23 - 0.15 > 0.2$，空气中的$O_2$可将$Co(OH)_2$氧化为$Co(OH)_3$。
5. ①$MnO_2 + 2Cl^- + 4H^+ \xlongequal{} Mn^{2+} + Cl_2 + 2H_2O$

②$3MnO_2 + ClO_3^- + 6OH^- \xlongequal{} 3MnO_4^{2-} + Cl^- + 3H_2O$

③$3MnO_4^{2-} + 4H^+ \xlongequal{} MnO_2 + 2MnO_4^- + 2H_2O$

| A | B | C | D | E | F | G |
|---|---|---|---|---|---|---|
| $MnO_2$ | $Cl_2$ | $Mn^{2+}$ | $Mn(OH)_2$ | $MnO_4^{2-}$ | $MnO_4^-$ | $O_2$ |

6. $Co_2O_3 + 2Cl^- + 6H^+ = 2Co^{2+} + Cl_2\uparrow + 3H_2O$

$2I^- + Cl_2 = I_2\downarrow + 2Cl^-$

$Co^{2+} + 2OH^- = Co(OH)_2\downarrow$

$Co^{2+} + 6NH_3 = [Co(NH_3)_6]^{2+}$

$4[Co(NH_3)_6]^{2+} + O_2 + 2H_2O = 4[Co(NH_3)_6]^{3+} + 4OH^-$

$Co^{2+} + 4SCN^- = [Co(SCN)_4]^{2-}$

# 第6、7章　习题答案

| | | | | | | | | | |
|---|---|---|---|---|---|---|---|---|---|
| 1. C | 2. A | 3. C | 4. A | 5. C | 6. A | 7. A | 8. A | 9. D | 10. A |
| 11. A | 12. A | 13. C | 14. B | 15. C | 16. A | 17. B | 18. A | 19. A | 20. A |
| 21. B | 22. A | 23. A | 24. C | 25. D | 26. A | 27. A | 28. D | 29. A | 30. A |
| 31. A | 32. A | 33. C | 34. D | 35. A | 36. D | 37. A | 38. C | 39. A | 40. B |
| 41. A | 42. A | 43. A | 44. A | 45. D | 46. D | 47. A | 48. A | 49. A | 50. A |
| 51. D | 52. D | 53. C | 54. A | 55. D | 56. C | 57. A | 58. B | 59. C | 60. C |
| 61. B | 62. A | 63. D | 64. A | 65. D | 66. C | 67. D | 68. D | 69. A | 70. B |
| 71. D | 72. C | 73. A | 74. D | 75. D | 76. A | 77. A | 78. C | 79. B | 80. D |
| 81. D | 82. B | 83. A | 84. A | 85. C | 86. B | 87. D | 88. D | 89. C | 90. B |
| 91. A | 92. D | 93. A | 94. A | 95. C | 96. C | 97. B | 98. C | 99. A | 100. D |
| 101. C | 102. D | 103. B | 104. A | 105. A | 106. C | 107. B | 108. D | 109. A | 110. B |
| 111. D | 112. B | 113. C | 114. A | 115. C | 116. C | 117. A | 118. D | 119. B | 120. B |
| 121. C | 122. D | 123. B | 124. A | 125. B | 126. A | 127. B | 128. D | 129. D | 130. A |
| 131. A | 132. C | 133. A | 134. A | 135. B | 136. C | 137. D | 138. B | 139. C | 140. C |
| 141. A | 142. D | 143. B | 144. C | 145. A | 146. B | 147. A | 148. D | 149. A | 150. D |
| 151. C | 152. D | 153. A | 154. B | 155. C | 156. A | 157. A | 158. A | 159. D | 160. B |
| 161. D | 162. D | 163. A | 164. A | 165. D | 166. A | 167. C | 168. A | 169. D | 170. B |
| 171. D | 172. D | 173. C | 174. B | 175. A | 176. C | 177. A | 178. C | 179. A | 180. D |
| 181. A | 182. D | 183. A | 184. C | 185. D | 186. D | 187. D | 188. C | 189. A | 190. A |
| 191. A | 192. D | 193. B | 194. C | 195. D | 196. A | 197. A | 198. A | 199. A | 200. A |

# 东北大学近年考试试题及答案

## 期末考试《普通化学》试题及答案

## 东北大学期末考试《普通化学》(2010B) 试题

### 一、选择题（每题1分，共50分）

1. 0.1mol · $dm^{-3}$ $NH_3 \cdot H_2O$ 溶液的pH值是（　　）。
   （$K_b^{\ominus} = 1.8 \times 10^{-5}$）
   （A）11.13　　（B）2.87　　（C）4.74　　（D）9.26
2. 下列哪个反应的焓变是标准生成焓（　　）。
   （A）C(金刚石) + $O_2(g)$ ═══ $CO_2(g)$
   （B）$2H_2(g) + O_2(g)$ ═══ $2H_2O(g)$
   （C）$CO(g) + 1/2O_2(g)$ ═══ $CO_2(g)$
   （D）$1/2N_2(g) + 3/2H_2(g)$ ═══ $NH_3(g)$
3. 焰色反应不呈红色的（　　）。
   （A）Sr　　（B）Ca　　（C）Rb　　（D）Ba
4. $H_2O$ 的沸点100℃，$H_2Se$ 的沸点 -42℃，可用哪种理论解释（　　）。
   （A）色散力　　（B）共价键
   （C）分子量　　（D）氢键
5. $SiF_4$ 分子的形状是（　　）。
   （A）平面四方形　　（B）正四面体
   （C）三角锥形　　（D）直线形
6. 不溶于水的白色硫化物是（　　）。
   （A）ZnS　　（B）PbS　　（C）CdS　　（D）$Na_2S$
7. $OF_2$ 的分子中，O原子的杂化是（　　）。
   （A）sp　　（B）$sp^2$　　（C）$sp^3$　　（D）不等性 $sp^3$
8. 镧系元素的一般价态是（　　）。
   （A）+4　　（B）+3　　（C）+2　　（D）+1

9. 0.2mol · $dm^{-3}$ 甲酸溶液的电离度为3.2%，则 $K_a^{\ominus}$ = (　　)。

(A) $9.6\times10^{-3}$　　(B) $2.0\times10^{-4}$

(C) $4.8\times10^{-5}$　　(D) $2.1\times10^{-8}$

10. 反应：$2SO_2(g) + O_2(g) = 2SO_3(g)$ 在密闭容器中达到平衡后，增大容器体积，$SO_2$ 的转化率将（　　）。

(A) 增加　(B) 减少　(C) 不变　(D) 无法判断

11. $SO_4^{2-}$ 的共轭酸是（　　）。

(A) $HSO_4^-$　(B) $H_2SO_4$　(C) $H^+$　(D) $H_3O^+$

12. 缓冲溶液的一个例子是（　　）。

(A) $NH_4Cl-NH_3\cdot H_2O$　　(B) HCl-HAc

(C) $NaOH-NH_3\cdot H_2O$　　(D) $HCl-Na_2SO_4$

13. 25℃时，反应 $H_2 + 1/2O_2 = H_2O(l)$ 的 $\Delta G^{\ominus} = -237.2kJ\cdot mol^{-1}$，将此反应组成原电池，标准电动势为（　　）V。($F = 96485C\cdot mol^{-1}$)

(A) 0.61　(B) 2.45　(C) 1.23　(D) 无法计算

14. $La_2(C_2O_4)_3(s)$ 饱和溶液的浓度为 $1.1\times10^{-6}mol\cdot dm^{-3}$，其 $K_{sp}^{\ominus}$ = (　　)。

(A) $1.2\times10^{-12}$　(B) $1.6\times10^{-30}$　(C) $1.6\times10^{-34}$　(D) $1.7\times10^{-28}$

15. 恒温条件下，$q_V = q_p$ 的反应是（　　）。

(A) $N_2 + 3H_2 = 2NH_3(g)$　　(B) $CaCO_3(s) = CaO(s) + CO_2(g)$

(C) $O_2 + 2H_2 = 2H_2O(l)$　　(D) $2HI(g) = H_2(g) + I_2(g)$

16. 固体溶质溶于溶剂，肯定将引起（　　）。

(A) 沸点降低　　(B) 凝固点升高

(C) 蒸气压下降　　(D) 放热

17. 升高温度，使反应速率增大的主要原因是（　　）。

(A) 分子运动速率增大　　(B) 使活化分子百分数增加

(C) 降低反应活化能　　(D) 使反应压力增大

18. $N_2(g) + 3H_2(g) = 2NH_3(g)$ 是放热反应，且（　　）。

(A) $\Delta H > \Delta U$　(B) $\Delta H = \Delta U$　(C) $\Delta H < \Delta U$　(D) $\Delta S > 0$

19. 下列哪一族元素原子的最外层轨道电子都已占满（　　）。

(A) ⅥB族　(B) Ⅷ族　(C) ⅡB族　(D) ⅠB族

20. $PCl_5(g) = PCl_3(g) + Cl_2(g)$，$\Delta H^{\ominus} > 0$，有利于 $PCl_5$ 分解的条件是（　　）。

(A) 低温高压　　(B) 高温低压

(C) 低温低压　　(D) 高温高压

21. 价电子构型为 $3s^23p^4$ 的元素属于哪个区（　　）。

(A) s　(B) p　(C) d　(D) ds

22. 下列物质中不属于离子晶体的是（　　）。

(A) MgO　(B) $SiO_2$　(C) NaF　(D) $Na_2O_2$

23. 下列物质中，熔点最高的是（　　）。

(A) $MgF_2$　(B) CaO　(C) NaF　(D) MgO

24. 热稳定性最差的是（　　）。

（A）$CaCO_3$　（B）$K_2CO_3$　（C）$Na_2CO_3$　（D）$SrCO_3$

25. 酸性最弱的是（　　）。

（A）$HClO_4$　（B）$HNO_3$　（C）$H_2SO_4$　（D）$H_2SO_3$

26. 沸点最高的溶液是（　　）。

（A）$0.1mol \cdot kg^{-1}$ KCl　（B）$0.1mol \cdot kg^{-1}$ HAc

（C）$0.1mol \cdot kg^{-1}$ HCl　（D）$0.1mol \cdot kg^{-1}$ $K_2SO_4$

27. 酸性最强的氧化物是（　　）。

（A）$As_2O_3$　（B）$P_4O_{10}$　（C）$SiO_2$　（D）$B_2O_3$

28. 水解程度最小的是（　　）。

（A）$MgCl_2$　（B）$SnCl_2$　（C）$AlCl_3$　（D）$FeCl_3$

29. 碱性最强的氧化物是（　　）。

（A）$Sc_2O_3$　（B）$CrO_3$　（C）$TiO_2$　（D）$MnO_2$

30. 已知：$Zn + 1/2O_2 = ZnO$　$\Delta H^\ominus = -348.3kJ$

$2Hg + O_2 = 2HgO$　$\Delta H^\ominus = -181.6kJ$

由此可知反应 $Zn + HgO = ZnO + Hg$ 的 $\Delta H^\ominus$ =（　　）kJ。

（A）-166.7　（B）-439.1　（C）-257.5　（D）529.9

31. 下列反应中，标准熵变最大的是（　　）。

（A）$C(s) + O_2(g) = CO_2(g)$

（B）$PCl_5(g) = PCl_3(g) + Cl_2(g)$

（C）$2SO_2(g) + O_2(g) = 2SO_3(g)$

（D）$CaO(s) + CO_2(g) = CaCO_3(s)$

32. 下列分子中，哪个有 π 键（　　）。

（A）$NH_3$　（B）$CCl_4$　（C）$BeCl_2$　（D）$N_2$

33. 熔化 $SiO_2$ 时，需要克服哪种作用力？（　　）。

（A）共价键　（B）色散力　（C）诱导力　（D）离子键

34. 下列离子的外层电子构型属于 8 电子型的是（　　）。

（A）$Li^+$　（B）$Cu^{2+}$　（C）$Pb^{2+}$　（D）$Ti^{4+}$

35. 下列原子中第一电离能最大的是（　　）。

（A）硼　（B）碳　（C）铝　（D）硅

36. 配制 $SnCl_2$ 水溶液时为防止水解必须加入（　　）。

（A）Sn　（B）$Cl_2$　（C）碱　（D）盐酸

37. 在 $0.050mol \cdot dm^{-3}$ $H_2SO_4$ 溶液中，$H^+$ 的浓度为（　　）。

（$K_2^\ominus(H_2SO_4) = 0.012$）

（A）$0.074mol \cdot dm^{-3}$　（B）$0.067mol \cdot dm^{-3}$

（C）$0.058mol \cdot dm^{-3}$　（D）$0.10mol \cdot dm^{-3}$

38. 配合物 $K_2[Pt(NH_3)_2(OH)_2Cl_2]$ 的中心离子的配位数为（　　）。

（A）0　（B）2　（C）4　（D）6

39. 下述离子属于 18 +2 电子构型的是（　　）。

（A）$Hg^{2+}$　（B）$V^{2+}$　（C）$Sn^{2+}$　（D）$Ca^{2+}$

40. 下列各种晶体熔化时只需克服色散力的是（　　）。

（A）$H_2O$　（B）NaCl　（C）$SiO_2$　（D）$SiF_4$

41. 下列物质中既是极性键又是极性分子的是（　　）。

（A）$H_2S$　（B）$Cl_2$　（C）$BF_3$　（D）$SiCl_4$

42. 角量子数没有独立性，它受（　　）的制约。

（A）$n$　（B）$m$　（C）$m_s$　（D）三者都是

43. 对于电子 $4p^1$，下列描述正确的是（　　）。

（A）$n=4$；$l=1$；$m=1$；$m_s=+1/2$

（B）$n=4$；$l=0$；$m=-1$；$m_s=+1/2$

（C）$n=4$；$l=3$；$m=2$；$m_s=-1/2$

（D）$n=4$；$l=2$；$m=0$；$m_s=+1/2$

44. 373K 和 101325Pa 下，对反应 $H_2O(l) = H_2O(g)$ 而言，下列叙述正确的是(　　)。

（A）$\Delta U=\Delta H^{\ominus}$　（B）$\Delta H^{\ominus}<0$　（C）$\Delta H^{\ominus}<\Delta U$　（D）$\Delta H^{\ominus}=q_p$

45. 对于反应 $NO(g)+CO(g)=1/2N_2(g)+CO_2(g)$　$\Delta H^{\ominus}=-373.8kJ \cdot mol^{-1}$，欲使有害气体 CO 和 NO 有较高的转化率的条件是（　　）。

（A）高温高压　（B）低温低压

（C）高温低压　（D）低温高压

46. 等温等压条件下，某反应的 $\Delta G^{\ominus}_{298}=10kJ \cdot mol^{-1}$。这表明该反应（　　）。

（A）在标准状态下、298K 时能自发进行

（B）在标准状态下、298K 时不能自发进行

（C）在非标准状态下一定能自发进行

（D）在非标准状态下一定不能自发进行

47. 将浓度为 $0.1mol \cdot dm^{-3}$的下述溶液稀释一倍，pH 值基本不变的是（　　）。

（A）$NH_4Cl$　（B）NaF　（C）$NH_4Ac$　（D）$(NH_4)SO_4$

48. 往 $0.1mol \cdot dm^{-3}$的 $NH_3 \cdot H_2O$ 溶液中加入一些 $NH_4Cl$ 晶体，其结果会使（　）。

（A）$NH_3 \cdot H_2O$ 的电离常数增大　（B）$NH_3 \cdot H_2O$ 的电离常数减小

（C）溶液的 pH 值增大　（D）溶液的 pH 值减小

49. 下列物质中极性最弱的是（　　）。

（A）$NH_3$　（B）$PH_3$　（C）$AsH_3$　（D）$SbH_3$

50. 氢原子的原子轨道能量取决于量子数（　　）。

（A）$n$　（B）$n$ 和 $l$　（C）$l$　（D）$m$

## 二、填空题（在此试卷空格处填写正确答案，每题 2 分，共 20 分）

1. 原子在基态时，核外电子排布应遵循的 3 个原则分别是________、________和洪特规则。

2. 反应 $C(s)+H_2O(g)\rightarrow CO(g)+H_2(g)$ 的 $\Delta H^\ominus = 134kJ\cdot mol^{-1}$，当升高温度时，该反应的平衡常数 $K^\ominus$________；系统中 $CO(g)$ 的含量有可能________。增大系统压力会使平衡________移动；保持温度和体积不变，加入 $N_2(g)$，平衡________移动。

3. 已知 $2NO_2(g) = 2NO(g) + O_2(g)$ 是基元反应，其反应速率方程式表示为________________。当 $NO_2$ 浓度增加2倍时，反应速率将增大为原来的________倍；当反应容器增大到原体积的3倍时，反应速率将增大为原来的________倍。

4. 使难溶物质溶解度减小的效应是____________________；相反，使难溶物质溶解度增加的效应是____________________。

5. 用 $Cl_2(g)+2I^-(aq) = I_2(s)+2Cl^-(aq)$ 氧化还原反应组成原电池，其原电池符号为：__________________________。

6. $ZnCO_3$，$CaCO_3$，$Na_2CO_3$，$(NH_4)_2CO_3$ 的热稳定性大小的排列顺序为：______________________。

7. 某元素的原子序数小于36，其原子失去两个电子后，角量子数 $l=2$ 的亚层刚好半充满，则该元素的元素符号为________________。

8. 已知 $E^\ominus(Cl_2/Cl^-) = 1.36V$，$E^\ominus(BrO_3^-/Br^-) = 1.52V$，$E^\ominus(I_2/I^-) = 0.54V$，$E^\ominus(Sn^{4+}/Sn^{2+}) = 0.154V$，则在 $Cl_2$，$Cl^-$，$BrO_3^-$，$Br^-$，$I_2$，$I^-$，$Sn^{4+}$，$Sn^{2+}$ 各物种中最强的氧化剂是____________，最强的还原剂是____________，以 $I^-$ 作还原剂，能被其还原的物种是__________________。

9. 在相同体积相同浓度的HAc和HCl溶液中，所含的 $H^+$ 浓度________大，若用相同浓度的NaOH溶液去完全和这两种酸溶液反应，则消耗的NaOH溶液体积________大，反应后两溶液的pH值________大。（填入HAc，HCl或一样）

10. 若反应 $2A+B = C$ 的活化能为 $54kJ\cdot mol^{-1}$，$\Delta H_{正} = -27.7kJ\cdot mol^{-1}$，则该反应的逆反应的活化能为____________________。

## 三、计算题（本大题共4小题，总计30分）

1.（本题6分）

将 $Pb(NO_3)_2$ 溶液与NaCl溶液混合，设混合液中 $Pb(NO_3)_2$ 的浓度为 $0.020\ mol\cdot dm^{-3}$。当混合液中的 $Cl^-$ 浓度为 $6.0\times10^{-2}mol\cdot dm^{-3}$ 时，求残留于溶液中 $Pb^{2+}$ 的浓度。

2.（本题6分）

1000K时向容积为 $5.0dm^3$ 的密闭容器中充入 $1.0mol\ O_2$ 和 $1.0mol\ SO_2$ 气体，平衡时生成了 $0.85mol\ SO_3$ 气体。计算下述反应的平衡常数。($p^\ominus = 100kPa$)

$$2SO_2(g) + O_2(g) \rightleftharpoons 2SO_3(g)$$

3.（本题8分）

$50cm^3$、$0.4mol\cdot dm^{-3}$ 氨水与 $50cm^3$、$0.2mol\cdot dm^{-3}$ 盐酸溶液混合，求混合液中氢氧根离子浓度。($K_b^\ominus(NH_3\cdot H_2O) = 1.8\times10^{-5}$)

4. （本题 10 分）

将金属铜分别浸入 $FeCl_3$ 和 HCl 溶液中，问能否生成 $Cu^{2+}$？

（已知：$\varphi^\ominus(Fe^{3+}/Fe^{2+}) = 0.77V$，$\varphi^\ominus(Cu^{2+}/Cu) = 0.34V$，$\varphi^\ominus(H^+/H_2) = 0.00V$）

# 东北大学期末考试《普通化学》（2010B）试题参考答案

## 一、选择题（每题 1 分，共 50 分）

1.（A） 2.（D） 3.（D） 4.（D） 5.（B） 6.（A） 7.（D） 8.（B） 9.（B） 10.（B）
11.（A） 12.（A） 13.（C） 14.（D） 15.（D） 16.（C） 17.（B） 18.（C） 19.（C） 20.（B）
21.（B） 22.（B） 23.（D） 24.（A） 25.（D） 26.（D） 27.（B） 28.（A） 29.（A） 30.（C）
31.（B） 32.（D） 33.（A） 34.（D） 35.（B） 36.（D） 37.（C） 38.（D） 39.（C） 40.（D）
41.（A） 42.（A） 43.（A） 44.（D） 45.（D） 46.（B） 47.（C） 48.（D） 49.（D） 50.（A）

## 二、填空题（每题 2 分，共 20 分）

1. Pauli（泡利）不相容原理，能量最低原理
2. 增大，增加，向左，不
3. $v = kc(NO_2)^2$，4，1/9
4. 同离子效应，盐效应
5. $(-)Pt|I_2|I^-(c_1) \parallel Cl^-(c_2)|Cl_2(p(Cl_2)),Pt(+)$
6. $Na_2CO_3 > CaCO_3 > ZnCO_3 > (NH_4)_2CO_3$
7. Mn
8. $BrO_3^-$，$Sn^{2+}$，$BrO_3^-$ 和 $Cl_2$
9. HCl，一样，HAc
10. 81.7kJ/mol

## 三、计算题（共 4 小题，总计 30 分）

1. $4.4 \times 10^{-3} mol \cdot dm^{-3}$
2. 3.37
3. $1.8 \times 10^{-5} mol \cdot dm^{-3}$
4. （1）能生成 $Cu^{2+}$；（2）不能生成 $Cu^{2+}$

# 东北大学期末考试《普通化学》(2009) 试题

## 一、单项选择题（每题只有一个正确答案，每题1分，共40分）

1. 系统对环境作20kJ的功，并失去10kJ的热给环境，则系统内能的变化为（　　）。

A　+30kJ　　B　+10kJ　　C　-10kJ　　D　-30kJ

2. 如果系统经过一系列变化，最后又变到起始状态，则以下关系式均能成立的是（　　）。

A　$Q=0$；$W=0$；$\Delta U=0$；$\Delta H=0$

B　$Q\neq 0$；$W\neq 0$；$\Delta U=0$；$\Delta H=Q$

C　$\Delta U=0$；$\Delta H=0$；$\Delta S=0$；$\Delta G=0$

D　$Q=W$；$\Delta U=Q-W$；$\Delta H=0$

3. 下列物质中 $\Delta H_f^{\ominus}$ 不为零的是（　　）。

A　Fe(s)　　B　C(金刚石)　　C　He(g)　　D　$Br_2(l)$

4. 在标准状态下，某反应在任意温度下均能自发进行，则该反应（　　）。

A　$\Delta H^{\ominus}>0$，$\Delta S^{\ominus}<0$　　B　$\Delta H^{\ominus}<0$，$\Delta S^{\ominus}<0$

C　$\Delta H^{\ominus}>0$，$\Delta S^{\ominus}>0$　　D　$\Delta H^{\ominus}<0$，$\Delta S^{\ominus}>0$

5. 298K时，反应 $A(g)+B(g)\rightleftharpoons 2C(g)+D(g)$ 的 $K^{\ominus}=2$。若A，B，C，D的起始压力分别为100kPa，200kPa，33.5kPa和67kPa，则298K时的反应（　　）。

A　正向自发　　B　逆向自发

C　处于平衡态　　D　不能确定

6. 可逆反应达平衡时，下列叙述中正确的是（　　）。

A　反应物与生成物浓度（或分压）相等

B　正、逆反应速率相等

C　反应停止，不再进行

D　只要温度一定，平衡系统中各物质浓度（或分压）应是常数

7. 反应 $N_2O_4(g)\rightleftharpoons 2NO_2(g)$ 的 $\Delta H^{\ominus}=58kJ\cdot mol^{-1}$，在某温度和压力下达平衡后，若系统发生下列变化，能使 $N_2O_4$ 离解度增加的是（　　）。

A　系统的体积减少为原来的一半

B　体积不变，加入Ar气使压力增大一倍

C　压力不变，加入Ar气使体积增大一倍

D　降低系统温度

8. 25℃时某化学反应的速率常数为 $2.0\times10^{3}s^{-1}$，其活化能为 $15.0kJ\cdot mol^{-1}$。则该反应在75℃时的反应速率常数为（　　）。

A　$2.09\times10^{-4}s^{-1}$　　B　$4.8\times10^{3}s^{-1}$　　C　$3.5\times10^{-3}s^{-1}$　　D　$5.5\times10^{2}s^{-1}$

9. 已知 $\varphi^{\ominus}(Cl_2/Cl^-)=1.36V$，$\varphi^{\ominus}(Cr_2O_7^{2-}/Cr^{3+})=1.33V$，$\varphi^{\ominus}(Fe^{3+}/Fe^{2+})=0.77V$，$\varphi^{\ominus}(I_2/I^-)=0.535V$。下列物质氧化能力由强到弱的次序是（　　）。

A $Cl_2 > I_2 > Cr_2O_7^{2-} > Fe^{3+}$　　B $Cr_2O_7^{2-} > Cl_2 > I_2 > Fe^{3+}$

C $Cl_2 > Cr_2O_7^{2-} > Fe^{3+} > I_2$　　D $Cr_2O_7^{2-} > Cl_2 > I_2 > Fe^{3+}$

10. 若 pH 变化，下列电对中电极电势变化的是（　　）。

A $Fe^{3+}/Fe^{2+}$　　B $Cu^{2+}/Cu$　　C $Cl_2/Cl^-$　　D $MnO_4^-/Mn^{2+}$

11. 向原电池（－）$Zn | Zn^{2+}$（$1mol \cdot dm^{-3}$）‖ $Cu^{2+}$（$1mol \cdot dm^{-3}$）| Cu（＋）的正极中通入 $H_2S$ 气体，则电池的电动势将（　　）。

A 增大　　B 减小　　C 不变　　D 无法判断

12. 已知 $K_a^{\ominus}(HAc) = 1.74 \times 10^{-5}$，$K_a^{\ominus}(HCN) = 6.2 \times 10^{-10}$，$K_a^{\ominus}(HF) = 6.6 \times 10^{-4}$，$K_b^{\ominus}(NH_3 \cdot H_2O) = 1.74 \times 10^{-5}$。下列溶液的浓度均为 $0.1mol \cdot dm^{-3}$，其溶液 pH 值按由大到小的顺序排列正确的是（　　）。

A $NaAc > NaCN > NaF > NaCl > NH_4Cl$

B $NaF > NaAc > NaCN > NaCl > NH_4Cl$

C $NaCN > NaAc > NaF > NaCl > NH_4Cl$

D $NH_4Cl > NaCl > NaF > NaAc > NaCN$

13. pH＝2 和 pH＝4 的两种强酸溶液，当它们等体积混合后，溶液的 pH 值约为（　　）。

A 2　　B 2.3　　C 3　　D 4

14. 已知 $K_{sp}^{\ominus}(BaF_2) = 4.0 \times 10^{-6}$，在 $BaF_2$ 的饱和溶液中 $F^-$ 浓度为（　　）$mol \cdot dm^{-3}$。

A 0.02　　B 0.01　　C 0.016　　D 0.0014

15. 对于分步沉淀，下列叙述正确的是（　　）。

A 被沉淀离子浓度小的先沉淀　　B 沉淀时所需沉淀剂小的先沉淀

C 溶解度小的物质先沉淀　　D 被沉淀离子浓度大的先沉淀

16. 配合物 $[Co(NH_3)_2(en)_2](NO_3)_3$ 中，中心离子的配位数为（　　）。

A 2　　B 4　　C 6　　D 8

17. 下列叙述中，正确的是（　　）。

A 电池电动势随时间降低　　B 电池电动势不随时间变化

C 标准电池电动势随时间变化　　D 电极电势不随时间变化

18. 催化剂能加快反应速率的机理是（　　）。

A 增大分子碰撞频率　　B 减小速率常数

C 改变反应途径，增大反应的活化能　　D 改变反应途径，降低反应的活化能

19. 下列溶液中，凝固点最低的是（　　）。

A $0.01mol \cdot kg^{-1}$ $Na_2SO_4$　　B $0.01mol \cdot kg^{-1}$ NaCl

C $0.01mol \cdot kg^{-1}$ HAc　　D $0.01mol \cdot kg^{-1}$ 葡萄糖溶液

20. 若使 50.0mL、$6.0mol \cdot dm^{-3}$ 的氨水中 $NH_3 \cdot H_2O$ 的电离度增大一倍，需加水（　　）。

A $43cm^3$　　B $50cm^3$　　C $100cm^3$　　D $150cm^3$

21. 下列晶体中属于分子晶体的是（　　）。

A NaCl　　B $SiO_2$　　C $CO_2$　　D Fe

22. 下列关于杂化轨道的叙述中正确的是（　　）。

A　凡是中心原子采用 $sp^3$ 杂化轨道成键的分子，都具有正四面体的空间构型

B　$sp^2$ 杂化是指同一原子的 1 个 $ns$ 轨道和 2 个 $np$ 轨道混合组成的三个新原子轨道

C　凡 $AB_3$ 型分子，中心原子都采用 $sp^3$ 杂化轨道成键

D　$CH_4$ 分子中的 $sp^3$ 杂化轨道是由 H 原子的 1s 原子轨道和碳原子 3 个 p 轨道混合组成的

23. 下列分子键角最大的是（　　）。

A　$H_2O$　　B　$BCl_3$　　C　$NH_3$　　D　$CH_4$

24. 已知 $\varphi^{\ominus}(Cu^{2+}/Cu) = 0.34V$，$\varphi^{\ominus}(Ag^{+}/Ag) = 0.799V$，将过量的纯铜粉置于 $0.10mol \cdot dm^{-3}$ $Ag^+$ 溶液中搅拌。平衡时溶液中 $Ag^+$ 的浓度是（　　）$mol \cdot dm^{-3}$。

A　$9.2 \times 10^{-28}$　　B　$1.3 \times 10^{-27}$　　C　$5.6 \times 10^{-9}$　　D　$4.0 \times 10^{-9}$

25. 主量子数 $n=3$ 的一个电子的下列四个量子数组，取值正确的是（　　）。

A　3，2，1，0　　B　3，2，－1，＋1/2

C　3，3，1，＋1/2　　D　3，1，2，＋1/2

26. 下列混合溶液具有缓冲作用的是（　　）。

A　$0.2mol \cdot dm^{-3}$ NaAc 和 $0.2mol \cdot dm^{-3}$ HCl 溶液，等体积混合

B　$0.2mol \cdot dm^{-3}$ HAc 和 $0.1mol \cdot dm^{-3}$ NaOH 溶液，等体积混合

C　$0.2mol \cdot dm^{-3}$ $NH_4Cl$ 和 $0.2mol \cdot dm^{-3}$ NaOH 溶液，等体积混合

D　$0.2mol \cdot dm^{-3}$HCl 和 $0.2mol \cdot dm^{-3}$NaCl 溶液，等体积混合

27. 若将氮原子的电子排布写成 $1s^2 2s^2 2p_x^2 2p_y^1$，它违背了（　　）。

A　能量守恒原理　　B　洪特规则

C　能量最低原理　　D　泡利不相容原理

28. 有 A、B、C 三种主族元素，若 A 元素阴离子与 B、C 元素阳离子具有相同的电子层结构，且 B 的阳离子半径大于 C，则这三种元素的原子序数大小次序是（　　）。

A　B＜C＜A　　B　A＜B＜C　　C　C＜B＜A　　D　B＜A＜C

29. 元素周期表中元素排列的根本依据是（　　）。

A　原子中核电荷数的变化　　B　原子中价电子数目的变化

C　原子半径的周期性变化　　D　原子中电子分布的周期性

30. 下列元素第一电离能最大的是（　　）。

A　B　　B　C　　C　N　　D　O

31. 下列分子，其中心原子采用 $sp^3$ 不等性杂化的是（　　）。

A　$NH_3$　　B　$BaCl_2$　　C　$CCl_4$　　D　$CO_2$

32. 测得电极 $Pt \mid MnO_4^-(c^{\ominus})$，$Mn^{2+}(c^{\ominus})$，$H^+$ 的电势为 1.02V，则介质的 pH =（　　）。

（$\varphi^{\ominus}(MnO_4^-/Mn^{2+}) = 1.491V$）

A　1.00　　B　3.00　　C　5.00　　D　7.00

33. 已知 $\varphi^{\ominus}(O_2/H_2O_2)=0.682V$，$\varphi^{\ominus}(H_2O_2/H_2O)=1.776V$。在标准状态下，反应 $2H_2O_2 = O_2+2H_2O$ 向哪个方向自发进行（　　）。

A 正向　　B 逆向　　C 平衡状态　　D 无法判断

34. 利用反应 $2H_2(g)+O_2(g) = 2H_2O(l)$ 组成原电池，其标准电动势为 1.23V。则该反应的 $\Delta G^{\ominus}$ 为（　　）。

A $474kJ \cdot mol^{-1}$　　B $-474kJ \cdot mol^{-1}$

C $237kJ \cdot mol^{-1}$　　D $-237kJ \cdot mol^{-1}$

35. 下列叙述中正确的是（　　）。

A $CH_4$、$CO_2$ 为非极性分子，$BCl_3$、$H_2S$ 为极性分子

B $CH_4$、$H_2S$ 为非极性分子，$CHCl_3$、HCl 为极性分子

C $CO_2$、$BCl_3$ 为非极性分子，$CHCl_3$、HCl 为极性分子

D $BCl_3$、$H_2S$ 为非极性分子，HCl、$PCl_3$ 为极性分子

36. 下列各组两个分子之间，不存在取向力的是（　　）。

A $H_2S$ 和 HCl　　B $PCl_3$ 和 $NH_3$

C $CS_2$ 和 $NH_3$　　D $C_2H_5OH$ 和 $CH_3OH$

37. $NH_3$ 在水中溶解度很大，主要是由于 $H_2O$ 与 $NH_3$ 分子间形成了（　　）。

A 色散作用　　B 诱导作用　　C 氢键　　D 取向作用

38. 使弱电解质电离度降低的是（　　）。

A 同离子效应　　B 盐效应　　C 缓冲作用　　D 热效应

39. 下列晶体中熔点最高的是（　　）。

A NaCl　　B MgO　　C KCl　　D KBr

40. 下列含氧酸盐中热稳定性最差的是（　　）。

A $K_2CO_3$　　B $CaCO_3$　　C $ZnCO_3$　　D $(NH_4)_2CO_3$

## 二、填空题（每空 1 分，共 20 分）

1. 根据系统和环境之间物质和能量的交换情况，系统分为________，________，________。

2. 已知 298K 时浓度为 $0.01mol \cdot dm^{-3}$ 的某一元弱酸的 pH 值为 4.00，则该酸的解离常数 $K_a^{\ominus}$ 为________。当把该酸溶液稀释后，其 pH 值将变________，电离度 $\alpha$ 将变________，$K_a^{\ominus}$ 值将________。

3. 原电池是将________直接转变为________的装置，原电池的正极发生________反应，负极发生________反应。

4. 已知 $\varphi^{\ominus}(Br_2/Br^-)=1.06V$，$\varphi^{\ominus}(Fe^{3+}/Fe^{2+})=0.77V$，将它们组成原电池（标准状态下），原电池符号为________，电池的电动势 $E^{\ominus}=$________。

5. 47 号元素 Ag 属于________周期________族，$Ag^+$ 的电子排布是________。

6. 范德华力包括________力，________力，________力。

7. 镧系元素常见的氧化数是________。

## 三、计算题（共40分）

1.（本题6分）

将1.0$dm^3$的0.10mol·$dm^{-3}$ $BaCl_2$溶液和0.20mol·$dm^{-3}$ $Na_2SO_4$溶液等体积混合，生成$BaSO_4$沉淀。（已知：$K_{sp}^{\ominus}(BaSO_4)=1.1\times10^{-10}$，求沉淀后溶液中$c(SO_4^{2-})$和$c(Ba^{2+})$

2.（本题6分）

将50mL 3.0mol·$dm^{-3}$ HAc溶液与50mL 1.0mol·$dm^{-3}$ NaOH溶液混合，计算混合溶液的pH值。（$K_a^{\ominus}(HAc)=1.74\times10^{-5}$）

3.（本题6分）

对于反应$2NO+Cl_2\rightarrow2NOCl$的浓度变化和速率测定数据如下（50℃）：

| 序　号 | $c(NO)$/mol·$dm^{-3}$ | $c(Cl_2)$/mol·$dm^{-3}$ | $v(NOCl)$/mol·$dm^{-3}$·$s^{-1}$ |
|---|---|---|---|
| 1 | 0.250 | 0.250 | $1.43\times10^{-6}$ |
| 2 | 0.250 | 0.500 | $2.86\times10^{-6}$ |
| 3 | 0.500 | 0.500 | $1.14\times10^{-5}$ |

（1）写出该反应的速率方程式。

（2）计算50℃时该反应的速率常数$k$。

（3）计算当$c(NO)=c(Cl_2)=0.300$mol·$dm^{-3}$时的反应速率$v$。

4.（本题10分）

已知：$\varphi^{\ominus}(MnO_2/Mn^{2+})=1.21V$　　$\varphi^{\ominus}(Cl_2/Cl^-)=1.36V$

（1）判断反应$MnO_2(s)+4HCl(aq)=MnCl_2(aq)+Cl_2(g)+2H_2O(l)$，在298K和标准状态下能否自发进行。

（2）实验室中为什么能用$MnO_2$和浓盐酸（12mol·$dm^{-3}$）反应制取氯气？

5.（本题12分）

五氯化磷分解反应　　$PCl_5(g)\rightleftharpoons PCl_3(g)+Cl_2(g)$

（1）在523K时，在2.0$dm^3$密闭容器内加入0.70mol $PCl_5$，平衡时有0.5mol $PCl_5$离解为$PCl_3$和$Cl_2$，试计算该温度下的平衡常数$K^{\ominus}$及$PCl_5$的离解率。

（2）若开始时注入0.70mol $PCl_5$的同时，注入了0.10mol $Cl_2$，则平衡时$PCl_5$的离解率又是多少？

# 东北大学期末考试《普通化学》（2009）试题答案

## 一、选择题（每题1分，共40分）

1. D　2. C　3. B　4. D　5. A　6. B　7. C　8. B

9. C　10. D　11. B　12. C　13. B　14. A　15. B　16. C

| | | | | | | | |
|---|---|---|---|---|---|---|---|
| 17. A | 18. D | 19. A | 20. D | 21. C | 22. B | 23. B | 24. D |
| 25. B | 26. B | 27. B | 28. B | 29. A | 30. C | 31. A | 32. C |
| 33. A | 34. B | 35. C | 36. C | 37. C | 38. A | 39. B | 40. D |

## 二、填空题（每空 1 分，共 20 分）

1. 敞开系统，封闭系统，孤立系统
2. $1 \times 10^{-6}$，大，大，不变
3. 化学能，电能，还原，氧化
4. $(-)Pt \mid Fe^{3+}(c^{\ominus}), Fe^{2+}(c^{\ominus}) \parallel Br^{-}(c^{\ominus}) \mid Br_2(l) \mid Pt(+)$；0.29V
5. 第五，ⅠB，$[K_r]4d^{10}$，$1s^2 2s^2 2p^6 3s^2 3p^6 3d^{10} 4s^2 4p^6 4d^{10}$
6. 色散，诱导，取向
7. +3

## 三、计算题（共 40 分）

1. $c(SO_4^{2-}) = 0.05 mol \cdot dm^{-3}$，$c(Ba^{2+}) = 2.2 \times 10^{-9} mol \cdot dm^{-3}$
2. pH = 4.46
3. （1）反应速率方程为 $v = kc^2(NO)c(Cl_2)$
   （2）$k = 9.12 \times 10^{-5} dm^6 \cdot mol^{-2} \cdot s^{-1}$
   （3）$v = 2.46 \times 10^{-6} mol \cdot dm^{-3} \cdot s^{-1}$
4. （1）该反应不能自发进行
   （2）$E > 0$，所以实验室可以用 $MnO_2$ 与浓盐酸反应制取氯气
5. （1）$K^{\ominus} = 27.16$，$PCl_5$ 的离解率 71.4%
   （2）$PCl_5$ 的离解率 68.4%

# 期末考试《无机化学》试题及答案

## 东北大学期末考试《无机化学》(2010) 试题

### 一、单项选择（每小题1分，共25分）

1. 既存在离子键和共价键，又存在配位键的物质是（　　）。

A　$H_3PO_4$　　B　$Ba(NO_3)_2$　　C　$[Cu(NH_3)_4]SO_4$　　D　NaF

2. 下列各种电子构型的正离子，其极化力和变形性均较小的是（　　）。

A　8 电子构型　　B　9 ~ 17 电子构型

C　18 电子构型　　D　18 + 2 电子构型

3. 升高温度使反应速率增大的主要原因是（　　）。

A　使活化分子百分数增加　　B　降低反应活化能

C　分子运动速率增大　　D　使反应压力增大

4. 已知一给定反应的 $\Delta G^{\ominus}$，则下列各项中能确定的是（　　）。

A　任意状态下反应的方向　　B　同一温度下的标准平衡常数

C　该反应的反应速率快慢　　D　某催化剂对该反应的作用

5. 下列几种情况中，$BaSO_4$ 的溶解度最大的是（　　）。

A　$1mol \cdot dm^{-3}$ $H_2SO_4$　　B　$2mol \cdot dm^{-3}$ $BaCl_2$

C　纯水　　D　$0.1mol \cdot dm^{-3}$ $H_2SO_4$

6. 下列叙述中错误的是（　　）。

A　配位平衡是指溶液中配离子解离为中心离子和配体的解离平衡

B　配离子在溶液中的行为像弱电解质

C　对同一配离子而言，$K_d^{\ominus} \cdot K_{st}^{\ominus} = 1$

D　配位平衡是指配合物在溶液中解离为内界和外界的解离平衡

7. 氯化钙、五氧化二磷等物质常被用作干燥剂，这是利用了由它们形成的水溶液性质中的（　　）。

A　凝固点下降　B　沸点上升　C　蒸气压下降　D　渗透

8. 将 $BiCl_3$ 放在水中其产物是（　　）。

A　$Bi(OH)_3$　B　$Bi(OH)_2Cl$　C　$Bi(OH)Cl_2$　D　BiOCl

9. 已知 $\varphi^{\ominus}(Cl_2/Cl^-) = 1.36V$，$\varphi^{\ominus}(Fe^{3+}/Fe^{2+}) = 0.77V$，$\varphi^{\ominus}(Cu^{2+}/Cu) = 0.34V$，$\varphi^{\ominus}(I_2/I^-) = 0.535V$。

下列物质还原能力由强到弱的次序是（　　）。

A　$Cu > I^- > Fe^{2+} > Cl^-$　　B　$Fe^{2+} > Cu > I^- > Cl^-$

C　$Cu > Fe^{2+} > Cl^- > I^-$　　D　$I^- > Cu > Fe^{2+} > Cl^-$

10. 在原电池中，盐桥的作用是（　　）。
A　参加电极反应　　B　参加电池反应
C　导通电子　　D　导通离子

11. 下列关于分子晶体的叙述中正确的是（　　）。
A　分子晶体中只存在分子间力
B　分子晶体晶格结点上排列的分子可以是极性分子或非极性分子
C　分子晶体中分子间力作较弱，因此不能溶解于水
D　分子晶体在水溶液中不导电

12. 下列化合物中，极化作用结果最大的是（　　）。
A　ZnS　　B　HgS　　C　CdS　　D　CaS

13. 下列叙述中，正确的是（　　）。
A　电池总反应一定是氧化还原反应　　B　电极反应一定是氧化还原反应
C　两个相同的电极不能组成原电池　　D　生成沉淀的反应不能组成原电池

14. 原子序数为 33 的元素，其原子在 $n=4$，$l=1$，$m=0$ 的轨道中电子数为（　　）。
A　1　　B　2　　C　3　　D　4

15. 根据下列电离能数据（$kJ \cdot mol^{-1}$）：

| 元素 | $I_1$ | $I_2$ | $I_3$ | $I_4$ |
|---|---|---|---|---|
| X | 500 | 4600 | 6900 | 9500 |
| Y | 580 | 1800 | 2700 | 11600 |

下列判断中错误的是（　　）。
A　元素 X 是 s 区元素
B　元素 Y 是 p 区元素
C　元素 X 与氯形成化合物时，化学式可能是 XCl
D　元素 Y 在化学性质上相似于锡

16. 金属的化学活泼性随原子序数增加而增强，但下列哪一族例外？（　　）
A　ⅡA　　B　ⅢB　　C　ⅠB　　D　ⅢA

17. 分子间的取向力存在于（　　）。
A　极性分子间　　B　非极性分子和极性分子间
C　非极性分子间　　D　任何分子间

18. 下列物质中，分子之间不存在氢键的有（　　）。
A　$H_2O_2$　　B　$C_2H_5OH$　　C　$H_3BO_3$　　D　$CH_3CHO$

19. 下述含有非金属“X”的酸中，电离常数最大的是（　　）。
A　$HXO_4$　　B　$HXO_3$　　C　$HXO_2$　　D　HXO

20. $SiCl_4$ 在潮湿空气中冒“白烟”，可用于制作烟幕弹，这是因为（　　）。
A　$SiCl_4$ 不稳定而分解为 $Cl_2$ 和 Si
B　$SiCl_4$ 发生水解，生成 $H_4SiO_4$ 和 HCl 气体
C　$SiCl_4$ 发生水解，生成 $SiO_2$ 和 HCl 气体
D　$SiCl_4$ 化学活性很大，被 $O_2$ 氧化为 $SiO_2$ 和 $Cl_2O$

21. 下列碳酸盐的热稳定性顺序正确的是（　　）。

A　$CaCO_3 > K_2CO_3 > ZnCO_3 > (NH_4)_2CO_3$

B　$ZnCO_3 > K_2CO_3 > CaCO_3 > (NH_4)_2CO_3$

C　$K_2CO_3 > CaCO_3 > ZnCO_3 > (NH_4)_2CO_3$

D　$CaCO_3 > K_2CO_3 > (NH_4)_2CO_3 > ZnCO_3$

22. ⅥB 族元素 Cr、Mo、W 三元素中，Mo 和 W 之间的相似性大于它们与 Cr 之间的相似性，其原因是（　　）。

A　惰性电子对效应　　　　B　钻穿效应

C　屏蔽效应　　　　D　镧系收缩

23. 下列氯化物中哪个水解度最大？（　　）

A　$MgCl_2$　　B　$ZnCl_2$　　C　$SbCl_3$　　D　$FeCl_2$

24. 下列关于含氧酸酸性的比较结果中正确的是（　　）。

A　$HNO_3 > HNO_2$　　　　B　$H_3PO_4 < H_3AsO_3$

C　$H[BF_4] < H_3BO_3$　　　　D　$H_2SO_4 > HClO_4$

25. 在标准态时，某反应 $a\mathrm{A(g)} + b\mathrm{B(g)} = c\mathrm{C(g)}$，在低温度下自发进行，在高温度下非自发进行，则该反应的（　　）。

A　$\Delta H^\ominus < 0$，$\Delta S^\ominus > 0$　　　　B　$\Delta H^\ominus < 0$，$\Delta S^\ominus < 0$

C　$\Delta H^\ominus > 0$，$\Delta S^\ominus > 0$　　　　D　$\Delta H^\ominus > 0$，$\Delta S^\ominus < 0$

## 二、填空题（每小题 2 分，共 20 分）

1. 根据酸碱质子理论，$HO^-$ 的共轭酸是__________，共轭碱是__________。
2. 将氧化还原反应：$Cr_2O_7^{2-} + H_2O_2 + H^+ \rightarrow O_2 + Cr^{3+} + H_2O$ 进行配平，在配平后的反应方程式中，$H^+$ 的系数是__________。
3. 将下反应设计成原电池，其电池符号为：__________。
$$Zn^{2+}(aq) + H_2(g) = 2H^+(aq) + Zn(s)$$
4. 为阻止__________分子通过半透膜进入溶液而施加于溶液的压力，称为该溶液的__________。
5. $Mn(OH)_2$ 的 $K_{sp}^\ominus$ 为 $1.9 \times 10^{-13}$，在纯水中其溶解度为__________ $mol \cdot dm^{-3}$。
6. $PCl_3$ 和水反应的产物是__________和__________。
7. 0 级反应速率常数的单位是__________，2 级反应速率常数的单位是__________。
8. 利用反应 $CH_4(g) + 2O_2(g) = CO_2(g) + 2H_2O(l)$ 组成电池，其标准电动势为__________ V。（已知该反应的 $\Delta G^\ominus = -818kJ \cdot mol^{-1}$，$F = 96500C \cdot mol^{-1}$）
9. 83 号元素原子的核外电子排布为__________，该元素在周期表中位于__________族。
10. 配合物 $[Co(NH_3)_2(en)_2](NO_3)_3$ 的系统命名为__________，中心离子配位数为__________。

## 三、问答题（每小题 5 分，共 20 分）

1. 元素周期表的前 36 个元素中，基态时电子组态中有 $4s^1$ 的元素有几个，写出元素符号及其基态电子排布式。

2. 比较下列化合物的熔点高低，并说明理由。

$$AlCl_3, NaCl, MgCl_2, SiCl_4$$

3. σ 键可由 s-s、s-p 和 p-p 原子轨道“头碰头”重叠构建而成，试讨论 LiH（气态分子）、HCl、$Cl_2$ 分子里的 σ 键分别属于哪一种？
4. C 和 Si 是同一族元素，金刚石和晶体硅均为原子晶体。为什么金刚石的熔点比晶体硅高得多？

## 四、计算题（每小题 7 分，共 35 分）

1. 在混合溶液中：$c(Fe^{3+}) = 0.10mol \cdot dm^{-3}$，$c(Cu^{2+}) = 0.50mol \cdot dm^{-3}$，如果溶液的 pH 值控制在 4.0，能否使这两种离子分离？（$K_{sp}^{\ominus}(Fe(OH)_3) = 4.0 \times 10^{-38}$，$K_{sp}^{\ominus}(Cu(OH)_2) = 2.2 \times 10^{-20}$）
2. 2.00mol 理想气体在 350K 和 152kPa 条件下，经恒压冷却至体积为 $35.0dm^3$，此过程放热 1260J。试计算：
(1) 起始体积；(2) 终态温度；(3) 体系做功；(4) 内能变化；(5) 焓变。
3. 由标准氢电极和镍电极组成原电池，如当 $c(Ni^{2+}) = 0.01mol \cdot dm^{-3}$ 时，电池的电动势为 0.316V，其中 Ni 为负极，计算镍电极的标准电极电势。
4. 阿波罗登月火箭用联氨 $N_2H_4(l)$ 作燃料，用 $N_2O_4(g)$ 作氧化剂，燃烧后生成 $N_2(g)$ 和 $H_2O(l)$。计算燃烧 1.0kg 联氨所放出的热。（标准生成焓数据：$N_2H_4(l) = 50.6kJ \cdot mol^{-1}$，$N_2O_4(g) = 9.2kJ \cdot mol^{-1}$，$H_2O(l) = -285.8kJ \cdot mol^{-1}$；相对原子质量：N = 14，H = 1）
5. 在 $1.0dm^3$ 含有 $NH_3 \cdot H_2O$ 和 $NH_4Cl$ 的溶液中，$c(NH_3 \cdot H_2O) = 0.10mol \cdot dm^{-3}$，$c(NH_4^+) = 0.10mol \cdot dm^{-3}$。若使溶液的 pH 值增加一个单位，问需加入固体 NaOH 多少克？（假定加入 NaOH(s) 后溶液的体积不发生改变；$K_b^{\ominus} = 1.8 \times 10^{-5}$；相对原子质量：Na = 23，O = 16，H = 1）

# 东北大学期末考试《无机化学》(2010) 试题参考答案

## 一、单项选择（每小题 1 分，共 25 分。）

| 1~5 | 6~10 | 11~15 | 16~20 | 21~25 |
|---|---|---|---|---|
| C A A B C | D C D A D | B B B A D | C A D A B | C D C A B |

## 二、填空题（每小题 2 分，共 20 分）

1. $H_2O$；$O^{2-}$
2. 8
3. $(-)Zn \mid Zn^{2+}(aq) \parallel H^+(aq) \mid H_2(g) \mid Pt(+)$
4. 溶剂，渗透压

5. $3.6\times10^{-5}$

6. $H_3PO_3$，HCl

7. $mol\cdot dm^{-3}\cdot s^{-1}$，$dm^3\cdot mol^{-1}\cdot s^{-1}$

8. 1.06

9. $[Xe]4f^{14}5d^{10}6s^26p^3$，ⅢA

10. 硝酸二氨·二乙二胺合钴(Ⅲ)，6

## 三、问答题（每小题5分，共20分）

1. 有3个。

| K | Cr | Cu |
|---|---|---|
| $[Ar]4s^1$ | $[Ar]3d^54s^1$ | $[Ar]3d^{10}4s^1$ |

2. $NaCl>MgCl_2>AlCl_3>SiCl_4$

NaCl为离子晶体，熔点最高；$SiCl_4$为分子晶体，熔点最低

$MgCl_2$和$AlCl_3$为过渡型晶体，熔点介于离子晶体和分子晶体之间，且金属离子氧化数越高，极化能力越强，越倾向于分子晶体，熔点越低

3. LiH，s-s；HCl，s-p；$Cl_2$，p-p

4. C—C键长比Si—Si键长小，所以键能更大，所以熔点更高。

## 四、计算题（每小题7分，共35分）

1. 在pH = 4.00时，$Fe^{3+}$已经沉淀完全，$Cu^{2+}$尚未开始沉淀，所以两者可以完全分离。

2. $V_1=38.3dm^3$；$T_2=320K$；$W=502J$；$\Delta U=-758J$；$\Delta H=-1260J$

3. $\varphi^{\ominus}=-0.257V$

4. $Q=-1.96\times10^4kJ$

5. $m(NaOH)=3.3g$

# 东北大学期末考试《无机化学》(2009) 试题

## 一、填空题 (每小题2分，共20分)

1. 气态时 $Ti^{2+}$、$Ti^{3+}$、Ti 中半径最大的是__________；气态时 $F^-$、$O^{2-}$、$Na^+$ 中半径最大的是__________。
2. 2mol $CaH_2$ 溶于水，得到__________ mol 氢气，在常温、常压气体体积为__________ $dm^3$。
3. 工业上，制备活泼金属常用电解__________或__________的方法。
4. 反应 $A(g) + 2B(g) = C(g)$ 的速率方程为 $v = kc(A)c^2(B)$。反应的级数为______级。当 B 的浓度增加 2 倍时，反应速率将增大______倍。
5. 根据酸碱质子理论，$CO_3^{2-}$ 的共轭酸是______；$H_2PO_4^-$ 共轭酸是______。
6. 47 号元素 Ag 的电子结构是______；$Ag^+$ 的电子结构是______。
7. 反应 $H_2O(l) = H_2(g) + 1/2O_2(g)$ 的 $\Delta H^\ominus = 285.8kJ \cdot mol^{-1}$。当吸热为 3.14kJ 时，可生成 $H_2(g)$ 为__________ g，$O_2(g)$ 为__________ g。
8. 0 级反应速率常数的单位是__________，2 级反应速率常数的单位是__________。
9. A、B 两元素的原子仅差一个电子，A 是原子量最小的活泼金属元素，B 却是很不活泼的元素，则 A 为__________元素，B 为__________元素。
10. 向 $FeCl_3$ 溶液中加入 $Na_2CO_3$，得到的气体是__________、沉淀是__________。

## 二、单项选择 (每小题1分，共25分)

1. 在原电池中，盐桥的作用是 (　　)。

   A 参加电极反应　　B 参加电池反应　　C 导通电子　　D 导通离子

2. 若计算电池反应 $2MnO_4^- + 10Cl^- + 16H^+ = 2Mn^{2+} + 5Cl_2 + 8H_2O$ 的电动势，Nernst 方程中，$n =$ (　　)。

   A 5　　B 8　　C 10　　D 16

3. 下列金属单质中哪种单质的熔点最高 (　　)。

   A Cr　　B Mo　　C W　　D Cu

4. 已知 $K_{sp}^\ominus(BaF_2) = 4.0 \times 10^{-6}$，在 $BaF_2$ 的饱和溶液中 $F^-$ 浓度为 (　　) $mol \cdot dm^{-3}$。

   A 0.02　　B 0.01　　C 0.016　　D 0.0014

5. 金能够溶于下列何种溶液中 (　　)。

   A 浓 $H_2SO_4$　　B 浓 $HNO_3$　　C 浓 HCl　　D 王水

6. 下面几种描述核外电子运动的说法中，正确的是 (　　)。

   A 电子绕着原子核做圆周运动

   B 电子在离核一定距离的球面上运动

   C 电子在核外一定的空间范围内运动

   D 现在还不能正确描述核外电子运动

7. 已知 $K_b^\ominus(NH_3 \cdot H_2O) = 1.74 \times 10^{-5}$，现将 20cm³ 0.50mol · dm⁻³ 氨水与 30cm³ 0.50mol · dm⁻³ HCl 相混合，溶液中的 pH 值为（　　）。

A 1.0　　B 0.30　　C 0.50　　D 4.9

8. 下列物质中哪个是超氧化物（　　）。

A $Na_2O_2$　　B $BaO_2$　　C $KO_2$　　D $SO_3$

9. 已知 $\varphi^\ominus(Cl_2/Cl^-) = 1.36V$，$\varphi^\ominus(Cr_2O_7^{2-}/Cr^{3+}) = 1.33V$，$\varphi^\ominus(Fe^{3+}/Fe^{2+}) = 0.77V$，$\varphi^\ominus(I_2/I^-) = 0.535V$。

下列物质氧化能力由强到弱的次序是（　　）。

A $Cl_2 > Cr_2O_7^{2-} > Fe^{3+} > I_2$　　B $Cr_2O_7^{2-} > Cl_2 > I_2 > Fe^{3+}$

C $Cl_2 > I_2 > Cr_2O_7^{2-} > Fe^{3+}$　　D $Cr_2O_7^{2-} > Cl_2 > I_2 > Fe^{3+}$

10. 常温下能与水发生歧化反应的物质是（　　）。

A $Cl_2$　　B $F_2$　　C Si　　D C

11. 下列金属单质中哪种单质的导电性最好（　　）。

A Ag　　B Bi　　C Sn　　D Al

12. 在薛定谔方程中，波函数 $\Psi$ 描述的是（　　）。

A 原子轨道　　B 几率密度

C 核外电子运动的轨迹　　D 核外电子的能量

13. 已知 $K_a^\ominus(HAc) = 1.74 \times 10^{-5}$，$K_a^\ominus(HCN) = 6.2 \times 10^{-10}$，$K_a^\ominus(HF) = 6.6 \times 10^{-4}$，$K_b^\ominus(NH_3 \cdot H_2O) = 1.74 \times 10^{-5}$。下列溶液的浓度均为 0.1mol · dm⁻³，其溶液 pH 值按由大到小的顺序排列正确的是（　　）。

A $NaAc > NaCN > NaF > NaCl > NH_4Cl$

B $NaF > NaAc > NaCN > NaCl > NH_4Cl$

C $NH_4Cl > NaCl > NaF > NaAc > NaCN$

D $NaCN > NaAc > NaF > NaCl > NH_4Cl$

14. 已知 $\varphi^\ominus(Fe^{3+}/Fe^{2+}) = 0.77V$，$\varphi^\ominus(I_2/I^-) = 0.535V$。在标准状态下，反应 $I_2 + 2Fe^{2+} = 2Fe^{3+} + 2I^-$ 进行的方向是（　　）。

A 正向　　B 逆向　　C 平衡状态　　D 无法判断

15. 下列金属单质中哪种单质的硬度最大（　　）。

A Cu　　B Cr　　C W　　D Mo

16. 在标准状态下，某反应 $aA(g) + bB(g) \rightarrow cC(g)$，在任意温度下均能自发进行，则该反应的（　　）。

A $\Delta H^\ominus > 0$，$\Delta S^\ominus > 0$　　B $\Delta H^\ominus < 0$，$\Delta S^\ominus < 0$

C $\Delta H^\ominus < 0$，$\Delta S^\ominus > 0$　　D $\Delta H^\ominus > 0$，$\Delta S^\ominus < 0$

17. $n = 4$ 时，电子填入各轨道的能级顺序为（　　）。

A 1s2s2p3s3p3d4s4p4d　　B 1s2s2p3s3p3d4s4p4d

C 1s2s2p2d3s3p3d4s4p4d　　D 1s2s2p3s3p4s3d4p

18. 欲降低 $H_2S$ 溶液的解离度，可加入（　　）。

A NaCl　　B NaHS　　C NaOH　　D $H_2O$

19. 下列物质中，只能做还原剂的是（　　）。

A　$Fe^{3+}$　　B　$H_2S$　　C　$Cu^{2+}$　　D　$Sn^{4+}$

20. 对于反应 $H_2O(g) \rightleftharpoons H_2(g) + 1/2O_2(g)$，在某温度、压力下达到平衡，向此系统中通入惰性气体 Ne(g)，保持温度、压力不变，使体积增加，此时（　　）。

A　平衡向右移动　　B　平衡向左移动

C　无法确定　　D　平衡保持不变

21. 某元素的原子最外层只有两个 $l=0$ 的电子，该元素在周期表中必定不属于(　　)。

A　s 区元素　　B　ds 区元素　　C　p 区元素　　D　d 区元素

22. 在恒温、恒容条件下，混合气体中某个组分的物质的量分数与其分压和总压之比在数值上的关系是（　　）。

A　成正比　　B　相等的　　C　成反比　　D　无法确定

23. 对于原子核外的电子来说，下列各组量子数的组合中错误的是（　　）。

A　$n=3$，$l=2$，$m=0$，$m_s=+\frac{1}{2}$

B　$n=2$，$l=2$，$m=-1$，$m_s=-\frac{1}{2}$

C　$n=4$，$l=1$，$m=0$，$m_s=-\frac{1}{2}$

D　$n=3$，$l=1$，$m=-1$，$m_s=+\frac{1}{2}$

24. $A+2B \rightarrow C$ 为基元反应，其速率常数为 $k$，当反应在某一时刻（以 s 计），A 的浓度为 $2mol \cdot dm^{-3}$，B 的浓度为 $3mol \cdot dm^{-3}$，则反应速率为（　　）$mol \cdot dm^{-3} \cdot s^{-1}$。

A　$18k$　　B　$36k$　　C　$6k$　　D　$12k$

25. 用量子数描述的下列亚层中，可以容纳电子数最多的是（　　）。

A　$n=2$，$l=1$　　B　$n=3$，$l=2$　　C　$n=4$，$l=3$　　D　$n=5$，$l=0$

## 三、问答题（每小题 5 分，共 25 分）

1. 向烧红的炭火炉中泼少量水，瞬间炉火烧得更旺，随后火势减弱。试解释之。
2. 什么是反应热？反应的热效应与焓变有什么关系？
3. 判断下列说法是否正确并说明理由。

（1）放热反应都是自发的。

（2）$\Delta S$ 为正值的反应都是自发的。

4. 试解释盐碱土地上栽种植物难以生长的原因。
5. 在实验室中不能长时间地保存 $Na_2S$、$Na_2SO_3$ 的水溶液，为什么？

## 四、计算题（每小题 6 分，共 30 分）

1. 某溶液中含有 $0.010mol \cdot dm^{-3}$ $Pb^{2+}$ 和 $0.010mol \cdot dm^{-3}$ $Ba^{2+}$，逐滴加入 $K_2CrO_4$ 溶液（忽略体积的变化），哪种离子首先被沉淀出来？两种离子有无可能分离开？通

过计算说明。($K_{sp}^{\ominus}$ ($PbCrO_4$) $=2.8\times10^{-13}$，$K_{sp}^{\ominus}$ ($BaCrO_4$) $=1.2\times10^{-10}$)

2. 已知反应 $1/2H_2(g)+1/2Cl_2(g)=HCl(g)$，$\Delta H^{\ominus}=-92.2kJ\cdot mol^{-1}$，在 298K 时，$K^{\ominus}=4.86\times10^{16}$，试计算 500K 时该反应的 $K^{\ominus}$ 和 $\Delta G^{\ominus}$。
3. 取 $50.0cm^3$ $0.100mol\cdot dm^{-3}$ 某一元弱酸，与 $20.0cm^3$ $0.100mol\cdot dm^{-3}$ KOH 溶液混合，将混合溶液稀释至 $100cm^3$，测得此溶液的 pH 值为 5.25。求此一元弱酸的解离常数。
4. 利用电化学方法计算在 25℃ 时反应 $Cu+2Ag^+=Cu^{2+}+2Ag$ 的平衡常数。($\varphi^{\ominus}(Ag^+/Ag)=0.80V$，$\varphi^{\ominus}(Cu^{2+}/Cu)=0.34V$)
5. 反应 $PCl_5(g)=PCl_3(g)+Cl_2(g)$，在 760K 时的平衡常数为 33.3，若将 50g 的 $PCl_5$ 装入容积为 $3.0dm^3$ 的密闭容器中，求平衡时 $PCl_5$ 的离解百分数和此时容器内的压力是多少？

# 东北大学期末考试《无机化学》(2009) 试题参考答案

## 一、填空题（每小题 2 分，共 20 分）

1. Ti，$O^{2-}$
2. 4，99.2
3. 熔盐，液态氧化物
4. 3，3
5. $HCO_3^{2-}$，$H_3PO_4$
6. $[Kr]4d^{10}5s^1$，$[Kr]4d^{10}$
7. 0.022，0.176
8. $mol\cdot dm^{-3}\cdot s^{-1}$，$dm^3\cdot mol^{-1}\cdot s^{-1}$
9. Li，He
10. $CO_2$，$Fe(OH)_3$

## 二、单项选择（每小题 1 分，共 25 分）

| 1～5 | 6～10 | 11～15 | 16～20 | 21～25 |
|---|---|---|---|---|
| D C C A D | C A C A A | A A D B B | C D B B A | C B B A C |

## 三、问答题（每小题 5 分，共 25 分）

1. 炭火上泼少量水时，水与红热的炭反应，$C+H_2O=CO+H_2$，产生易燃的 $H_2$ 和 CO，在其产生的瞬间，炉火烧得更旺。但由于水使煤炭的温度降低，随后火势有所减弱。
2. 化学反应吸收或放出的热量称为反应热。只做体积功的恒压热效应等于系统的焓变。

3.（1）错。有些吸热反应也是自发的，如高温时，$2HgO = 2Hg + O_2$；

（2）错。有些 $\Delta S$ 为负值的反应也是自发的，如 $HCl(g) + NH_3(g) = NH_4Cl(s)$。自由能放热反应都是自发的。

4. 植物的细胞膜是半透膜，通过渗透压机理从土壤中吸收水分。在盐碱地中，土壤的渗透压比植物细胞的渗透压大，植物细胞中的水就会通过细胞膜渗透出来，从而引起细胞收缩，植物不易从土地吸取水分和养分，因此植物不易生长。

5. $Na_2S$ 和 $Na_2SO_3$ 具有还原性，在水溶液中都是强还原剂，可被空气中的氧气氧化，发生变质，因而不能长期保存。其反应分别为

$$2Na_2S + O_2 + 2H_2O = 2S + 4NaOH$$

$$Na_2S + (x-1)S = Na_2S_x$$

$$2Na_2SO_3 + O_2 = 2Na_2SO_4$$

## 四、计算题（每小题 6 分，共 30 分）

1. $PbCrO_4$ 沉淀先析出，$BaCrO_4$ 沉淀后析出。

当 $BaCrO_4$ 开始析出沉淀时，$Pb^{2+}$ 的浓度大于 $1.0 \times 10^{-5} mol \cdot dm^{-3}$，$PbCrO_4$ 未沉淀完全，因此两种离子不能完全分开。

2. $K^{\ominus} = 1.4 \times 10^{10}$，$\Delta G^{\ominus} = -97.2 kJ \cdot mol^{-1}$

3. $K_a^{\ominus} = 3.75 \times 10^{-6}$

4. $K^{\ominus} = 3.5 \times 10^{15}$

5. $\alpha = 87.5\%$；$p = 948 kPa$

# 东北大学 2011 年攻读硕士学位研究生复试《无机化学》试题

（满分 120 分）

## 一、是非题（每小题 2 分，共 20 分）

1. 热力学规定：单质的 $\Delta_f G_m^\ominus$、$\Delta_f H_m^\ominus$ 均为零。
2. 升高温度时，放热反应的速率降低，吸热反应的速率增大。
3. 弹式量热计所测得的热效应是恒容热效应。
4. 若某反应由几个基元反应所组成，则总反应的速率由基元反应中最慢的一步控制，该基元反应的级数也就是总反应的级数。
5. $CaCO_3$ 在常温下不分解，是由于分解反应为吸热反应；在高温下分解，是由于此时分解放热。
6. 分步沉淀时，被沉淀离子浓度大的先沉淀。
7. 1mol 任何物质都含有 $6.02 \times 10^{23}$ 个微粒，1mol 氯化钠中则应含有 $6.02 \times 10^{23}$ 个分子。
8. 当分子中存在单电子时该分子具有顺磁性。
9. AgF 易溶于水，AgBr 难溶于水，主要是由于 $F^-$ 离子比 $Br^-$ 离子难变形。
10. 极化能力强的离子其结构的特性是离子电荷高、离子半径小。

## 二、选择题（每题只有一个正确答案；每小题 2 分，共 20 分）

1. 某化学反应在反应前后气体物质的量有变化，则 $Q_p$ 与 $Q_V$ 的关系为（　　）。

   A　$Q_p > Q_V$　　　　B　$Q_p < Q_V$

   C　$Q_p = Q_V$　　　　D　无法确定

2. 当温度低于 500K 时，反应 $NO_2 + CO \longrightarrow NO + CO_2$ 的反应机理可能为：

   $NO_2(g) + NO_2(g) \longrightarrow NO_3(g) + NO(g)$　　(1)(慢)

   $NO_3(g) + CO(g) \longrightarrow NO_2(g) + CO_2(g)$　　(2)(快)

   试确定总反应的速率方程为（　　）。

   A　$v = kc(NO_2)c(NO_2) = kc^2(NO_2)$　　　　B　$v = kc(NO_3)c(CO)$

   C　$v = kc(NO_2)c(NO_3)c(CO)$　　　　D　$v = kc(NO)c(NO_2)c(CO_2)$

3. 恒温、恒容下，混合气体中某个组分的物质的量分数与其分压和总压之比值(　　)。

A 成正比　　B 相等的

C 成反比　　D 无法确定

4. 有三个反应 a，b，c，其活化能分别为：$320kJ \cdot mol^{-1}$，$40kJ \cdot mol^{-1}$，$80kJ \cdot mol^{-1}$。当温度升高值相同时，以上反应速度增加倍数的大小顺序是（　　）。

A $a > c > b$　　B $a > b > c$

C $b > c > a$　　D $c > b > a$

5. $0.10mol \cdot dm^{-3}$弱酸 HA 溶液，有 2.0% HA 解离。则 HA 的解离常数 $K_a^{\ominus}$ =（　　）。

A $2.0 \times 10^{-3}$　　B $4.0 \times 10^{-3}$

C 0.2　　D $4.0 \times 10^{-5}$

6. 313K 时，水的 $K_w^{\ominus} = 3.8 \times 10^{-14}$，此时 $c(H^+) = 1.0 \times 10^{-7} mol \cdot dm^{-3}$ 的溶液是(　　)。

A 酸性　　B 中性

C 碱性　　D 缓冲溶液

7. 往 1L $0.1mol \cdot dm^{-3}$ HAc 溶液中，加入一些 NaAc 晶体，会使（　　）。

A HAc 的 $K_a^{\ominus}$ 值增大　　B HAc 的 $K_a^{\ominus}$ 值减小

C 溶液的 pH 值增大　　D 溶液的 pH 值减少

8. 下列物质中，只能做氧化剂的是（　　）。

A $MnO_4^{2-}$　　B $Cl^-$

C $Br_2$　　D $Cr_2O_7^{2-}$

9. 饱和甘汞电极中使用的电解质是（　　）KCl 溶液。

A $0.1mol \cdot dm^{-3}$　　B $1mol \cdot dm^{-3}$

C $0.5mol \cdot dm^{-3}$　　D 饱和

10. $_{26}Fe$ 原子的价层电子构型为（　　）。

A $4s^2$　　B $4s^24d^6$

C $3d^64s^2$　　D $3s^23p^63d^6$

## 三、填空题（每小题 2 分，共 10 分）

1. 298K，浓度为 $0.20mol \cdot dm^{-3}$ 某一元弱酸的 pH 值为 4.00，则该酸的解离常数为________。把该酸溶液稀释一倍后，其解离度 $\alpha$ 为________。

2. 若以反应 $MnO_4^- + H_2O_2 + H^+ \rightarrow Mn^{2+} + O_2$ 组成原电池，则电池符号为________，负极反应为________。

3. 在 Fe-Ag 原电池中，若往 $FeSO_4$ 溶液中加入少量 NaOH 溶液，则电池的电动势将________；若往 $AgNO_3$ 溶液中加入少量 NaCl 溶液，则电池的电动势将________。

4. 已知 $\varphi^{\ominus}(Cl_2/Cl^-) = 1.36V$，$\varphi^{\ominus}(BrO_3^-/Br^-) = 1.52V$，$\varphi^{\ominus}(I_2/I^-) = 0.54V$，$\varphi^{\ominus}(Sn^{4+}/Sn^{2+}) = 0.154V$，则在 4 个电对中最强的氧化剂是________，最强的还原剂是________。

5. 导电性最好的金属是________；熔点最低的金属是________；硬度最大的金属是________。

## 四、问答题（每小题10分，共40分）

1. 举例说明影响物质标准熵大小的因素。
2. $CH_4$ 分子中的键角为109°28′，$NH_3$ 分子中的键角为107°18′，$H_2O$ 分子中的键角为104°45′，试解释之。
3. 碘难溶于水，却易溶于碘化钾溶液。
4. $Al_2S_3$ 和 $Al_2(CO_3)_3$ 不能用湿法制得。

## 五、计算题（每小题10分，共30分）

1. 反应 A ══ B + C 在400K和500K时的速率常数分别是 $3.2\times10^{-3}dm^3\cdot mol^{-1}\cdot s^{-1}$ 和 $0.47dm^3\cdot mol^{-1}\cdot s^{-1}$。求：（1）反应的活化能；（2）温度为550K，A的浓度为 $0.15mol\cdot dm^{-3}$ 时的反应速率。
2. 在623K，体积为 $20dm^3$ 的容器中，混合1mol $H_2$ 和3mol $N_2$。反应 $N_2(g)+3H_2(g)\rightarrow 2NH_3(g)$ 平衡时 $H_2$ 的转化率为12%。求该温度下反应的标准平衡常数 $K^{\ominus}$。
3. $0.10mol\cdot dm^{-3}$ 的氨溶液中含有 $NH_4Cl$，测得该混合溶液的pH值为8.45。求其中的 $NH_4Cl$ 浓度。（$K_b^{\ominus}(NH_3\cdot H_2O)=1.8\times10^{-5}$）

# 东北大学2011年攻读硕士学位研究生复试《无机化学》试题参考答案

## 一、是非题（每小题2分，共20分）

1. × 2. × 3. √ 4. √ 5. × 6. × 7. × 8. √ 9. √ 10. √

## 二、选择题（每题只有一个正确答案；每小题2分，共20分）

1. D 2. A 3. B 4. A 5. D 6. C 7. C 8. D 9. D 10. C

## 三、填空题（每小题2分，共10分）

1. $5.0\times10^{-8}$，0.071%
2. $(-)Pt, O_2|H_2O_2, H^+\|MnO_4^-, Mn^{2+}, H^+|Pt(+)$；$H_2O_2 = O_2+2H^++2e$
3. 增大，减小
4. $BrO_3^-$，$Sn^{2+}$
5. Ag，Hg，Cr

## 四、问答题（每小题10分，共40分）

1. 影响标准熵的因素：

（1）同一物质，g≫l > s。$H_2O(s) > H_2O(l) > H_2O(s)$

（2）同一物质，同一聚集状态，温度高，熵值大。

（3）同一聚集状态，分子大、复杂，熵值大。甲烷 < 乙烷 < 丙烷 270

（4）固体，硬度大，熵值小。金刚石 < Cr < Na

2. $CH_4$、$NH_3$、$H_2O$ 中心原子均采取 $sp^3$ 杂化。$CH_4$ 分子中无孤对电子，$NH_3$ 中有 1 对孤对电子，$H_2O$ 中有两对孤对电子。电子对之间的斥力：孤对电子-孤对电子 > 孤对电子-成键电子 > 成键电子-成键电子。$CH_4$ 为正四面体结构，键角 109°28′；$NH_3$ 有 1 对孤对电子，使键角减小；$H_2O$ 有 2 对孤对电子，键角更小。

3. 碘为非极性分子，水是极性很强的溶剂，根据相似相溶的原则，碘难溶于水。在碘化钾溶液中，$I_2$ 与 $I^-$ 反应生成 $I_3^-$，因而溶解。

4. $Al^{3+}$ 和 $S^{2-}$ 在水中的水解度均较大，$Al_2S_3$ 及 $Al_2(CO_3)_3$，在水中完全水解，因而不适宜用湿法制备

$$2Al^{3+} + 3S^{2-} + 6H_2O \xlongequal{\quad} 2Al(OH)_3 + 3H_2S$$

$$2Al^{3+} + 3CO^{3-} + 3H_2O \xlongequal{\quad} 2Al(OH)_3 + 3CO_2$$

## 五、计算题（每小题 10 分，共 30 分）

1. $E_a = 83.0 kJ \cdot mol^{-1}$；$v = 0.44 mol \cdot dm^{-3} \cdot s^{-1}$
2. $K^{\ominus} = 4.7 \times 10^{-4}$
3. $[NH_4Cl] = 0.64 mol \cdot dm^{-3}$

# 东北大学2009年攻读硕士学位研究生复试《无机化学》试题

（满分120分）

## 一、选择题（每小题只有一个最适宜选择；每小题2分，共40分）

1. 属于状态函数的是（　　）。

A　热，分压　　B　热，功　　C　温度，体积　　D　温度，功

2. 若反应 $2A + B \rightarrow C$ 的活化能为 $54kJ \cdot mol^{-1}$，$\Delta H = -27.7kJ \cdot mol^{-1}$，则该反应的逆反应的活化能为（　　）。

A　$81.7kJ \cdot mol^{-1}$　　B　$-26.9kJ \cdot mol^{-1}$

C　$82.3kJ \cdot mol^{-1}$　　D　$-82.3kJ \cdot mol^{-1}$

3. 已知反应 $2A(g) + 2B(g) \rightleftharpoons 2C(g) + D(g)$ 的 $\Delta H^{\ominus} < 0$，为使A达到最大转化率，需采取的措施是（　　）。

A　高温、高压　　B　高温、低压　　C　低温、低压　　D　低温、高压

4. $A + 2B \rightarrow C$ 为基元反应，其速率常数为 $k$，当反应在某一时刻（以s计），A的浓度为 $2mol \cdot dm^{-3}$，B的浓度为 $3mol \cdot dm^{-3}$，则反应速率为（　　）$mol \cdot dm^{-3} \cdot s^{-1}$。

A　$18k$　　B　$36k$　　C　$6k$　　D　$12k$

5. 对于热力学等温方程式 $\Delta G_T = \Delta G_T^{\ominus} + RT\ln J$ 的正确叙述是（　　）。

A　只适用于化学平衡状态　　B　只适用于气相反应

C　只适用于非平衡状态　　D　可适用于任意状态

6. 对反应

$$N_2(g) + 3H_2(g) \rightleftharpoons 2NH_3(g) \quad \Delta G_1$$

$$1/2N_2(g) + 3/2H_2(g) \rightleftharpoons NH_3(g) \quad \Delta G_2$$

则描述准确的是（　　）。

A　$\Delta G_1 = \Delta G_2$　　B　$\Delta G_1 = 2\Delta G_2$　　C　$\Delta G_1 = \Delta G_2^2$　　D　$\Delta G_1^2 = \Delta G_2$

7. 将 $0.10mol \cdot dm^{-3}$ $BaCl_2$ 溶液和 $0.20mol \cdot dm^{-3}$ $Na_2SO_4$ 溶液等体积混合，生成 $BaSO_4$ 沉淀。已知 $K_{sp}^{\ominus}(BaSO_4) = 1.1 \times 10^{-10}$，则沉淀后溶液中 $c(SO_4^{2-})$ 和 $c(Ba^{2+})$ 为（　　）。

A　$0.50mol \cdot dm^{-3}$、$1.1 \times 10^{-9}mol \cdot dm^{-3}$

B　$0.050mol \cdot dm^{-3}$、$2.2 \times 10^{-9}mol \cdot dm^{-3}$

C　都是 $1.05 \times 10^{-5}mol \cdot dm^{-3}$

D　$0.050mol \cdot dm^{-3}$、$1.1 \times 10^{-9}mol \cdot dm^{-3}$

8. 有下列溶液：

（1）$0.01mol \cdot dm^{-3}$ HAc溶液；

（2）$0.01mol \cdot dm^{-3}$ HAc与等体积等浓度的NaOH溶液混合；

（3）$0.01mol \cdot dm^{-3}$ HAc与等体积等浓度的HCl溶液混合；

（4）0.01mol · $dm^{-3}$ HAc 与等体积等浓度的 NaAc 溶液混合。

其 pH 值排列顺序正确的是（　　）。

A　（1）>（2）>（4）>（3）　　B　（1）>（3）>（2）>（4）

C　（4）>（3）>（2）>（1）　　D　（2）>（4）>（1）>（3）

9. 热稳定性最好的盐是（　　）。

A　$CaCO_3$　　B　$Na_2CO_3$　　C　$Na_2SO_4$　　D　$AgNO_3$

10. 水解度最大的化合物是（　　）。

A　$CaCl_2$　　B　$ZnCl_2$　　C　$FeCl_3$　　D　NaCl

11. $HSO_4^-$ 的共轭酸是（　　）。

A　$HSO_4^-$　　B　$H_2SO_4$　　C　$H^+$　　D　$H_3O^+$

12. 下列物质中不能作为配合物的配体的是（　　）。

A　$NH_3$　　B　$NH_4^+$　　C　$CH_3NH_2$　　D　$C_2H_4(NH_2)_2$

13. 下列说法中错误的是（　　）。

A　原电池的电动势随时间而减小

B　$\Delta G^\ominus$ 的代数值越负，反应速率越大

C　如果一个反应的 $\Delta G>0$，则此反应不能自发进行

D　化学平衡常数与反应方程式的写法有关

14. 已知 $\varphi^\ominus(Cl_2/Cl^-)=1.36V$，$\varphi^\ominus(Cr_2O_7^{2-}/Cr^{3+})=1.23V$。在标准状态下，反应 $Cr_2O_7^{2-}+6Cl^-+14H^+ \longrightarrow 2Cr^{3+}+3Cl_2+7H_2O$ 进行的方向是（　　）。

A　正向　　B　平衡状态　　C　逆向　　D　无法判断

15. 在原电池中，盐桥的作用是（　　）。

A　参加电极反应　　B　参加电池反应　　C　导通电子　　D　导通离子

16. 下列叙述中，正确的是（　　）。

A　标准电极电势越小，电极反应速率越小

B　电极电势越小，电极反应速率越小

C　标准电极电势越小，电极反应速率越大

D　电极电势与反应速率无关

17. 四种气体 HF、HCl、HBr 和 HI 中，标准熵最大的是（　　）。

A　HF　　B　HCl　　C　HBr　　D　HI

18. $[Co(NH_3)_6]^{3+}$ 为反磁性，推断其为（　　）轨型配合物，$Co^{2+}$ 采用（　　）杂化。

A　内，$d^2sp^3$　　B　外，$sp^3d^2$　　C　内，$sp^3d^2$　　D　外，$d^2sp^3$

19. $H_2O$ 的沸点 100℃，$H_2Se$ 的沸点 −42℃，可用哪种理论解释（　　）。

A　色散力　　B　共价键　　C　氢键　　D　相对分子质量

20. $H_3O^+$ 的共轭碱是（　　）。

A　$OH^-$　　B　$H_2O$　　C　$O^{2-}$　　D　$Cl^-$

## 二、填空题（每小题 2 分，共 20 分）

1. 反应 $H_2O(l) \rightarrow H_2(g)+1/2O_2(g)$ 的 $\Delta H^\ominus=285.8kJ \cdot mol^{-1}$，则每生成 1g $H_2(g)$ 的

$\Delta H^{\ominus}$为________kJ；当吸热为1.57kJ时，可生成$O_2(g)$为________g。（相对原子质量：O=16；H=1）

2. 反应$A(g)+2B(g) \rightarrow C(g)$的速率方程为$v=kc(A)c^2(B)$。该反应为________级反应，当反应容器的体积增大到原体积的3倍时，反应速率将变为原来的________倍。

3. 已知$K_{sp}^{\ominus}(PbCl_2)=1.6\times10^{-5}$，则$PbCl_2$饱和溶液中$Cl^-$的浓度为____$mol\cdot dm^{-3}$。

4. 有A、B、C三种主族元素，若A元素阴离子与B、C元素阳离子具有相同的电子层结构，且B的阳离子半径大于C，则这三种元素的原子序数大小次序是________________。

5. 确定原子轨道用________个量子数，确定电子状态用________个量子数。

6. $PH_3$分子的几何构型是________，$BF_3$分子的几何构型是________。

7. 0级反应速率常数的单位是________，2级反应速率常数的单位是________。（时间单位为s）

8. 共价键有两种，即________键和________键。

9. 极化使金属卤化物的键型由离子键向________键过渡，熔点________（升高/降低）。

10. 已知$K_{sp}^{\ominus}(PbI_2)$和$K_f^{\ominus}([PbI_4]^{2-})$，则反应：$PbI_2+2I^- = [PbI_4]^{2-}$的标准平衡常数为________。

## 三、完成并配平下列反应（每小题2分，共10分）

1. $MnO_4^- + SO_3^{2-} \longrightarrow Mn^{2+} + SO_4^{2-}$　　（酸性介质）
2. $Al + NO_3^- \longrightarrow Al(OH)_4^- + NH_3$　　（碱性介质）
3. $H_2SO_4$（浓）$+ C \longrightarrow$
4. $Bi(NO_3)_3$固体溶于水
5. $Co(OH)_3$固体溶于盐酸

## 四、简述题（每小题5分，共10分）

1. 简述温度、压力对化学平衡的影响。
2. $CH_4$分子中的键角为109°28′，$NH_3$分子中的键角为107°18′，$H_2O$分子中的键角为104°45′，试解释之。

## 五、计算题（每小题10分，共40分）

1. 100℃、100kPa时，1mol水完全气化，吸热40.6kJ。求这一过程的内能变化。
2. 反应$SO_2+1/2O_2 = SO_3$是工业合成硫酸的一个主要反应。25℃时，该反应活化能为$251kJ\cdot mol^{-1}$。加入$V_2O_5$作催化剂，活化能降为$63kJ\cdot mol^{-1}$。计算加入催化剂后反应速率提高了多少倍?
3. 0.10mol kJ·$dm^{-3}$的氨溶液中含有$NH_4Cl$，测得该混合溶液的pH值为5.55。求其中的$NH_4Cl$浓度。（$K_b^{\ominus}(NH_3\cdot H_2O)=1.8\times10^{-5}$）

4. 实验室常用$MnO_2(s)$与盐酸反应制备少量氯气，$MnO_2(s) + 4HCl = MnCl_2 + Cl_2 + 2H_2O$。估算盐酸的最低浓度。($\varphi^{\ominus}(Cl_2/Cl^-) = 1.36V$，$\varphi^{\ominus}(MnO_2/Mn^{2+}) = 1.21V$)

# 东北大学2009年攻读硕士学位研究生复试《无机化学》试题参考答案

## 一、选择题（每小题只有一个最适宜选择；每小题2分，共40分）

| 1~5 | 6~10 | 11~15 | 16~20 |
|---|---|---|---|
| CADAD | BBDCC | BBBCD | DDACB |

## 二、填空题（每小题2分，共20分）

| | | | |
|---|---|---|---|
| 1 | 142.9，0.044 | 6 | 三角锥，平面三角 |
| 2 | 3，1/27 | 7 | $mol \cdot dm^{-3} \cdot s^{-1}$，$dm^3 \cdot mol^{-1} \cdot s^{-1}$ |
| 3 | 0.032 | 8 | σ，π |
| 4 | A < B < C | 9 | 共价，降低 |
| 5 | 3，4 | 10 | $K_{sp}^{\ominus} \cdot K_f^{\ominus}$ |

## 三、完成并配平下列反应（每小题2分，共10分）

1. $2MnO_4^- + 5SO_3^{2-} + 6H^+ = 2Mn^{2+} + 5SO_4^{2-} + 3H_2O$
2. $8Al + 3NO_3^- + 5OH^- + 18H_2O = 8Al(OH)_4^- + 3NH_3$
3. $2H_2SO_4 + C = 2SO_2 + CO_2 + 2H_2O$
4. $Bi(NO_3)_3 + H_2O = BiONO_3(s) + 2HNO_3$
5. $2Co(OH)_3 + 6HCl = 2CoCl_2 + Cl_2 + 6H_2O$

## 四、简述题（每小题5分，共10分）

1. 温度升高，平衡向吸热方向移动，平衡常数增大。温度降低，反之。
   系统压力升高，平衡向分子数减少方向移动。系统压力降低，反之。
   压力对固相、液相和反应前后气体分子数相等的反应平衡无影响。
2. 均采取$sp^3$杂化。电子对之间的斥力：LP-LP > LP-BP > BP-BP。$CH_4$采用$sp^3$杂化，为正四面体结构，键角109°28′。$NH_3$采用不等性$sp^3$杂化，有1对孤对电子，使键角减小。$H_2O$采用不等性$sp^3$杂化，有2对孤对电子，键角更小。

## 五、计算题（每小题10分，共40分）

| 1 | 2 | 3 | 4 |
|---|---|---|---|
| 37.5kJ | $8.9 \times 10^{32}$ | $0.64 mol \cdot dm^{-3}$ | $7.0 mol \cdot dm^{-3}$ |

# 东北大学2008年攻读硕士学位研究生
# 《无机化学》试题

（满分150分）

## 一、选择题（每题只有一个正确答案。每小题2分，共50分）

1. 下列物质中属于超氧化物的是（　　）。

A　$Na_2O_2$　　B　$BaO_2$　　C　$KO_2$　　D　$SO_3$

2. $CaH_2$ 与水反应的产物中有（　　）。

A　$O_2$　　B　$H_2$　　C　$H_2O$　　D　$H_2O_2$

3. $BiCl_3$ 的水解产物是（　　）。

A　$Bi(OH)_3$　　B　$Bi(OH)_2Cl$　　C　$Bi(OH)Cl_2$　　D　$BiOCl$

4. 下列化合物中酸性最弱的是（　　）。

A　$HClO_4$　　B　$HClO_3$　　C　$HClO_2$　　D　$HClO$

5. 下列含氧酸盐中热稳定性最好的是（　　）。

A　$K_2CO_3$　　B　$MgCO_3$　　C　$ZnCO_3$　　D　$(NH_4)_2CO_3$

6. 下列氧化物中熔点最高的是（　　）。

A　CaO　　B　MgO　　C　FeO　　D　$H_2O$

7. 下列物质中碱性最强的是（　　）。

A　$K_2O$　　B　CaO　　C　MnO　　D　$MnO_2$

8. 下列晶格能大小顺序正确的是（　　）。

A　$NaCl > KCl > RbCl > MgO$　　B　$NaCl > KCl > RbCl > SrO$

C　$MgO > RbCl > SrO > BaO$　　D　$MgO > CaO > KCl > NaCl$

9. 某元素的原子序数小于36，其原子失去二个价电子后，量子数 $l=2$ 的亚层刚好半充满。该元素是（　　）。

A　Cr　　B　Mn　　C　Fe　　D　As

10. 下列化合物中，极化作用最大的是（　　）。

A　AgCl　　B　AgF　　C　AgBr　　D　AgI

11. 下列物质按晶格结点上粒子间作用力由小至大的顺序排列中，正确的是（　　）。

A　$H_2S < SiO_2 < H_2O$　　B　$H_2O < H_2S < SiO_2$

C　$H_2S < H_2O < SiO_2$　　D　$H_2O < SiO_2 < H_2S$

12. 下列离子中，离子半径的大小次序为（　　）。

A　$S^{2-} < Cl^- < K^+ < Ca^{2+}$　　B　$Cl^- < S^{2-} < K^+ < Ca^{2+}$

C　$K^+ < Ca^{2+} < Cl^- < S^{2-}$　　D　$Ca^{2+} < K^+ < Cl^- < S^{2-}$

13. 下列元素第一电离能最大的是（　　）。

A　B　　B　C　　C　N　　D　O

14. 价电子构型为 $5d^6 6s^2$ 的元素在周期表中属于（　　）。

A 第六周期ⅦB族　　B 第六周期ⅢB族
C 第六周期Ⅷ族　　D 镧系元素

15. 电极 $Pt|H_2(100kPa)|HAc(0.10mol \cdot dm^{-3})$ 的电势为（　　）V。
A −0.20　B −0.17　C −0.14　D −0.12

16. 一般认为，任意状态下，若氧化还原反应满足（　　），则正向自发进行。
A $E^{\ominus}>0V$　B $E^{\ominus}>0.2V$　C $E^{\ominus}<0V$　D $E^{\ominus}<0.2V$

17. $MgF_2$ 在 $0.20mol \cdot dm^{-3}$ KF 溶液中的溶解度为（　　）$mol \cdot dm^{-3}$。
A $1.6\times10^{-7}$　B $3.25\times10^{-8}$　C $6.5\times10^{-8}$　D $1.3\times10^{-3}$

18. 将固体 $NH_4NO_3$ 溶于水，溶液变冷，则其溶解过程的 $\Delta G$、$\Delta H$、$\Delta S$ 的符号依次为（　　）。
A +、−、−　B +、+、−　C −、+、−　D −、+、+

19. 下列条件中，不影响反应速率的是（　　）。
A 温度　B Gibbs 函数变　C 活化能　D 压力

20. 某反应的正、逆反应活化能分别是 $E_{a_1}$、$E_{a_2}$，则逆反应的焓变为（　　）。
A $E_{a_2}-E_{a_1}$　B $2E_{a_1}-E_{a_2}$　C $2E_{a_2}-E_{a_1}$　D $E_{a_1}-E_{a_2}$

21. 在恒温、不做非体积功的条件下，系统的焓变（　　）恒压反应热。
A 等于　B 大于　C 小于　D 不确定

22. 将 $20cm^3$ $0.50mol \cdot dm^{-3}$ 氨水与 $30cm^3$ $0.50mol \cdot dm^{-3}$ HCl 相混合，溶液中的 pH 值为（　　）。
A 0.20　B 3.0　C 1.0　D 4.9

23. 镍镉二次电池常用于微型电子器材。其电池充电反应为：
$Cd(OH)_2+2Ni(OH)_2 = Cd+2NiOOH+2H_2O$。则电池放电时负极反应为（　　）。
A $Cd+2OH^- = Cd(OH)_2+2e$
B $2NiOOH+2H_2O+2e = 2Ni(OH)_2+2OH^-$
C $Cd(OH)_2+2e = Cd+2OH^-$
D $2Ni(OH)_2+2OH^- = 2NiOOH+2H_2O+2e$

24. 对于反应 $CaO(s)+CO_2(g) = CaCO_3(g)$，过程熵变为（　　）。
A 不能确定　B $\Delta S>0$　C $\Delta S=0$　D $\Delta S<0$

25. 下列几种介质中，$BaSO_4$ 的溶解度最大的是（　　）。
A $1mol \cdot dm^{-3}$ KCl　　B $2mol \cdot dm^{-3}$ $BaCl_2$
C 纯水　　D $0.1mol \cdot dm^{-3}$ $H_2SO_4$

## 二、填空题（每小题2分，共20分）

1. 原子序数为83的元素，其基态核外电子排布为________，最高氧化数为________。
2. 等温等压过程在高温时不自发进行而在低温时可自发进行的条件是________和________。
3. $[Fe(H_2O)_6]^{3+}$ 的共轭碱是________，$NH_2^-$ 的共轭酸是________。
4. 配制 pH=5.00 的缓冲溶液 1000mL。加水 $500cm^3$，$1.0mol \cdot dm^{-3}$ HAc 溶液______

$cm^3$、$1.0mol \cdot dm^{-3}$ NaAc 溶液________ $cm^3$。

5. 据元素电势图，可能发生歧化反应的物质是______；$\varphi^{\ominus}(ClO_3^-/Cl^-)$ = ______ V。

$$ClO_4^- \xrightarrow{1.19} ClO_3^- \xrightarrow{1.05} HClO_2 \xrightarrow{1.64} HClO \xrightarrow{1.63} Cl_2 \xrightarrow{1.36} Cl^-$$

6. 除了氢键，分子间力有三种：________，其中最大的力是________。
7. $(NH_4)_2[Co(NCS)_4]$的系统命名是________，中心离子的配位数是________。
8. 根据价层电子对互斥理论，$N_3^-$ 的几何形状________，$ICl_3$ 的几何形状为________。
9. 在原电池$(-)Zn|Zn^{2+} \| Ag^+|Ag(+)$中，Zn 的作用是________和________。
10. 氧化还原反应的 $\Delta G^{\ominus}$、$E^{\ominus}$ 和 $K^{\ominus}$ 之间的关系可用两个等式表示：________和________。

## 三、完成并配平下列化学方程式（每题3分，共15分）

1. 碱性介质中：$Co^{2+} + H_2O_2 \longrightarrow$
2. 酸性介质中：$MnO_4^- + SO_3^- \longrightarrow$
3. $Hg^{2+} + I^-$（过量）$\longrightarrow$
4. 高温：$C + H_2O \longrightarrow$
5. $PCl_5$ 水解

## 四、问答题（每题5分，共15分）

1. $Na_2O$ 的熔点低于 CaO，$FeCl_2$ 的熔点高于 $FeCl_3$，解释之。
2. 一级反应中，若反应物浓度以 $c$ 表示，时间以 $t$ 表示，则以 $\ln c$ 对 $t$ 作图，得到一条直线。试推导之。
3. 人造雪的主要过程是将空气和水蒸气的混合气体压缩至 2MPa，然后喷射入大气，水蒸气变成细小冰粒。试用热力学第一定律解释之。

## 五、计算题（每小题10分，共50分）

1. 在25℃，测得下列电池的标准电池电动势为 0.367V。求配离子$[Cu(NH_3)_4]^{2+}$的稳定常数 $K_f^{\ominus}$。

$$(-)Cu \mid [Cu(NH_3)_4]^{2+},\ \ NH_3 \| Cu^{2+} \mid Cu(+)$$

2. 在25℃，101325Pa 时，使用城市管道天然气将 3.6kg 水烧开，数字流量表的变化是多少 $m^3$？（家用燃气灶的效率为47%，城市管道天然气中 $CH_4$ 的含量为96%）
3. 某厂生产的 $NiSO_4$ 试剂中含有少量 $Fe^{3+}$，使用时需将铁去除。若采用氢氧化物沉淀法将 $0.20mol \cdot dm^{-3}$ $NiSO_4$ 溶液中的 $Fe^{3+}$ 浓度降低到 $0.50mg \cdot dm^{-3}$，pH 值应控制在什么范围？
4. 在400℃时，合成氨反应 $N_2(g) + 3H_2(g) \rightleftharpoons 2NH_3(g)$的 $K^{\ominus} = 1.9 \times 10^{-4}$。现将 1mol $N_2$ 气和 3mol $H_2$ 气放入反应器，使反应达到平衡。计算反应器的体积分别为 $10dm^3$ 和 $100dm^3$ 时 $H_2$ 的转化率。比较转化率的大小并解释之。
5. 1774 年普里斯特力（J. Priestley）采用加热 HgO 的方法制备纯净氧气：

$$2HgO(s) \longrightarrow 2Hg(l) + O_2(g)$$

试计算上述反应在标准状态下自发进行的最低温度。

＊可能用到的热力学数据（如无特殊标记，以下数据采用的温度均为298K）：

| | | |
|---|---|---|
| 相对原子量 Fe = 56 | $R = 8.314 J \cdot mol^{-1} \cdot K^{-1}$ | $F = 96500 C \cdot K^{-1}$ |
| $K_a^{\ominus}(HAc) = 1.8 \times 10^{-5}$ | $K_b^{\ominus}(NH_3 \cdot H_2O) = 1.8 \times 10^{-5}$ | $c(H_2O(l)) = 4.18 J \cdot g^{-1} \cdot K^{-1}$ |
| $\Delta_f H_m^{\ominus}(H_2O(l)) = -285.8 kJ \cdot mol^{-1}$ | $\Delta_f H_m^{\ominus}(CO_2(g)) = -393.5 kJ \cdot mol^{-1}$ | $\Delta_f H_m^{\ominus}(CH_4(g)) = -74.4 kJ \cdot mol^{-1}$ |
| $\Delta_f H_m^{\ominus}(HgO(s)) = -91 kJ \cdot mol^{-1}$ | $\Delta_f G_m^{\ominus}(HgO(s)) = -59 kJ \cdot mol^{-1}$ | $K_{sp}^{\ominus}(Fe(OH)_3) = 4.0 \times 10^{-38}$ |
| $K_{sp}^{\ominus}(Ni(OH)_2) = 2.0 \times 10^{-15}$ | $K_{sp}^{\ominus}(MgF_2) = 6.5 \times 10^{-9}$ | |

# 东北大学2008年攻读硕士学位研究生
# 《无机化学》试题参考答案

## 一、选择题（每小题2分，共50分）

| 1～5 | 6～10 | 11～15 | 16～20 | 21～25 |
|---|---|---|---|---|
| C B D D A | B A D B D | C C C C B | B A D B A | A C A D A |

## 二、填空题（每小题2分，共20分）

| | | |
|---|---|---|
| 1 | $[Xe]4f^{14}5d^{10}6s^26p^3$ | 5 |
| 2 | $\Delta H<0$ | $\Delta S<0$ |
| 3 | $[Fe(H_2O)_5(OH)]^{2+}$ | $NH_3$ |
| 4 | 179 | 321 |
| 5 | $HClO_2$ | 1.45 |
| 6 | 取向力，诱导力，色散力 | 色散力 |
| 7 | 四硫氰合钴（Ⅱ）酸铵 | 4 |
| 8 | 直线 | T形 |
| 9 | 负极 | 导电 |
| 10 | $\Delta G^{\ominus} = -nFE^{\ominus}$ | $\Delta G^{\ominus} = -RT\ln K^{\ominus}$ |

## 三、完成并配平下列化学方程式（每题3分，共15分）

1. $2Co^{2+} + H_2O_2 + 4OH^- \longrightarrow 2Co(OH)_3$
2. $Cr_2O_7^{2-} + 3SO_3^{2-} + 8H^+ \longrightarrow 2Cr^{3+} + 3SO_4^{2-} + 4H_2O$
3. $Hg^{2+} + 4I^-$（过量）$\longrightarrow [HgI_4]^{2-}$
4. $C + H_2O \longrightarrow CO + H_2$
5. $PCl_5 + 4H_2O \longrightarrow H_3PO_4 + 5HCl$

## 四、问答题（每题5分，共15分）

1. $Na_2O$ 和 CaO 为离子晶体，阳电荷越高，晶格能越大，熔点越高。$FeCl_2$ 和 $FeCl_3$ 为过渡型晶体，阳离子电荷越高，极化作用越大，越倾向于分子晶体，熔点越低。

2. $v = kc = -\mathrm{d}c/\mathrm{d}t$

   分离变量：$-\mathrm{d}c/c = k\mathrm{d}t$，即 $-\mathrm{dln}c = k\mathrm{d}t$

   积分：$\int -d\mathrm{ln}c = \int k\mathrm{d}t$，$\mathrm{ln}c_t = \mathrm{ln}c_0 - kt$

3. 压缩气体在瞬间膨胀，对环境做功，$W < 0$；但因为膨胀是瞬时过程，$Q = 0$。根据热力学第一定律，$\Delta U = Q + W = W < 0$。

   因为，$W = \Delta U = mc\Delta T < 0$，故 $\Delta T < 0$

   即，气体膨胀做功的能量来自自身的降温，使水蒸气变成冰。

## 五、计算题（每小题10分，共50分）

| 1 | 2 | 3 | 4 | 5 |
|---|---|---|---|---|
| $2.5 \times 10^{12}$ | $0.069\mathrm{m}^3$ | $\mathrm{pH} \in [3.22, 7.00]$ | 14.6%；1.9% | 850K = 577℃ |

# 东北大学2007年攻读硕士学位研究生

# 《无机化学》试题

（满分150分）

## 一、选择题（每题2分，共60分）

1. 下列溶液中$[H^+]$最小的是（　　）。

A　0.2mol·$dm^{-3}$ $NH_3·H_2O$与等体积0.1mol·$dm^{-3}$ $NH_4Cl$混合

B　0.2mol·$dm^{-3}$ $NH_3·H_2O$与等体积0.1mol·$dm^{-3}$ HCl混合

C　0.2mol·$dm^{-3}$ $NH_3·H_2O$与等体积0.1mol·$dm^{-3}$ $NH_3·H_2O$混合

D　0.2mol·$dm^{-3}$ $NH_3·H_2O$与等体积去离子水

2. 金属镍可与CO形成$Ni(CO)_4$：$Ni(s)+4CO(g) \rightleftharpoons Ni(CO)_4(l)$，利用这一反应可进行镍的提纯。即在较低温度下生成$Ni(CO)_4$，然后在较高温度下使$Ni(CO)_4$分解生成纯镍。则$Ni(CO)_4$合成反应的（　　）。

A　$\Delta H>0$，$\Delta S<0$　　B　$\Delta H>0$，$\Delta S>0$

C　$\Delta H<0$，$\Delta S<0$　　D　$\Delta H<0$，$\Delta S>0$

3. 干冰升华时，需要克服的作用力是（　　）。

A　共价键　　B　氢键　　C　分子间力　　D　离子键

4. 下列各组量子数（$n$，$l$，$m$，$m_s$）中，合理的是（　　）。

A　3，2，2，$-1/2$　　B　3，0，$-1$，$-1/2$

C　3，2，3，1/2　　D　3，$-1$，0，$-1/2$

5. 反应$aA+bB = gG+dD$，在给定条件下进行，反应一段时间后，（　　）。

A　$v_{正}$减小　　B　$v_{逆}$减小　　C　$k_{正}$减小　　D　$K^{\ominus}$减小

6. 下列溶液中沸点最高的是（　　）。

A　0.1mol·$kg^{-1}$ NaCl　　B　0.1mol·$kg^{-1}$ $BaCl_2$

C　0.2mol·$kg^{-1}$ HAc　　D　0.1mol·$kg^{-1}$ HAc

7. 反应$E+F = G$，$\Delta H^{\ominus}=-30kJ·mol^{-1}$，活化能$70kJ·mol^{-1}$，则逆反应的活化能为（　　）$kJ·mol^{-1}$。

A　40　　B　$-100$　　C　50　　D　100

8. 下列晶体中，晶格点间只有色散力的是（　　）。

A　HCl　　B　Ne　　C　Si　　D　CO

9. 某反应速率常数的量纲是$dm^3·mol^{-1}·s^{-1}$，推断其反应级数为（　　）级。

A　3　　B　2　　C　1　　D　0

10. 下列说法中错误的是（　　）。

A　原电池的电动势随时间而减小

B　接近绝对零度时，所有放热反应都是自发的

C　如果一个反应的 $\Delta G^{\ominus}>0$，则此反应无法实现

D　化学平衡常数与反应方程式的写法有关

11. 四种气体 HF、HCl、HBr 和 HI 中，标准熵最大的是（　　）。

A　HF　　B　HCl　　C　HBr　　D　HI

12. 在物质量浓度为 $c$ 的二元弱酸 $H_2B$ 纯溶液中，$[A^{2-}]$ =（　　）。

A　$K_{a2}^{\ominus}$　　B　$(K_{a1}^{\ominus}K_{a2}^{\ominus})^{1/2}$

C　$(K_{a2}^{\ominus}c)^{1/2}$　　D　$(K_{a1}^{\ominus}c)^{1/2}$

13. $AB_3$ 型难溶电解质的 $K_{sp}^{\ominus}$ 与溶解度 S 的关系为（　　）。

A　$K_{sp}^{\ominus}=S$　　B　$S=(K_{sp}^{\ominus}/16)^{1/4}$

C　$K_{sp}^{\ominus}=27S^3$　　D　$S=(K_{sp}^{\ominus}/27)^{1/4}$

14. $H_3O^+$ 的共轭碱是（　　）。

A　$OH^-$　　B　$H_2O$　　C　$O^{2-}$　　D　$Cl^-$

15. 一个电子排布为 $1s^22s^22p^63s^23p^1$ 的元素最可能价态是（　　）。

A　+1　　B　+2　　C　+3　　D　+4

16. 常压下，$H_2O$ 的沸点100℃，$H_2Se$ 的沸点 −42℃，可用哪种理论解释（　　）。

A　色散力　　B　共价键　　C　相对分子质量　D　氢键

17. $OF_2$ 的分子中，O 原子的杂化是（　　）。

A　sp　　B　$sp^2$　　C　$sp^3$　　D　不等性 $sp^3$

18. 已知 $\varphi^{\ominus}(Cl_2/Cl^-)=1.36V$，$\varphi^{\ominus}(Cr_2O_7^{2-}/Cr^{3+})=1.23V$，$\varphi^{\ominus}(Fe^{3+}/Fe^{2+})=0.77V$，$\varphi^{\ominus}(I_2/I^-)=0.535V$。下列物质还原能力由强到弱的次序是（　　）。

A　$I^->Fe^{2+}>Cr^{3+}>Cl^-$　　B　$Fe^{2+}>I^->Cr^{3+}>Cl^-$

C　$I^->Fe^{2+}>Cl^->Cr^{3+}$　　D　$I^->Cr^{3+}>Fe^{2+}>Cl^-$

19. $[Co(NH_3)_6]^{3+}$ 为反磁性，推断其为（　　）轨型配合物，$Co^{3+}$ 采用（　　）杂化。

A　内，$d^2sp^3$　　B　外，$sp^3d^2$　　C　内，$sp^3d^2$　　D　外，$d^2sp^3$

20. 下列物质中不属于离子晶体的是（　　）。

A　MgO　　B　$SiO_2$　　C　NaF　　D　$Na_2O_2$

21. 下列物质中熔点最高的是（　　）。

A　$MgF_2$　　B　CaO　　C　NaF　　D　MgO

22. 若计算电池反应 $2MnO_4^-+10Cl^-+16H^+ = 2Mn^{2+}+5Cl_2+8H_2O$ 的电动势，Nernst 方程中，$n$ =（　　）。

A　5　　B　8　　C　10　　D　16

23. 下列物质不溶于盐酸的是（　　）。

A　$BaSO_4$　　B　$BaCO_3$　　C　$BaSO_3$　　D　$BaCrO_4$

24. 下列物质热稳定性最差的是（　　）。

A　$CaCO_3$　　B　$K_2CO_3$　　C　$Na_2CO_3$　　D　$SrCO_3$

25. 下列物质酸性最弱的是（　　）。

A　$HClO_4$　　B　$HNO_3$　　C　$H_2SO_4$　　D　$H_2SO_3$

26. 下列物质碱性最强的是（　　）。

A　$Sc_2O_3$　　B　$CrO_3$　　C　$TiO_2$　　D　$MnO_2$

27. 由于镧系收缩，下列元素性质相似的是（　　）。

A　Cr、W　　B　Sc、La　　C　Zr、Hf　　D　Fe、Co、Ni

28. 下列金属中吸收氢气能力最大的是（　　）。

A　Rh　　B　Pd　　C　Os　　D　Pt

29. 下列配合离子中四面体构型的是（　　）。

A　$[PtCl_4]^{2-}$　　B　$[Pt(C_2H_2)Cl_3]^-$

C　$[Zn(NH_3)_4]^{2+}$　　D　$[CuCl_4]^{2-}$

30. 下列水合物中加热脱水而不水解的是（　　）。

A　$MgCl_2 \cdot 6H_2O$　　B　$CoCl_2 \cdot 6H_2O$

C　$CuCl_2 \cdot 2H_2O$　　D　$NiCl_2 \cdot 6H_2O$

## 二、填空题（每小题2分，共10分）

1. 某电极的标准电极电势是该电极与________组成原电池的电动势值，如果该电极发生________，则此值应加上负号。
2. 无水 $CrCl_3$ 与氨反应生成两种配合物，组成相当于 $CrCl_3 \cdot 6NH_3$ 和 $CrCl_3 \cdot 5NH_3$。$AgNO_3$ 从前一种配合物中几乎将全部氯沉淀为 AgCl，而后一种配合物中仅能沉淀出组成2/3的氯，则前者的化学式为________，后者的化学式为________。
3. 根据价层电子对互斥理论，$PF_5$ 分子构型为________，中心原子成键轨道为________杂化轨道。
4. 配离子 $[PtCl(NO_2)(NH_3)_4]^{2+}$ 中，中心原子氧化数为________，该化合物名称为________。
5. 已知 $\varphi^{\ominus}(Fe^{3+}/Fe^{2+}) = 0.77V$，$\varphi^{\ominus}(MnO_4^-/Mn^{2+}) = 1.51V$，$\varphi^{\ominus}(F_2/F^-) = 2.87V$。在标准状态下，上述三个电对中，最强的氧化剂是________，最强的还原剂是________。

## 三、完成并配平下列化学方程式（每题3分，共15分）

1. Au 溶于王水
2. $SnCl_2 + H_2O \longrightarrow$
3. $AgCl + NH_3 \longrightarrow$
4. 碳酸铝溶于水
5. $Ni_2O_3$ 溶于盐酸

## 四、问答题（每题5分，共15分）

1. 请推导在自由电离时饱和 $H_2S$ 溶液中 $[S^{2-}] = K_{a2}^{\ominus}$。
2. 以平衡理论解释缓冲溶液的作用。
3. 金属银能从酸溶液中置换出氢气吗？如果能，需要哪些条件？

## 五、计算题（每小题10分，共50分）

1. 在$5cm^3$，$0.5mol\cdot dm^{-3}$的$FeCl_3$溶液加入等体积$0.5mol\cdot dm^{-3}$的KI，通过计算说明有无$I_2$的析出。（$\varphi^\ominus(Fe^{3+}/Fe^{2+})=0.771V$，$\varphi^\ominus(I_2/I^-)=0.535V$）
2. 将$Pb(NO_3)_2$溶液与NaCl溶液混合，设混合液中$Pb(NO_3)_2$的浓度为$0.020mol\cdot dm^{-3}$。当混合液中的$Cl^-$浓度为$6.0\times10^{-2}mol\cdot dm^{-3}$时，求残留于溶液中$Pb^{2+}$的浓度。（已知：$K_{sp}^\ominus(PbCl_2)=1.6\times10^{-5}$）
3. $25cm^3$、$0.2mol\cdot dm^{-3}$氨水与$25cm^3$、$0.1mol\cdot dm^{-3}$盐酸溶液混合，求混合液中氢氧根离子浓度。（$K_b^\ominus(NH_3\cdot H_2O)=1.8\times10^{-5}$）
4. 已知$K_b^\ominus(NH_3\cdot H_2O)=1.8\times10^{-5}$，欲配制$1.0dm^3$ $pH=10.00$、$c(NH_3\cdot H_2O)=0.10mol\cdot dm^{-3}$的缓冲溶液，求需用$(NH_4)_2SO_4$的物质的量。
5. 25℃时某化学反应的速率常数为$2.0\times10^3s^{-1}$，其活化能为$15.0kJ\cdot mol^{-1}$。求该反应在75℃时的反应速率常数。

# 东北大学2007年攻读硕士学位研究生
# 《无机化学》试题参考答案

## 一、选择题（每小题2分，共60分）

| 1~5 | 6~10 | 11~15 | 16~20 | 21~25 | 26~30 |
|---|---|---|---|---|---|
| C C C A A | B D B B C | D A D B C | D D A A B | D C A A D | A C D C B |

## 二、填空题（每小题2分，共10分）

| | | |
|---|---|---|
| 1 | 标准氢电极 | 氧化反应 |
| 2 | $[Cr(NH_3)_6]Cl_3$ | $[Cr(NH_3)_5Cl]Cl_2$ |
| 3 | 三角双锥 | $sp^3d$ |
| 4 | 4 | 四氨·二硝基·一氯合铂(Ⅳ) |
| 5 | $F_2$ | $Fe^{2+}$ |

## 三、完成并配平下列化学方程式（每题3分，共15分）

1. $Au+HCl+HNO_3 = H[AuCl_4]+NO_2+H_2O$
2. $SnCl_2+H_2O = Sn(OH)Cl\downarrow+HCl$

3. $AgCl + 2NH_3 \xlongequal{\quad} [Ag(NH_3)_2]^+ + Cl^-$

4. $Al_2(CO_3)_3 + 3H_2O \xlongequal{\quad} 2Al(OH)_3 \downarrow + 3CO_2 \uparrow$

5. $Ni_2O_3 + 6HCl \xlongequal{\quad} 2NiCl_2 + Cl_2 + 3H_2O$

**四、问答题**（每题5分，共15分）

1. 第二级电离出来的氢离子与第一级相比可以忽略不计，因而$[H^+] = [HS^-]$，则有$[S^{2-}] = K_{a2}^{\ominus}$。

2. $HA \xlongequal{\quad} H^+ + A^-$

   [HA]和$[A^-]$浓度较大，加入少量酸，与酸根反应，平衡向左移动，$[H^+]$基本不增加；加入少量碱，与酸反应，平衡向右移动，$[H^+]$基本不减少。

3. 金属银一般不能从酸溶液中置换出氢气。如果能，需存在能与$Ag^+$稳定结合的配体或沉淀剂。如，Ag可从氢碘酸中置换出氢气。

**五、计算题**（每小题10分，共50分）

1. $E^{\ominus} = 0.236V > 0.2V$，所以，有$I_2$析出。

2. $[Pb^{2+}] = 1.0 \times 10^{-2} mol \cdot dm^{-3}$

3. $[OH^-] = 1.8 \times 10^{-5} mol \cdot dm^{-3}$

4. 需用$(NH_4)_2SO_4$的物质的量为$9.0 \times 10^{-3}mol$

5. 在75℃时的反应速率常数为$4.8 \times 10^3 s^{-1}$

# 附录　化学常用数据表

## 附表 1　常用物理常数

| 物理量 | 符号 | 数值 | 单位 |
|---|---|---|---|
| 真空中光速 | $c$ | $2.99792458\times10^{8}$ | m/s |
| 真空介电常数 | $\varepsilon_o$ | $8.854188\times10^{-12}$ | F/m |
| 重力加速度 | $g$ | 9.80665 | $m/s^2$ |
| 电子电荷 | $e$ | $1.60217733\times10^{-19}$ | C |
| 原子质量单位 | $u$ | $1.6605655\times10^{-27}$ | kg |
| 质子静质量 | $m_p$ | $1.6726485\times10^{-27}$ | kg |
| 中子静质量 | $m_n$ | $1.6749543\times10^{-27}$ | kg |
| 电子静质量 | $m_e$ | $9.109534\times10^{-31}$ | kg |
| 玻尔半径 | $a_o$ | $5.2917706\times10^{-11}$ | m |
| 理想气体摩尔体积 | $V_m$ | $22.41383\times10^{-3}$ | $m^3/mol$ |
| 摩尔气体常数 | $R$ | 8.31441 | J/(mol·K) |
| 阿伏加德罗常数 | $N_A$ | $6.022045\times10^{23}$ | $mol^{-1}$ |
| 法拉第常数 | $F$ | $9.648456\times10^{4}$ | C/mol |
| 普朗克常数 | $h$ | $6.626176\times10^{-34}$ | J·s |
| 玻耳兹曼常数 | $k$ | $1.380662\times10^{-23}$ | J/K |
| 里德堡常数 | $R_\infty$ | $1.097373177\times10^{7}$ | $m^{-1}$ |

摘自 R C Weast,《CRC Handbook of Chemistry and Physics》, 63rd, 1982～1983.

## 附表 2　标准生成焓、标准生成吉布斯函数和标准熵

| 物质 | 状态 | $\Delta H_f^\ominus$/kJ·mol$^{-1}$ | $\Delta G_f^\ominus$/kJ·mol$^{-1}$ | $S^\ominus$/J·(mol·K)$^{-1}$ |
|---|---|---|---|---|
| Ag | s | 0.0 | 0.0 | 42.6 |
| Ag | g | 284.9 | 246.0 | 173.0 |
| $Ag^+$ | aq | 105.65 | 77.18 | 72.72 |
| AgBr | s | −100.4 | −96.9 | 107.1 |
| AgCl | s | −127.0 | −109.8 | 96.3 |
| AgI | s | −61.8 | −66.2 | 115.5 |
| $Ag(NH_3)_2^+$ | aq | −111.37 | −17.25 | 245.35 |
| $AgNO_3$ | s | −124.4 | −33.4 | 140.9 |
| $Ag_2CrO_4$ | s | −731.7 | −641.8 | 217.6 |
| $Ag_2O$ | s | −31.1 | −11.2 | 121.3 |
| $Ag_2S$ | s | −32.6 | −40.7 | 144.0 |

续附表 2

| 物质 | 状态 | $\Delta H_f^\ominus$/kJ · mol$^{-1}$ | $\Delta G_f^\ominus$/kJ · mol$^{-1}$ | $S^\ominus$/J · (mol · K)$^{-1}$ |
|---|---|---|---|---|
| Al | s | 0.0 | 0.0 | 28.3 |
| $AlCl_3$ | s | −704.2 | −628.8 | 110.7 |
| $AlF_3$ | s | −1510.4 | −1431.1 | 66.5 |
| $AlI_3$ | s | −313.8 | −300.8 | 159.0 |
| $Al_2O_3$ | s | −1675.7 | −1582.3 | 50.9 |
| As(灰) | s | 0.0 | 0.0 | 35.1 |
| As | g | 302.5 | 261.0 | 174.2 |
| $AsBr_3$ | g | −130.0 | −159.0 | 363.9 |
| $AsCl_3$ | g | −261.5 | −248.9 | 327.2 |
| $AsF_3$ | g | −785.8 | −770.8 | 298.1 |
| $AsH_3$ | g | 66.4 | 68.9 | 222.8 |
| $As_2O_5$ | s | −924.9 | −782.3 | 105.4 |
| $As_2S_3$ | s | −169.0 | −168.6 | 163.6 |
| Au | s | 0.0 | 0.0 | 47.4 |
| Au | g | 366.1 | 326.3 | 180.5 |
| B | s | 0.0 | 0.0 | 5.9 |
| B | g | 565.0 | 521.0 | 153.4 |
| $BBr_3$ | l | −239.7 | −238.5 | 229.7 |
| $BBr_3$ | g | −205.6 | −232.5 | 324.2 |
| $BCl_3$ | l | −427.2 | −387.4 | 206.3 |
| $BCl_3$ | g | −403.8 | −388.7 | 290.1 |
| $BF_3$ | g | −1136.0 | −1119.4 | 254.4 |
| $H_3BO_3$ | s | −1094.3 | −968.9 | 88.8 |
| BN | s | −254.4 | −228.4 | 14.8 |
| BN | g | 647.5 | 614.5 | 212.3 |
| $B_2O_3$ | s | −1273.5 | −1194.3 | 54.0 |
| $B_2O_3$ | g | −843.8 | −832.0 | 279.8 |
| $B_2H_6$ | g | 35.6 | 86.7 | 232.1 |
| $H_3BO_3$ | aq | −1073.03 | −969.50 | 162.45 |
| $H_2BO_3^-$ | aq | −1053.5 | −910.44 | 30.5 |
| Ba | s | 0.0 | 0.0 | 62.8 |
| Ba | g | 180.0 | 146.0 | 170.2 |
| $BaBr_2$ | s | −757.3 | −736.8 | 146.0 |
| $BaCl_2$ | s | −858.6 | −810.4 | 123.7 |
| $BaF_2$ | s | −1207.1 | −1156.8 | 96.4 |

续附表2

| 物　质 | 状　态 | $\Delta H_f^\ominus$/kJ·mol$^{-1}$ | $\Delta G_f^\ominus$/kJ·mol$^{-1}$ | $S^\ominus$/J·(mol·K)$^{-1}$ |
|---|---|---|---|---|
| BaO | s | -553.5 | -525.1 | 70.4 |
| $BaSO_4$ | s | -1473.2 | -1362.2 | 132.2 |
| Be | s | 0.0 | 0.0 | 9.5 |
| Be | g | 324.0 | 286.6 | 136.3 |
| $Be^{2+}$ | aq | -383.09 | -379.95 | 129.79 |
| $BeCl_2$ | s | -490.4 | -445.6 | 82.7 |
| $BeF_2$ | s | -1026.8 | -979.4 | 53.4 |
| BeO | s | -609.4 | -580.1 | 13.8 |
| $BeSO_4$ | s | -1205.2 | -1093.8 | 77.9 |
| Bi | s | 0.0 | 0.0 | 56.7 |
| Bi | g | 207.1 | 168.2 | 187.0 |
| $BiCl_3$ | s | -379.1 | -315.0 | 177.0 |
| $BiCl_3$ | g | -265.7 | -256.0 | 358.9 |
| $Bi_2O_3$ | s | -573.9 | -493.7 | 151.5 |
| $Br_2$ | l | 0.0 | 0.0 | 152.2 |
| $Br_2$ | g | 30.9 | 3.1 | 245.5 |
| $Br^-$ | aq | -121.63 | -104.04 | 82.48 |
| HBr | g | -36.3 | -53.4 | 198.7 |
| $BrF_3$ | l | -300.8 | -240.5 | 178.2 |
| $BrF_3$ | g | -255.6 | -229.4 | 292.5 |
| $BrF_5$ | l | -458.6 | -351.8 | 225.1 |
| $BrF_5$ | g | -428.9 | -350.6 | 320.2 |
| C(石墨) | s | 0.0 | 0.0 | 5.7 |
| C(金刚石) | s | 1.9 | 2.9 | 2.4 |
| C | g | 716.7 | 671.3 | 158.1 |
| CO | g | -110.5 | -137.2 | 197.7 |
| $CO_2$ | g | -393.5 | -394.4 | 213.8 |
| $CO_2$ | aq | -414.07 | -386.27 | 117.65 |
| $H_2CO_3$ | aq | -700.12 | -623.58 | 187.57 |
| $HCO_3^-$ | aq | -692.45 | -587.24 | 91.27 |
| $CO_3^{2-}$ | aq | -677.59 | -528.25 | -56.94 |
| $CS_2$ | l | 89.0 | 64.6 | 151.3 |
| $CS_2$ | g | 116.6 | 67.1 | 237.8 |
| $CH_4$ | g | -74.4 | -50.3 | 186.3 |
| $CH_3COOH$ | aq | -488.60 | -396.82 | 178.78 |
| $CH_3COO^-$ | aq | -486.34 | -369.65 | 86.67 |

续附表2

| 物　质 | 状　态 | $\Delta H_f^\ominus$/kJ·mol$^{-1}$ | $\Delta G_f^\ominus$/kJ·mol$^{-1}$ | $S^\ominus$/J·(mol·K)$^{-1}$ |
|---|---|---|---|---|
| Ca | s | 0.0 | 0.0 | 41.6 |
| Ca | g | 177.8 | 144.0 | 154.9 |
| $Ca^{2+}$ | aq | -543.20 | -553.91 | -53.17 |
| $CaBr_2$ | s | -682.8 | -663.6 | 130.0 |
| $CaCl_2$ | s | -795.4 | -748.8 | 108.4 |
| $CaCO_3$(方解石) | s | -1207.6 | -1129.1 | 91.7 |
| $CaF_2$ | s | -1228.0 | -1175.6 | 68.5 |
| CaO | s | -634.9 | -603.3 | 38.1 |
| $CaSO_4$ | s | -1434.5 | -1322.0 | 106.5 |
| CaS | s | -482.4 | -477.4 | 56.5 |
| $Ca(OH)_2$ | s | -985.2 | -897.5 | 83.4 |
| Cd | s | 0.0 | 0.0 | 51.8 |
| $CdBr_2$ | s | -316.2 | -296.3 | 137.2 |
| $CdCl_2$ | s | -391.5 | -343.9 | 115.3 |
| CdO | s | -258.4 | -228.7 | 54.8 |
| $CdSO_4$ | s | -933.3 | -822.7 | 123.0 |
| CdS | s | -161.9 | -156.5 | 64.9 |
| $CdCO_3$ | s | -750.6 | -669.4 | 92.5 |
| Ce | s | 0.0 | 0.0 | 72.0 |
| Ce | g | 423.0 | 385.0 | 191.8 |
| $CeO_2$ | s | -1088.7 | -1024.6 | 62.3 |
| $Cl_2$ | g | 0.0 | 0.0 | 223.1 |
| $Cl^-$ | aq | -167.26 | -131.34 | 56.52 |
| HCl | g | -92.2 | -95.3 | 186.9 |
| HCl | aq | -167.27 | -131.34 | 56.5 |
| $ClO^-$ | aq | -107.18 | -36.84 | 41.87 |
| $ClO_2^-$ | aq | -66.57 | 17.17 | 101.32 |
| $ClO_3^-$ | aq | -104.04 | -8.04 | 162.45 |
| $ClO_4^-$ | aq | -129.41 | -8.62 | 182.13 |
| Co | s | 0.0 | 0.0 | 30.0 |
| Co | g | 424.7 | 380.3 | 179.5 |
| $Co^{2+}$ | aq | -58.20 | -54.43 | -113.04 |
| $CoCl_2$ | aq | -392.72 | -316.94 | 0 |
| $CoF_2$ | s | -692.0 | -647.2 | 82.0 |
| $Co(OH)_2$ | s | -539.7 | -454.3 | 79.0 |
| CoO | s | -237.9 | -214.2 | 53.0 |

续附表 2

| 物 质 | 状 态 | $\Delta H_f^\ominus$/kJ · mol$^{-1}$ | $\Delta G_f^\ominus$/kJ · mol$^{-1}$ | $S^\ominus$/J · (mol · K)$^{-1}$ |
|---|---|---|---|---|
| $CoSO_4$ | s | -888.3 | -782.3 | 118.0 |
| $CoCl_2$ | s | -312.5 | -269.8 | 109.2 |
| Cr | s | 0.0 | 0.0 | 23.8 |
| Cr | g | 396.6 | 351.8 | 174.5 |
| $Cr^{2+}$ | aq | -143.61 | -176.1 | |
| $Cr^{3+}$ | aq | | -215.5 | -307.5 |
| $CrCl_3$ | s | -556.5 | -486.1 | 123.0 |
| $CrO_4^{2-}$ | aq | -881.74 | -728.34 | 50.24 |
| $Cr_2O_3$ | s | -1139.7 | -1058.1 | 81.2 |
| $Cr_2O_7^{2-}$ | aq | -1491.34 | -1302.09 | 262.09 |
| Cs | s | 0.0 | 0.0 | 85.2 |
| Cs | g | 76.5 | 49.6 | 175.6 |
| CsBr | s | -405.8 | -391.4 | 113.1 |
| CsCl | s | -443.0 | -414.5 | 101.2 |
| CsF | s | -553.5 | -525.5 | 92.8 |
| CsI | s | -346.6 | -340.6 | 123.1 |
| $CsNO_3$ | s | -506.0 | -406.5 | 155.2 |
| Cu | s | 0.0 | 0.0 | 33.2 |
| Cu | g | 337.4 | 297.7 | 166.4 |
| $Cu^{+}$ | aq | 71.72 | 50.03 | 40.61 |
| $Cu^{2+}$ | aq | 64.81 | 65.57 | -99.65 |
| CuBr | s | -104.6 | -100.8 | 96.1 |
| $[Cu(CN)_2]^-$ | aq | | 257.91 | |
| CuCl | s | -137.2 | -119.9 | 86.2 |
| CuI | s | -67.8 | -69.5 | 96.7 |
| $[Cu(NH_3)_4]^{2+}$ | aq | -348.76 | -111.37 | 273.82 |
| $Cu_2O$ | s | -168.6 | -146.0 | 93.1 |
| CuO | s | -157.3 | -129.7 | 42.6 |
| $CuSO_4$ | s | -771.4 | -662.2 | 109.2 |
| CuS | s | -53.1 | -53.6 | 66.5 |
| $F_2$ | g | 0.0 | 0.0 | 202.8 |
| $F^-$ | aq | -329.11 | -276.8 | -9.6 |
| HF | g | -273.3 | -275.4 | 173.8 |
| Fe | s | 0.0 | 0.0 | 27.3 |
| Fe | g | 416.3 | 370.7 | 180.5 |
| $FeBr_2$ | s | -249.8 | -238.1 | 140.6 |

续附表 2

| 物 质 | 状 态 | $\Delta H_f^\ominus$/kJ·mol$^{-1}$ | $\Delta G_f^\ominus$/kJ·mol$^{-1}$ | $S^\ominus$/J·(mol·K)$^{-1}$ |
|---|---|---|---|---|
| $FeCl_2$ | s | -341.8 | -302.3 | 118.0 |
| $FeCl_3$ | s | -399.5 | -334.0 | 142.3 |
| $FeF_2$ | s | -711.3 | -668.6 | 87.0 |
| $Fe_2O_3$ | s | -824.2 | -742.2 | 87.4 |
| $Fe_3O_4$ | s | -1118.4 | -1015.4 | 146.4 |
| FeS | s | -100.0 | -100.4 | 60.3 |
| $FeSO_4$ | s | -928.4 | -820.8 | 107.5 |
| Ga | s | 0.0 | 0.0 | 40.9 |
| Ga | g | 277.0 | 238.9 | 169.1 |
| $Ga(OH)_3$ | s | -964.4 | -831.3 | 100.0 |
| GaO | g | 279.5 | 253.5 | 231.1 |
| $Ga_2O_3$ | s | -1089.1 | -998.3 | 85.0 |
| Ge | s | 0.0 | 0.0 | 31.1 |
| Ge | g | 372.0 | 331.2 | 167.9 |
| $GeCl_4$ | l | -531.8 | -462.7 | 245.6 |
| $GeCl_4$ | g | -495.8 | -457.3 | 347.7 |
| $GeO_2$ | s | -580.0 | -521.4 | 39.7 |
| $H_2$ | g | 0.0 | 0.0 | 130.7 |
| $H^+$ | aq | 0.0 | 0.0 | 0.0 |
| $H_3O^+$ | aq | -285.85 | -237.2 | 69.96 |
| $OH^-$ | aq | -230.15 | -157.38 | -10.76 |
| Hg | l | 0.0 | 0.0 | 75.9 |
| Hg | g | 61.4 | 31.8 | 175.0 |
| $Hg_2Cl_2$ | s | -265.4 | -210.7 | 191.6 |
| $HgCl_2$ | s | -224.3 | -178.6 | 146.0 |
| $Hg_2I_2$ | s | -121.3 | -111.0 | 233.5 |
| $HgI_2$(红) | s | -105.4 | -101.7 | 180.0 |
| HgO(红) | s | -90.8 | -58.5 | 70.3 |
| HgS | s | -58.2 | -50.6 | 82.4 |
| $I_2$ | s | 0.0 | 0.0 | 116.1 |
| $I_2$ | g | 62.4 | 19.3 | 260.7 |
| $I_2$ | aq | 22.61 | 16.41 | 137.33 |
| $I^-$ | aq | -55.22 | -51.62 | 111.37 |
| $I_3^-$ | aq | -51.50 | -51.50 | 239.48 |
| HI | g | 26.5 | 1.7 | 206.6 |
| IBr | g | 40.8 | 3.7 | 258.8 |

| 物质 | 状态 | $\Delta H_f^{\ominus}$/kJ·mol$^{-1}$ | $\Delta G_f^{\ominus}$/kJ·mol$^{-1}$ | $S^{\ominus}$/J·(mol·K)$^{-1}$ |
|---|---|---|---|---|
| ICl | l | -23.9 | -13.6 | 135.1 |
| ICl | g | 17.8 | -5.5 | 247.6 |
| IF | g | -95.7 | -118.5 | 236.2 |
| $IF_5$ | g | -822.5 | -751.7 | 327.7 |
| In | s | 0.0 | 0.0 | 57.8 |
| In | g | 243.3 | 208.7 | 173.8 |
| K | s | 0.0 | 0.0 | 64.7 |
| K | g | 89.0 | 60.5 | 160.3 |
| $K^+$ | aq | -252.55 | -283.45 | 102.58 |
| KBr | s | -393.8 | -380.7 | 95.9 |
| KCl | s | -436.5 | -408.5 | 82.6 |
| KF | s | -567.3 | -537.8 | 66.6 |
| KI | s | -327.9 | -324.9 | 106.3 |
| $KMnO_4$ | s | -837.2 | -737.6 | 171.7 |
| $KNO_2$ | s | -369.8 | -306.6 | 152.1 |
| $KNO_3$ | s | -494.6 | -394.9 | 133.1 |
| $KO_2$ | s | -284.9 | -239.4 | 116.7 |
| $K_2O_2$ | s | -494.1 | -425.1 | 102.1 |
| $K_2SO_4$ | s | -1437.8 | -1321.4 | 175.6 |
| Kr | g | 0.0 | 0.0 | 164.1 |
| La | s | 0.0 | 0.0 | 56.9 |
| La | g | 431.0 | 393.6 | 182.4 |
| $La_2O_3$ | s | -1793.7 | -1705.8 | 127.3 |
| Li | s | 0.0 | 0.0 | 29.1 |
| Li | g | 159.3 | 126.6 | 138.8 |
| $Li^+$ | aq | -278.67 | -293.49 | 13.40 |
| LiBr | s | -351.2 | -342.0 | 74.3 |
| LiCl | s | -408.6 | -384.4 | 59.3 |
| LiF | s | -616.0 | -587.7 | 35.7 |
| $Li_2CO_3$ | s | -1215.9 | -1132.1 | 90.4 |
| Lu | s | 0.0 | 0.0 | 51.0 |
| Lu | g | 427.6 | 387.8 | 184.8 |
| Mg | s | 0.0 | 0.0 | 32.7 |
| Mg | g | 147.1 | 112.5 | 148.6 |
| $Mg^{2+}$ | aq | -467.16 | -455.11 | -138.16 |
| $MgCl_2$ | s | -641.3 | -591.8 | 89.6 |

续附表2

| 物　质 | 状　态 | $\Delta H_f^\ominus$/kJ · mol$^{-1}$ | $\Delta G_f^\ominus$/kJ · mol$^{-1}$ | $S^\ominus$/J · (mol · K)$^{-1}$ |
|---|---|---|---|---|
| $MgF_2$ | s | -1124.2 | -1071.1 | 57.2 |
| $MgI_2$ | s | -364.0 | -358.2 | 129.7 |
| MgO | s | -601.6 | -569.3 | 27.0 |
| $MgSO_4$ | s | -1284.9 | -1170.6 | 91.6 |
| Mn | s | 0.0 | 0.0 | 32.0 |
| Mn | g | 280.7 | 238.5 | 173.7 |
| $Mn^{2+}$ | aq | -220.90 | -228.18 | -73.69 |
| MnO | s | -385.2 | -362.9 | 59.7 |
| $MnO_2$ | s | -520.0 | -465.1 | 53.1 |
| $MnO_4^-$ | aq | -541.77 | -447.57 | 191.34 |
| $MnO_4^{2-}$ | aq | -653.14 | -501.16 | 58.62 |
| MnS | s | -214.2 | -218.4 | 78.2 |
| Mo | s | 0.0 | 0.0 | 28.7 |
| Mo | g | 658.1 | 612.5 | 182.0 |
| $MoO_3$ | s | -745.1 | -668.0 | 77.7 |
| $N_2$ | g | 0.0 | 0.0 | 191.6 |
| NO | g | 90.0 | 87.0 | 211.0 |
| $NO_2$ | g | 33.2 | 51.3 | 240.1 |
| $N_2O_4$ | g | 9.2 | 97.9 | 304.3 |
| $HN_3$ | l | 264.0 | 327.3 | 140.6 |
| $NH_3$ | g | -45.9 | -16.4 | 192.8 |
| $NH_3$ | aq | -80.34 | -26.59 | 111.37 |
| $NH_4^+$ | aq | -132.60 | -79.42 | 113.46 |
| $HNO_2$ | g | -79.5 | -46.0 | 254.1 |
| $HNO_3$ | l | -174.1 | -80.7 | 155.6 |
| $HNO_3$ | aq | -207.50 | -111.41 | 146.54 |
| $NO_3^-$ | aq | -207.50 | -111.41 | 146.54 |
| $N_2H_4$ | l | 50.6 | 149.3 | 121.2 |
| $N_2H_4$ | g | 95.4 | 159.4 | 238.5 |
| $NH_4Br$ | s | -270.8 | -175.2 | 113.0 |
| $NH_4Cl$ | s | -314.4 | -202.9 | 94.6 |
| $NH_4F$ | s | -464.0 | -348.7 | 72.0 |
| $NH_4I$ | s | -201.4 | -112.5 | 117.0 |
| Na | s | 0.0 | 0.0 | 51.3 |
| Na | g | 107.5 | 77.0 | 153.7 |
| $Na^+$ | aq | -240.28 | -262.05 | 59.03 |

| 物　质 | 状　态 | $\Delta H_f^\ominus$/kJ·mol$^{-1}$ | $\Delta G_f^\ominus$/kJ·mol$^{-1}$ | $S^\ominus$/J·(mol·K)$^{-1}$ |
|---|---|---|---|---|
| NaBr | s | -361.1 | -349.0 | 86.8 |
| NaCl | s | -411.2 | -384.1 | 72.1 |
| NaF | s | -576.6 | -546.3 | 51.1 |
| NaI | s | -287.8 | -286.1 | 98.5 |
| $Na_2CO_3$ | s | -1130.7 | -1044.4 | 135.0 |
| $Na_2O$ | s | -414.2 | -375.5 | 75.1 |
| $Na_2O_2$ | s | -510.9 | -447.7 | 95.0 |
| $Na_2SO_4$ | s | -1387.1 | -1270.2 | 149.6 |
| $Na_2S$ | s | -364.8 | -349.8 | 83.7 |
| NaOH | s | -425.6 | -379.5 | 64.5 |
| NaH | s | -56.3 | -33.5 | 40.0 |
| Nb | s | 0.0 | 0.0 | 36.4 |
| Nb | g | 725.9 | 681.1 | 186.3 |
| $Nb_2O_5$ | s | -1899.5 | -1766.0 | 137.2 |
| Ne | g | 0.0 | 0.0 | 29.9 |
| Ni | s | 0.0 | 0.0 | 29.9 |
| Ni | g | 429.7 | 384.5 | 182.2 |
| $Ni^{2+}$ | aq | -54.01 | -45.64 | -128.95 |
| $Ni(OH)_2$ | s | -529.7 | -447.2 | 88.0 |
| NiS | s | -82.0 | -79.5 | 53.0 |
| $NiSO_4$ | s | -872.9 | -759.7 | 92.0 |
| $Ni(NH_3)_5^{3+}$ | aq | | -254.4 | |
| $Ni(CN)_4^{2-}$ | aq | 368.02 | 472.27 | 217.71 |
| $O_2$ | g | 0.0 | 0.0 | 205.2 |
| $H_2O$ | l | -285.8 | -237.1 | 70.0 |
| $H_2O$ | g | -241.8 | -228.6 | 188.8 |
| $H_2O_2$ | l | -187.8 | -120.4 | 109.6 |
| $H_2O_2$ | g | -136.3 | -105.6 | 232.7 |
| P(白) | s | 0.0 | 0.0 | 41.1 |
| P(红) | s | -17.6 | -12.13 | 22.8 |
| $P_2$ | g | 144.0 | 103.5 | 218.1 |
| $P_4$ | g | 58.9 | 24.4 | 280.0 |
| $PBr_3$ | g | -139.3 | -162.8 | 348.1 |
| $PCl_3$ | g | -287.0 | -267.8 | 311.8 |
| $PCl_5$ | g | -374.9 | -305.0 | 364.6 |
| $PF_5$ | g | -1594.4 | -1520.7 | 300.8 |

续附表2

| 物 质 | 状 态 | $\Delta H_f^\ominus$/kJ · mol$^{-1}$ | $\Delta G_f^\ominus$/kJ · mol$^{-1}$ | $S^\ominus$/J · (mol · K)$^{-1}$ |
|---|---|---|---|---|
| $PH_3$ | g | 5.4 | 13.4 | 210.2 |
| $PO_4^{3-}$ | aq | -1278.23 | -1019.49 | -221.90 |
| $H_3PO_4$ | l | -1271.7 | -1123.6 | 150.8 |
| $H_3PO_4$ | aq | -1289.20 | -1143.42 | 158.26 |
| $H_2PO_4^-$ | aq | -1297.15 | -1131.15 | 90.43 |
| $HPO_4^{2-}$ | aq | -1293.01 | -1089.99 | -33.49 |
| Pb | s | 0.0 | 0.0 | 64.8 |
| Pb | g | 195.2 | 162.2 | 175.4 |
| $Pb^{2+}$ | aq | 1.63 | -24.31 | 21.3 |
| $PbCl_2$ | s | -359.4 | -314.1 | 136.0 |
| $PbI_2$ | s | -175.5 | -173.6 | 174.9 |
| $PbO_2$ | s | -277.4 | -217.3 | 68.6 |
| $Pb_3O_4$ | s | -718.4 | -601.2 | 211.3 |
| PbS | s | -100.4 | -98.7 | 91.2 |
| $PbSO_4$ | s | -920.0 | -813.0 | 148.5 |
| Pt | s | 0.0 | 0.0 | 41.6 |
| Pt | g | 565.3 | 520.5 | 192.4 |
| Ra | s | 0.0 | 0.0 | 71.0 |
| Ra | g | 159.0 | 130.0 | 176.5 |
| Rb | s | 0.0 | 0.0 | 76.8 |
| Rb | g | 80.9 | 53.1 | 170.1 |
| RbCl | s | -435.4 | -407.8 | 95.9 |
| Rh | s | 0.0 | 0.0 | 31.5 |
| Rh | g | 556.9 | 510.8 | 185.8 |
| Ru | s | 0.0 | 0.0 | 28.5 |
| Ru | g | 642.7 | 595.8 | 186.5 |
| S(斜方) | s | 0.0 | 0.0 | 32.1 |
| S | g | 277.2 | 236.7 | 167.8 |
| $S_2$ | g | 128.6 | 79.7 | 228.2 |
| $S^{2-}$ | aq | 33.08 | 85.83 | -14.65 |
| $SF_4$ | g | -763.2 | -722.0 | 299.6 |
| $SF_6$ | g | -1220.5 | -1116.5 | 291.5 |
| $H_2S$ | g | -20.6 | -33.4 | 205.8 |
| $H_2S$ | aq | -39.77 | -27.88 | 121.42 |
| $SO_2$ | g | -296.8 | -300.1 | 248.2 |
| $SO_3$ | g | -395.7 | -371.1 | 256.8 |

| 物质 | 状态 | $\Delta H_f^\ominus$/kJ·mol$^{-1}$ | $\Delta G_f^\ominus$/kJ·mol$^{-1}$ | $S^\ominus$/J·(mol·K)$^{-1}$ |
|---|---|---|---|---|
| $HS^-$ | aq | -17.58 | 12.06 | 62.80 |
| $H_2SO_4$ | aq | -909.88 | -745.12 | 20.10 |
| $HSO_4^-$ | aq | -885.75 | -752.86 | 126.85 |
| $SO_4^{2-}$ | aq | -909.88 | -745.12 | 20.10 |
| Sb | s | 0.0 | 0.0 | 45.7 |
| Sb | g | 262.3 | 222.1 | 180.3 |
| $SbCl_3$ | s | -382.2 | -323.7 | 184.1 |
| Sc | s | 0.0 | 0.0 | 34.6 |
| Sc | g | 377.8 | 336.0 | 174.8 |
| Se | s | 0.0 | 0.0 | 42.4 |
| Se | g | 227.1 | 187.0 | 176.7 |
| $H_2Se$ | g | 29.7 | 15.9 | 219.0 |
| Si | s | 0.0 | 0.0 | 18.8 |
| Si | g | 450.0 | 405.5 | 168.0 |
| $SiBr_4$ | g | -415.5 | -431.8 | 377.9 |
| $SiCl_4$ | g | -657.0 | -617.0 | 330.7 |
| $SiF_4$ | g | -1615.0 | -1572.8 | 282.8 |
| $SiH_4$ | g | 34.3 | 56.9 | 204.6 |
| $SiO_2$ | s | -910.7 | -856.3 | 41.5 |
| $H_4SiO_4$ | s | -1481.1 | -1332.9 | 192.0 |
| Sn(白) | s | 0.0 | 0.0 | 51.2 |
| Sn(灰) | s | -2.1 | 0.1 | 44.1 |
| Sn | g | 301.2 | 266.2 | 168.5 |
| $SnBr_4$ | s | -377.4 | -350.2 | 264.4 |
| $SnCl_4$ | l | -511.3 | -440.1 | 258.6 |
| $SnCl_4$ | g | -471.5 | -432.2 | 365.8 |
| $Sn(OH)_2$ | s | -561.1 | -491.6 | 155.0 |
| SnO | s | -280.7 | -251.9 | 57.2 |
| $SnO_2$ | s | -577.6 | -515.8 | 49.0 |
| SnS | s | -100.0 | -98.3 | 77.0 |
| Sr | s | 0.0 | 0.0 | 52.3 |
| Sr | g | 164.4 | 130.9 | 164.6 |
| $SrCl_2$ | s | -828.9 | -781.1 | 114.9 |
| $SrCO_3$ | s | -1220.1 | -1140.1 | 97.1 |
| SrO | s | -592.0 | -561.9 | 54.4 |
| Ta | s | 0.0 | 0.0 | 41.5 |

续附表 2

| 物　质 | 状　态 | $\Delta H_f^{\ominus}$/kJ·mol$^{-1}$ | $\Delta G_f^{\ominus}$/kJ·mol$^{-1}$ | $S^{\ominus}$/J·(mol·K)$^{-1}$ |
|---|---|---|---|---|
| Ta | g | 782.0 | 739.3 | 185.2 |
| Te | s | 0.0 | 0.0 | 49.7 |
| Te | g | 196.7 | 157.1 | 182.7 |
| $TeO_2$ | s | -322.6 | -270.3 | 79.5 |
| Ti | s | 0.0 | 0.0 | 30.7 |
| Ti | g | 473.0 | 428.4 | 180.3 |
| $TiCl_3$ | s | -720.9 | -653.5 | 139.7 |
| $TiCl_4$ | l | -804.2 | -737.2 | 252.3 |
| $TiCl_4$ | g | -763.2 | -726.3 | 353.2 |
| TiO | s | -519.7 | -495.0 | 50.0 |
| $TiO_2$（金红石） | s | -944.0 | -888.8 | 50.6 |
| V | s | 0.0 | 0.0 | 28.9 |
| V | g | 514.2 | 754.4 | 182.3 |
| $V_2O_5$ | s | -1550.6 | -1419.5 | 131.0 |
| W | s | 0.0 | 0.0 | 32.6 |
| W | g | 849.4 | 807.1 | 174.0 |
| $WO_3$ | s | -842.9 | -764.0 | 75.9 |
| Xe | g | 0.0 | 0.0 | 169.7 |
| Zn | s | 0.0 | 0.0 | 41.6 |
| Zn | g | 130.4 | 94.8 | 161.0 |
| $Zn^{2+}$ | aq | -152.42 | -147.19 | -106.48 |
| $ZnCl_2$ | s | -415.1 | -369.4 | 111.5 |
| $ZnCO_3$ | s | -812.8 | -731.5 | 82.4 |
| $Zn(OH)_2$ | s | -641.9 | -553.5 | 81.2 |
| ZnO | s | -350.5 | -320.5 | 43.7 |
| ZnS（闪锌矿） | s | -206.0 | -201.3 | 57.7 |
| $ZnSO_4$ | s | -982.8 | -871.5 | 110.5 |
| Zr | s | 0.0 | 0.0 | 39.0 |
| Zr | g | 608.8 | 566.5 | 181.4 |
| $ZrCl_4$ | s | -980.5 | -889.9 | 181.6 |
| $ZrO_2$ | s | -1100.6 | -1042.8 | 50.4 |

摘自 David R. Lide，Editor-in-chief，《Handbook of Chemistry and Physics》，76th Edition. 1995 ~ 1996，CRC Press Inc.

## 附表 3　弱电解质在水溶液中的解离常数

| 物　质 | $pK_1$ | $pK_2$ | $pK_3$ | $pK_4$ |
|---|---|---|---|---|
| $H_3AlO_3$ | 11. 2 | | | |
| $H_3AsO_4$ | 2. 20 | 6. 98 | 11. 50 | |
| $H_3AsO_3$ | 9. 22 | | | |
| $H_3BO_3$ | 9. 24 | 12. 74 | 13. 80 | |
| $H_2B_4O_7$ | 4 | 9 | | |
| HBrO | 8. 62 | | | |
| $H_2CO_3$ | 6. 38 | 10. 25 | | |
| HClO | 7. 50 | | | |
| $HClO_2$ | 1. 96 | | | |
| HCN | 9. 21 | | | |
| HSCN | 0. 85 | | | |
| $H_2CrO_4$ | -0. 98 | 6. 50 | | |
| HF | 3. 18 | | | |
| HIO | 10. 64 | | | |
| $HIO_3$ | 0. 77 | | | |
| $H_5IO_6$ | 1. 55 | 8. 27 | | |
| $H_2MnO_4$ | | 10. 15 | | |
| $HN_3$ | 4. 72 | | | |
| $H_2O_2$ | 11. 65 | | | |
| $H_3PO_3$ | 1. 30 | 6. 6 | | |
| $H_3PO_4$ | 2. 12 | 7. 20 | 12. 36 | |
| $H_4P_2O_7$ | 1. 52 | 2. 36 | 6. 60 | 9. 25 |
| $H_4P_4O_{12}$ | | | | 2. 74 |
| $H_2S$ | 6. 88 | 14. 15 | | |
| $H_2SO_3$ | 1. 90 | 7. 20 | | |
| $H_2SO_4$ | | 1. 92 | | |
| $H_2S_2O_4$ | 2. 45 | | | |
| $HSb(OH)_6$ | 2. 55 | | | |
| $H_2Se$ | 3. 89 | 11. 0 | | |
| $H_2SiO_3$ | 9. 77 | 11. 80 | | |
| $H_2SeO_3$ | 2. 57 | 6. 60 | | |
| $H_2SeO_4$ | | 2. 05 | | |
| $H_2TeO_3$ | 2. 57 | 7. 74 | | |
| $H_2Te$ | 2. 64 | 11 | | |
| HCOOH | 3. 75 | | | |

续附表 3

| 物　质 | $pK_1$ | $pK_2$ | $pK_3$ | $pK_4$ |
|---|---|---|---|---|
| $CH_3COOH$ | 4.76 | | | |
| $H_2C_2O_4$ | 1.27 | 4.27 | | |
| $NH_3 \cdot H_2O$ | 4.76 | | | |

摘自姚允斌，解涛，高英敏编，《物理化学手册》，上海科学技术出版社，1985。

## 附表 4　难溶电解质溶度积常数

| 化合物 | $pK_{sp}^{\ominus}$ | 化合物 | $pK_{sp}^{\ominus}$ | 化合物 | $pK_{sp}^{\ominus}$ |
|---|---|---|---|---|---|
| $Ag_3AsO_4$ | 22.0 | $BiI_3$ | 18.09 | CuI | 11.96 |
| $AgBrO_3$ | 4.28 | $BiPO_4$ | 22.89 | CuBr | 8.28 |
| AgBr | 12.3 | $Bi_2S_3$ | 97 | CuCl | 5.92 |
| $Ag_2CO_3$ | 11.09 | BiOOH | 9.4 | CuCN | 19.49 |
| AgCl | 9.75 | BiOBr | 6.52 | CuSCN | 14.32 |
| $Ag_2CrO_4$ | 11.95 | BiOCl | 30.75 | CuOH | 14.0 |
| AgCN | 15.92 | BiOSCN | 6.8 | $Cu_2S$ | 47.6 |
| $Ag_2Cr_2O_7$ | 6.70 | $CaCO_3$ | 8.54 | $FeCO_3$ | 10.50 |
| AgOH | 7.71 | $CaCrO_4$ | 3.15 | $Fe(OH)_2$ | 15.1 |
| $AgIO_3$ | 7.52 | $CaF_2$ | 8.28 | $FeC_2O_4 \cdot 2H_2O$ | 6.5 |
| AgI | 16.08 | $Ca(OH)_2$ | 5.26 | FeS | 17.2 |
| $AgNO_2$ | 3.22 | $CaC_2O_4 \cdot H_2O$ | 8.4 | $Fe_4[Fe(CN)_6]_3$ | 40.52 |
| $Ag_2C_2O_4$ | 10.46 | $Ca_3(PO_4)_2$ | 28.70 | $Fe(OH)_3$ | 37.4 |
| $Ag_3PO_4$ | 15.84 | $CaSiO_3$ | 7.6 | $Hg_2Br_2$ | 22.24 |
| $Ag_2SO_4$ | 4.84 | $CaSO_4$ | 5.04 | $Hg_2CO_3$ | 16.05 |
| $Ag_2SO_3$ | 13.82 | $CaSO_3$ | 7.17 | $Hg_2(CN)_2$ | 39.3 |
| $Ag_2S$ | 49.2 | $CdCO_3$ | 11.28 | $Hg_2Cl_2$ | 17.88 |
| AgSCN | 12.00 | $Cd(OH)_2$ | 13.6 | $Hg_2I_2$ | 28.35 |
| $AlAsO_4$ | 15.8 | CdS | 26.1 | $Hg_2C_2O_4$ | 12.7 |
| $Al(OH)_3$ | 32.9 | $CeF_3$ | 15.1 | $Hg_2SO_4$ | 6.13 |
| $AlPO_4$ | 18.24 | $Ce(OH)_3$ | 19.8 | $Hg_2SO_3$ | 27.0 |
| $Al_2S_3$ | 6.7 | $Ce(OH)_4$ | 47.7 | $Hg_2S$ | 47.0 |
| AuCl | 12.7 | $Ce_2S_3$ | 10.22 | $Hg_2(SCN)_2$ | 19.7 |
| AuI | 22.8 | $CoCO_3$ | 12.84 | $Hg(OH)_2$ | 25.52 |
| $AuCl_3$ | 24.5 | $Co(OH)_2$ | 14.8 | HgS(红) | 52.4 |
| $Au(OH)_3$ | 45.26 | $Co(OH)_3$ | 43.8 | HgS(黑) | 51.8 |
| $AuI_3$ | 46 | $Co[Hg(SCN)_4]$ | 5.82 | $Li_2CO_3$ | 1.60 |
| $Au_2(C_2O_4)_3$ | 10 | α-CoS | 20.4 | LiF | 2.42 |
| $BaCO_3$ | 8.29 | β-CoS | 24.7 | $Li_3PO_4$ | 8.5 |
| $BaCrO_4$ | 9.93 | $Co_3(PO_4)_2$ | 34.7 | $MgCO_3$ | 7.46 |
| $Ba(OH)_2$ | 2.3 | $Cr(OH)_3$ | 30.2 | $MgF_2$ | 8.19 |

续附表4

| 化合物 | $pK_{sp}^{\ominus}$ | 化合物 | $pK_{sp}^{\ominus}$ | 化合物 | $pK_{sp}^{\ominus}$ |
|---|---|---|---|---|---|
| $BaC_2O_4$ | 6.79 | $CuCO_3$ | 9.86 | $Mg(OH)_2$ | 10.74 |
| $Ba_3(PO_4)_2$ | 22.47 | $CuCrO_4$ | 5.44 | $MgSO_3$ | 2.5 |
| $Ba_2P_2O_7$ | 10.5 | $Cu_2[Fe(CN)_6]$ | 15.89 | $MnCO_3$ | 10.74 |
| $BaSO_4$ | 9.96 | $Cu(IO_3)_2$ | 7.13 | $Mn(OH)_2$ | 12.72 |
| $BaSO_3$ | 6.1 | $Cu(OH)_2$ | 19.66 | MnS(无定形) | 9.6 |
| $BaS_2O_3$ | 4.79 | $CuC_2O_4$ | 7.64 | MnS(晶状) | 12.6 |
| $BeCO_3 \cdot 4H_2O$ | 3 | $Cu_3(PO_4)_2$ | 36.9 | $Na[Sb(OH)_6]$ | 7.4 |
| $Be(OH)_2$ | 21.8 | CuS | 35.2 | $Na_3AlF_6$ | 9.39 |
| $Bi(OH)_3$ | 30.4 | $PbSO_4$ | 7.79 | $Tl_2S$ | 20.3 |
| $NiCO_3$ | 8.18 | PbS | 28 | TlSCN | 3.77 |
| $Ni_2[Fe(CN)_6]$ | 14.89 | $Pb(SCN)_2$ | 4.70 | $ZnCO_3$ | 10.84 |
| $Ni(OH)_2$ | 14.7 | $PbS_2O_3$ | 6.40 | $Zn_2[Fe(CN)_6]$ | 15.40 |
| $NiC_2O_4$ | 9.4 | $Pb(OH)_4$ | 65.49 | $Zn(OH)_2$ | 16.92 |
| $Ni_3(PO_4)_2$ | 30.3 | $Pt(OH)_2$ | 35 | $ZnC_2O_4$ | 7.56 |
| α-NiS | 18.5 | $Sn(OH)_2$ | 27.85 | $Zn_3(PO_4)_2$ | 32.04 |
| β-NiS | 24.0 | $Sn(OH)_4$ | 56 | α-ZnS | 23.8 |
| γ-NiS | 25.7 | SnS | 25.0 | β-ZnS | 21.6 |
| $Pb(Ac)_2$ | 2.75 | $SnS_2$ | 26.6 | $Zn[Hg(SCN)_4]$ | 6.66 |
| $PbBr_2$ | 4.41 | $SrCO_3$ | 9.96 | $ZrO(OH)_2$ | 48.2 |
| $Pb(BrO_3)_2$ | 1.70 | $SrCrO_4$ | 4.65 | $Zr_3(PO_4)_4$ | 132 |
| $PbCO_3$ | 13.13 | $SrF_2$ | 8.61 | | |
| $PbCl_2$ | 4.79 | $SrC_2O_4 \cdot H_2O$ | 6.80 | | |
| $PbCrO_4$ | 12.55 | $Sr_3(PO_4)_2$ | 27.39 | | |
| $PbF_2$ | 7.57 | $SrSO_3$ | 7.4 | | |
| $Pb(OH)_2$ | 14.93 | $SrSO_4$ | 6.49 | | |
| $PbI_2$ | 8.15 | $TiO(OH)_2$ | 29 | | |
| $Pb(IO_3)_2$ | 12.49 | TlBr | 5.47 | | |
| $PbC_2O_4$ | 9.32 | TlCl | 3.76 | | |

摘自 J. A. 迪安主编，《兰式化学手册》，科学出版社，1991。

## 附表 5　标准电极电势

1. 在酸性溶液中

| 电　对 | 电 极 反 应 | $\varphi^{\ominus}$/V |
|---|---|---|
| $Li^+/Li$ | $Li^+ + e = Li$ | −3.045 |
| $Rb^+/Rb$ | $Rb^+ + e = Rb$ | −2.925 |
| $K^+/K$ | $K^+ + e = K$ | −2.924 |
| $Cs^+/Cs$ | $Cs^+ + e = Cs$ | −2.923 |
| $Ba^{2+}/Ba$ | $Ba^{2+} + 2e = Ba$ | −2.90 |
| $Sr^{2+}/Sr$ | $Sr^{2+} + 2e = Sr$ | −2.89 |
| $Ca^{2+}/Ca$ | $Ca^{2+} + 2e = Ca$ | −2.76 |
| $Na^+/Na$ | $Na^+ + e = Na$ | −2.712 |
| $La^{3+}/La$ | $La^{3+} + 3e = La$ | −2.52 |
| $Mg^{2+}/Mg$ | $Mg^{2+} + 2e = Mg$ | −2.375 |
| $Y^{3+}/Y$ | $Y^{3+} + 3e = Y$ | −2.37 |
| $Lu^{3+}/Lu$ | $Lu^{3+} + 3e = Lu$ | −2.30 |
| $Nd^{3+}/Nd$ | $Nd^{3+} + 3e = Nd$ | −2.246 |
| $Sc^{3+}/Sc$ | $Sc^{3+} + 3e = Sc$ | −2.08 |
| $Ti^{3+}/Ti^{2+}$ | $Ti^{3+} + e = Ti^{2+}$ | −2.0 |
| $Be^{2+}/Be$ | $Be^{2+} + 2e = Be$ | −1.85 |
| $Ti^{2+}/Ti$ | $Ti^{2+} + 2e = Ti$ | −1.63 |
| $ZrO_2/Zr$ | $ZrO_2 + 4H^+ + 4e = Zr + 2H_2O$ | −1.43 |
| $V^{2+}/V$ | $V^{2+} + 2e = V$ | −1.2 |
| $SiF_6^{2-}/Si$ | $SiF_6^{2-} + 4e = Si + 6F^-$ | −1.2 |
| $Mn^{2+}/Mn$ | $Mn^{2+} + 2e = Mn$ | −1.18 |
| $Cr^{2+}/Cr$ | $Cr^{2+} + 2e = Cr$ | −0.90 |
| $TiO_2/Ti$ | $TiO_2 + 4H^+ + 4e = Ti + 2H_2O$ | −0.86 |
| $SiO_2/Si$ | $SiO_2 + 4H^+ + 4e = Si + 2H_2O$ | −0.84 |
| $Zn^{2+}/Zn$ | $Zn^{2+} + 2e = Zn$ | −0.7628 |
| $Cr^{3+}/Cr$ | $Cr^{3+} + 3e = Cr$ | −0.74 |
| $H_3BO_3/B$ | $H_3BO_3 + 3H^+ + 3e = B + 3H_2O$ | −0.73 |
| $Ag_2S/2Ag$ | $Ag_2S + 2e = 2Ag + S^{2-}$ | −0.7051 |
| $Ga^{3+}/Ga$ | $Ga^{3+} + 3e = Ga$ | −0.560 |
| $S/S^{2-}$ | $S + 2e = S^{2-}$ | −0.508 |
| $2CO_2/H_2C_2O_4$ | $2CO_2 + 2H^+ + 2e = H_2C_2O_4$ | −0.49 |
| $Fe^{2+}/Fe$ | $Fe^{2+} + 2e = Fe$ | −0.44 |
| $Cr^{3+}/Cr^{2+}$ | $Cr^{3+} + e = Cr^{2+}$ | −0.409 |
| $Cd^{2+}/Cd$ | $Cd^{2+} + 2e = Cd$ | −0.4026 |

续附表 5

| 电　对 | 电 极 反 应 | $\varphi^{\ominus}$/V |
|---|---|---|
| $Co^{2+}/Co$ | $Co^{2+} + 2e = Co$ | -0.28 |
| $H_3PO_4/H_3PO_3$ | $H_3PO_4 + 2H^+ + 2e = H_3PO_3 + H_2O$ | -0.276 |
| $V^{3+}/V^{2+}$ | $V^{3+} + e = V^{2+}$ | -0.255 |
| $Ni^{2+}/Ni$ | $Ni^{2+} + 2e = Ni$ | -0.25 |
| $2SO_4^{2-}/S_2O_3^{2-}$ | $2SO_4^{2-} + 4H^+ + 2e = S_2O_3^{2-} + 2H_2O$ | -0.20 |
| $Sn^{2+}/Sn$ | $Sn^{2+} + 2e = Sn$ | -0.1364 |
| $H_2GeO_3/Ge$ | $H_2GeO_3 + 4H^+ + 4e = Ge + 3H_2O$ | -0.13 |
| $Pb^{2+}/Pb$ | $Pb^{2+} + 2e = Pb$ | -0.1263 |
| $Hg_2I_2/Hg$ | $Hg_2I_2 + 2e = 2Hg + 2I^-$ | -0.0405 |
| $Ag_2S/Ag$ | $Ag_2S + 2H^+ + 2e = 2Ag + H_2S$ | -0.0366 |
| $Fe^{3+}/Fe$ | $Fe^{3+} + 3e = Fe$ | -0.036 |
| $H^+/H_2$ | $2H^+ + 2e = H_2$ | 0.0000 |
| $Sn^{4+}/Sn^{2+}$ | $Sn^{4+} + 2e = Sn^{2+}$ | 0.15 |
| $Cu^{2+}/Cu^+$ | $Cu^{2+} + e = Cu^+$ | 0.158 |
| $SO_4^{2-}/H_2SO_3$ | $SO_4^{2-} + 4H^+ + 2e = H_2SO_3 + H_2O$ | 0.20 |
| $Hg_2Cl_2/Hg$(饱和 NaCl) | $Hg_2Cl_2 + 2e = 2Hg + 2Cl^-$ | 0.2360 |
| $Hg_2Cl_2/Hg$(饱和 KCl) | $Hg_2Cl_2 + 2e = 2Hg + 2Cl^-$ | 0.2415 |
| $Hg_2Cl_2/Hg$ | $Hg_2Cl_2 + 2e = 2Hg + 2Cl^-$ | 0.2682 |
| $VO^{2+}/V^{3+}$ | $VO^{2+} + 2H^+ + e = V^{3+} + H_2O$ | 0.337 |
| $Cu^{2+}/Cu$ | $Cu^{2+} + 2e = Cu$ | 0.3402 |
| $AgIO_3/Ag$ | $AgIO_3 + e = Ag + IO_3^-$ | 0.3551 |
| $(CN)_2/HCN$ | $(CN)_2 + 2H^+ + 2e = 2HCN$ | 0.37 |
| $H_2SO_3/S$ | $H_2SO_3 + 4H^+ + 4e = S + 3H_2O$ | 0.45 |
| $Cu^+/Cu$ | $Cu^+ + e = Cu$ | 0.522 |
| $I_2/I^-$ | $I_2 + 2e = 2I^-$ | 0.535 |
| $O_2/H_2O_2$ | $O_2 + 2H^+ + 2e = H_2O_2$ | 0.682 |
| $Sb_2O_5/Sb_2O_3$ | $Sb_2O_5 + 4H^+ + 4e = Sb_2O_3 + 2H_2O$ | 0.69 |
| $Fe^{3+}/Fe^{2+}$ | $Fe^{3+} + e = Fe^{2+}$ | 0.770 |
| $Hg_2^{2+}/Hg$ | $Hg_2^{2+} + 2e = 2Hg$ | 0.7961 |
| $Ag^+/Ag$ | $Ag^+ + e = Ag$ | 0.7996 |
| $Pd^{2+}/Pd$ | $Pd^{2+} + 2e = Pd$ | 0.83 |
| $Hg^{2+}/Hg$ | $Hg^{2+} + 2e = Hg$ | 0.851 |
| $TiO_2/Ti$ | $TiO_2 + 4H^+ + 4e = Ti + 2H_2O$ | 0.86 |
| $Hg^{2+}/Hg_2^{2+}$ | $2Hg^{2+} + 2e = Hg_2^{2+}$ | 0.905 |
| $NO_3^-/HNO_2$ | $NO_3^- + 3H^+ + 2e = HNO_2 + H_2O$ | 0.94 |
| $NO_3^-/NO$ | $NO_3^- + 4H^+ + 3e = NO + 2H_2O$ | 0.96 |

| 电对 | 电极反应 | $\varphi^{\ominus}/V$ |
|---|---|---|
| $HIO/I^-$ | $HIO + H^+ + 2e = I^- + H_2O$ | 0.99 |
| $HNO_2/NO$ | $HNO_2 + H^+ + e = NO + H_2O$ | 0.99 |
| $VO_2^+/VO^{2+}$ | $VO_2^+ + 2H^+ + e = VO^{2+} + H_2O$ | 1.00 |
| $Br_2(l)/Br^-$ | $Br_2(l) + 2e = 2Br^-$ | 1.065 |
| $IO_3^-/I^-$ | $IO_3^- + 6H^+ + 6e = I^- + 3H_2O$ | 1.085 |
| $ClO_4^-/ClO_3^-$ | $ClO_4^- + 2H^+ + 2e = ClO_3^- + H_2O$ | 1.19 |
| $IO_3^-/I_2$ | $2IO_3^- + 12H^+ + 10e = I_2 + 6H_2O$ | 1.19 |
| $MnO_2/Mn^{2+}$ | $MnO_2 + 4H^+ + 2e = Mn^{2+} + 2H_2O$ | 1.208 |
| $O_2/H_2O$ | $O_2 + 4H^+ + 4e = 2H_2O$ | 1.229 |
| $HBrO/Br^-$ | $HBrO + H^+ + 2e = Br^- + H_2O$ | 1.33 |
| $Cr_2O_7^{2-}/Cr^{3+}$ | $Cr_2O_7^{2-} + 14H^+ + 6e = 2Cr^{3+} + 7H_2O$ | 1.33 |
| $Cl_2/Cl^-$ | $Cl_2 + 2e = 2Cl^-$ | 1.3583 |
| $ClO_4^-/Cl^-$ | $ClO_4^- + 8H^+ + 8e = Cl^- + 4H_2O$ | 1.37 |
| $Au^{3+}/Au$ | $Au^{3+} + 3e = Au$ | 1.42 |
| $BrO_3^-/Br^-$ | $BrO_3^- + 6H^+ + 6e = Br^- + 3H_2O$ | 1.44 |
| $ClO_3^-/Cl^-$ | $ClO_3^- + 6H^+ + 6e = Cl^- + 3H_2O$ | 1.45 |
| $PbO_2/Pb^{2+}$ | $PbO_2 + 4H^+ + 2e = Pb^{2+} + 2H_2O$ | 1.46 |
| $HClO/Cl^-$ | $HClO + H^+ + 2e = Cl^- + H_2O$ | 1.49 |
| $MnO_4^-/Mn^{2+}$ | $MnO_4^- + 8H^+ + 5e = Mn^{2+} + 4H_2O$ | 1.491 |
| $Mn^{3+}/Mn^{2+}$ | $Mn^{3+} + e = Mn^{2+}$ | 1.51 |
| $HClO/Cl_2$ | $2HClO + 2H^+ + 2e = Cl_2 + 2H_2O$ | 1.63 |
| $MnO_4^-/MnO_2$ | $MnO_4^- + 4H^+ + 3e = MnO_2 + 2H_2O$ | 1.679 |
| $Au^+/Au$ | $Au^+ + e = Au$ | 1.68 |
| $PbO_2/PbSO_4$ | $PbO_2 + SO_4^{2-} + 4H^+ + 2e = PbSO_4 + 2H_2O$ | 1.685 |
| $H_2O_2/H_2O$ | $H_2O_2 + 2H^+ + 2e = 2H_2O$ | 1.776 |
| $Co^{3+}/Co^{2+}$ | $Co^{3+} + e = Co^{2+}$ | 1.84 |
| $FeO_4^{2-}/Fe^{3+}$ | $FeO_4^{2-} + 8H^+ + 3e = Fe^{3+} + 4H_2O$ | 1.9 |
| $S_2O_8^{2-}/SO_4^{2-}$ | $S_2O_8^{2-} + 2e = 2SO_4^{2-}$ | 2.01 |
| $O_3/O_2$ | $O_3 + 2H^+ + 2e = O_2 + H_2O$ | 2.07 |
| $F_2/F^-$ | $F_2 + 2e = 2F^-$ | 2.87 |
| $F_2/HF$ | $F_2 + H^+ + 2e = 2HF$ | 3.06 |

2. 在碱性溶液中

| 电　对 | 电极反应 | $\varphi^{\ominus}/V$ |
|---|---|---|
| $Mn(OH)_2/Mn$ | $Mn(OH)_2 + 2e = Mn + 2OH^-$ | -1.47 |
| $Cr(OH)_3/Cr$ | $Cr(OH)_3 + 3e = Cr + 3OH^-$ | -1.3 |
| $ZnO_2^{2-}/Zn$ | $ZnO_2^{2-} + 2H_2O + 2e = Zn + 4OH^-$ | -1.216 |
| $SO_4^{2-}/SO_3^{2-}$ | $SO_4^{2-} + H_2O + 2e = SO_3^{2-} + 2OH^-$ | -0.92 |
| $H_2O/H_2$ | $2H_2O + 2e = H_2 + 2OH^-$ | -0.8277 |
| $Co(OH)_2/Co$ | $Co(OH)_2 + 2e = Co + 2OH^-$ | -0.73 |
| $Ni(OH)_2/Ni$ | $Ni(OH)_2 + 2e = Ni + 2OH^-$ | -0.66 |
| $2SO_4^{2-}/S_2O_3^{2-}$ | $2SO_4^{2-} + 3H_2O + 4e = S_2O_3^{2-} + 6OH^-$ | -0.58 |
| $Cu_2O/Cu$ | $Cu_2O + H_2O + 2e = 2Cu + 2OH^-$ | -0.361 |
| $O_2/H_2O_2$ | $O_2 + 2H_2O + 2e = H_2O_2 + 2OH^-$ | -0.146 |
| $CrO_4^{2-}/Cr(OH)_3$ | $CrO_4^{2-} + 4H_2O + 3e = Cr(OH)_3 + 5OH^-$ | -0.12 |
| $Cu(OH)_2/Cu_2O$ | $2Cu(OH)_2 + 2e = Cu_2O + 2OH^- + H_2O$ | -0.09 |
| $AsO_4^{3-}/AsO_2^-$ | $AsO_4^{3-} + 2H_2O + 2e = AsO_2^- + 4OH^-$ | -0.08 |
| $NO_3^-/NO_2^-$ | $NO_3^- + H_2O + 2e = NO_2^- + 2OH^-$ | 0.01 |
| $HgO/Hg$ | $HgO + H_2O + 2e = Hg + 2OH^-$ | 0.0984 |
| $Hg_2O/Hg$ | $Hg_2O + H_2O + 2e = 2Hg + 2OH^-$ | 0.123 |
| $ClO_4^-/ClO_3^-$ | $ClO_4^- + H_2O + 2e = ClO_3^- + 2OH^-$ | 0.17 |
| $Ag_2O/Ag$ | $Ag_2O + H_2O + 2e = Ag + 2OH^-$ | 0.342 |
| $ClO_3^-/ClO_2^-$ | $ClO_3^- + H_2O + 2e = ClO_2^- + 2OH^-$ | 0.35 |
| $O_2/OH^-$ | $O_2 + 2H_2O + 4e = 4OH^-$ | 0.401 |
| $IO^-/I^-$ | $IO^- + H_2O + 2e = I^- + 2OH^-$ | 0.49 |
| $IO_3^-/IO^-$ | $IO_3^- + 2H_2O + 4e = IO^- + 4OH^-$ | 0.56 |
| $MnO_4^-/MnO_4^{2-}$ | $MnO_4^- + e = MnO_4^{2-}$ | 0.564 |
| $MnO_4^-/MnO_2$ | $MnO_4^- + 2H_2O + 3e = MnO_2 + 4OH^-$ | 0.58 |
| $MnO_4^{2-}/MnO_2$ | $MnO_4^{2-} + 2H_2O + 3e = MnO_2 + 4OH^-$ | 0.588 |
| $ClO_2^-/ClO^-$ | $ClO_2^- + H_2O + 2e = ClO^- + 2OH^-$ | 0.59 |
| $BrO_3^-/Br^-$ | $BrO_3^- + 3H_2O + 6e = Br^- + 6OH^-$ | 0.61 |
| $ClO_3^-/Cl^-$ | $ClO_3^- + 3H_2O + 6e = Cl^- + 6OH^-$ | 0.62 |
| $BrO^-/Br^-$ | $BrO^- + H_2O + 2e = Br^- + 2OH^-$ | 0.70 |
| $ClO_2^-/Cl^-$ | $ClO_2^- + 2H_2O + 4e = Cl^- + 4OH^-$ | 0.76 |
| $ClO^-/Cl^-$ | $ClO^- + H_2O + 2e = Cl^- + 2OH^-$ | 0.90 |
| $O_3/O_2$ | $O_3 + H_2O + 2e = O_2 + 2OH^-$ | 1.24 |

摘自姚允斌，解涛，高英敏编，《物理化学手册》，上海科学技术出版社，1985。

# 附表 6　配合物的稳定常数

| 配　体 | 中心离子 | $\lg\beta_1$ | $\lg\beta_2$ | $\lg\beta_3$ | $\lg\beta_4$ | $\lg\beta_5$ | $\lg\beta_6$ |
|---|---|---|---|---|---|---|---|
| $NH_3$ | $Cd^{2+}$ | 2.65 | 4.75 | 6.19 | 7.12 | 6.80 | 5.14 |
| | $Co^{2+}$ | 2.11 | 3.74 | 4.79 | 5.55 | 5.73 | 5.11 |
| | $Co^{3+}$ | 6.7 | 14.0 | 20.1 | 25.7 | 30.8 | 35.2 |
| | $Cu^{+}$ | 5.93 | 10.86 | | | | |
| | $Cu^{2+}$ | 4.31 | 7.98 | 11.02 | 13.32 | 12.86 | |
| | $Ni^{2+}$ | 2.80 | 5.04 | 6.77 | 7.96 | 8.71 | 8.74 |
| | $Ag^{+}$ | 3.24 | 7.05 | | | | |
| | $Zn^{2+}$ | 2.37 | 4.81 | 7.31 | 9.46 | | |
| $Cl^{-}$ | $Cu^{2+}$ | 0.1 | −0.6 | | | | |
| | $Hg^{2+}$ | 6.74 | 13.22 | 14.07 | 15.07 | | |
| | $Pd^{2+}$ | 6.1 | 10.7 | 13.1 | 15.7 | | |
| | $Pt^{2+}$ | | 11.5 | 14.5 | 16.0 | | |
| $CN^{-}$ | $Cd^{2+}$ | 5.48 | 10.60 | 15.23 | 18.78 | | |
| | $Cu^{+}$ | | 24.0 | 28.59 | 30.30 | | |
| | $Au^{+}$ | | 38.3 | | | | |
| | $Fe^{2+}$ | | | | | | 35 |
| | $Fe^{3+}$ | | | | | | 42 |
| | $Hg^{2+}$ | | | | 41.4 | | |
| | $Ni^{2+}$ | | | | 31.3 | | |
| | $Ag^{+}$ | | 21.1 | 21.7 | 20.6 | | |
| | $Zn^{2+}$ | | | | 16.7 | | |
| $F^{-}$ | $Al^{3+}$ | 6.10 | 11.15 | 15.00 | 17.75 | 19.37 | 19.84 |
| | $Be^{2+}$ | 5.10 | 8.8 | 12.6 | | | |
| | $Cr^{3+}$ | 4.41 | 7.81 | 10.29 | | | |
| | $In^{3+}$ | 3.70 | 6.25 | 8.60 | 9.70 | | |
| | $Fe^{3+}$ | 5.28 | 9.30 | 12.06 | | | |
| $OH^{-}$ | $Al^{3+}$ | 9.27 | | | 33.03 | | |
| | $Cr^{3+}$ | 10.1 | 17.8 | | 29.9 | | |
| | $Ga^{3+}$ | 11.0 | 21.7 | | 34.3 | 38.0 | 40.3 |
| | $In^{3+}$ | 9.9 | 19.8 | | 28.7 | | |
| | $Pb^{2+}$ | 7.82 | 10.85 | 14.58 | | | 61.0 |
| | $Zn^{2+}$ | 4.40 | 11.30 | 14.14 | 17.66 | | |
| $I^{-}$ | $I_2$ | 2.89 | 5.79 | | | | |
| | $Pb^{2+}$ | 2.00 | 3.15 | 3.92 | 4.47 | | |
| | $Hg^{2+}$ | 12.87 | 23.82 | 27.60 | 29.83 | | |

续附表 6

| 配　体 | 中心离子 | $\lg\beta_1$ | $\lg\beta_2$ | $\lg\beta_3$ | $\lg\beta_4$ | $\lg\beta_5$ | $\lg\beta_6$ |
|---|---|---|---|---|---|---|---|
| $SCN^-$ | $Co^{2+}$ | -0.04 | -0.70 | 0 | 3.00 | | |
| | $Au^+$ | | 23 | | 42 | | |
| | $Fe^{3+}$ | 2.95 | 3.36 | | | | |
| | $Hg^{2+}$ | | 17.47 | | 21.23 | | |
| | $Ni^{2+}$ | 1.18 | 1.64 | 1.81 | | | |
| | $Ag^+$ | | 7.57 | 9.08 | 10.08 | | |
| $S_2O_3^{2-}$ | $Cd^{2+}$ | 3.92 | 6.44 | | | | |
| | $Hg^{2+}$ | | 29.44 | 31.90 | 33.24 | | |
| | $Ag^+$ | 8.82 | 13.46 | | | | |
| $Ac^-$ | $Pb^{2+}$ | 2.52 | 4.0 | 6.4 | 8.5 | | |
| en | $Ag^+$ | 4.70 | 7.70 | | | | |
| | $Cd^{2+}$ | 5.47 | 10.09 | 12.09 | | | |
| | $Co^{2+}$ | 5.91 | 10.64 | 13.94 | | | |
| | $Co^{3+}$ | 18.7 | 34.9 | 48.69 | | | |
| | $Cr^{2+}$ | 5.15 | 9.19 | | | | |
| | $Cu^+$ | | 10.8 | | | | |
| | $Cu^{2+}$ | 10.67 | 20.00 | 21.0 | | | |
| | $Ni^{2+}$ | 7.52 | 13.84 | 18.33 | | | |
| | $Pd^{2+}$ | | 26.9 | | | | |
| | $Zn^{2+}$ | 5.77 | 10.83 | 14.11 | | | |
| EDTA | $Al^{3+}$ | 16.11 | | | | | |
| | $Ba^{2+}$ | 7.78 | | | | | |
| | $Be^{2+}$ | 9.3 | | | | | |
| | $Bi^{3+}$ | 22.8 | | | | | |
| | $Ca^{2+}$ | 11.0 | | | | | |
| | $Cd^{2+}$ | 16.4 | | | | | |
| | $Ce^{3+}$ | 16.8 | | | | | |
| | $Co^{2+}$ | 16.31 | | | | | |
| | $Co^{3+}$ | 36 | | | | | |
| | $Cr^{3+}$ | 23 | | | | | |
| | $Cu^{2+}$ | 18.7 | | | | | |
| | $Fe^{2+}$ | 14.33 | | | | | |
| | $Fe^{3+}$ | 24.23 | | | | | |
| | $Hg^{2+}$ | 21.80 | | | | | |
| | $Mg^{2+}$ | 8.64 | | | | | |
| | $Mn^{2+}$ | 13.8 | | | | | |
| | $Ni^{2+}$ | 18.56 | | | | | |
| | $Pb^{2+}$ | 18.3 | | | | | |
| | $Pd^{2+}$ | 18.5 | | | | | |
| | Sc | 23.1 | | | | | |
| | $Sn^{2+}$ | 22.1 | | | | | |
| | $Sr^{2+}$ | 8.80 | | | | | |

摘自 J. A. 迪安主编，《兰式化学手册》，科学出版社，1991。

# 冶金工业出版社部分图书推荐